稀疏微波成像应用

张冰尘　洪　文　吴一戎　著

科学出版社
北　京

内 容 简 介

稀疏微波成像是将稀疏信号处理引入微波成像并有机结合形成的新理论、新体制和新方法。本书在介绍稀疏微波成像原理的基础上，重点阐述稀疏微波成像方法在TomoSAR、阵列下视三维SAR、多基线圆迹SAR等三维成像领域的应用；联合稀疏在SAR模糊抑制、宽角SAR成像、运动目标检测与变化检测领域的应用；稀疏微波成像在SAR目标恒虚警率检测、图像增强、相干斑抑制领域的应用。

本书可供从事SAR、稀疏信号处理等方面的科研人员使用，也可作为相关专业研究生的教材或参考书。

图书在版编目(CIP)数据

稀疏微波成像应用/张冰尘，洪文，吴一戎著. —北京：科学出版社，2019.1
ISBN 978-7-03-059541-6

Ⅰ.①稀…　Ⅱ.①张…②洪…③吴…　Ⅲ.①信号处理-微波成象
Ⅳ.①TN911.7②O435.2

中国版本图书馆CIP数据核字(2018)第258268号

责任编辑：刘宝莉　罗　娟 / 责任校对：郭瑞芝
责任印制：徐晓晨 / 封面设计：陈　敬

科学出版社出版
北京东黄城根北街16号
邮政编码：100717
http://www.sciencep.com
北京捷迅佳彩印刷有限公司 印刷
科学出版社发行　各地新华书店经销
*
2019年1月第 一 版　开本：720×1000　1/16
2020年1月第三次印刷　印张：12 3/4
字数：257 000

定价：128.00元
(如有印装质量问题，我社负责调换)

前　　言

稀疏微波成像是指将稀疏信号处理理论引入微波成像，且两者有机结合形成的微波成像新理论、新体制和新方法，即通过寻找被观测对象的稀疏表征域，在空间、时间、频谱或极化域稀疏采样获取被观测对象的稀疏微波信号，经信号处理和信息提取，获取被观测对象的空间位置、散射特征和运动特性等几何与物理特征。近年来稀疏微波成像技术取得长足进展，并成为雷达领域的研究热点，得到了国内外研究人员的广泛关注。

本书作者在国家重点基础研究发展计划(973计划)、国家自然科学基金项目、国家高技术研究发展计划(863计划)、中科院重点部署项目等的支持下，对稀疏微波成像开展了系统的研究。本书是作者近十年来从事稀疏微波成像研究积累的成果，重点介绍了稀疏微波成像在合成孔径雷达(synthetic aperture radar，SAR)领域的应用，包括三维SAR(three dimensional SAR，3D-SAR)成像、模糊抑制、宽角SAR(wide angle SAR，WASAR)成像、运动目标检测、SAR图像处理等应用领域的进展。有关稀疏微波成像原理、体制、方法和实验可参考《稀疏微波成像导论》一书。

全书共5章。第1章介绍微波成像、稀疏信号处理、稀疏微波成像的概念。第2章介绍稀疏微波成像模型、稀疏表征、观测矩阵、重构方法及性能评估等方面的内容。第3章阐述稀疏微波成像方法在三维成像领域的应用，包括城市建筑目标和森林区域的层析SAR(SAR tomography，TomoSAR)成像、基于伪极坐标变换方法和无网格稀疏信号处理方法的阵列下视三维SAR成像、基于自适应孔径算法和网格偏离(off-grid)稀疏贝叶斯压缩感知算法的多基线圆迹SAR(multiple circular SAR，MCSAR)成像。第4章阐述联合稀疏在微波成像中的应用，包括基于稀疏信号处理模型的SAR方位模糊和距离模糊抑制方法、基于组稀疏模型和复近似信息传递算法的宽角 SAR 成像、基于分布式压缩感知的运动目标检测和多时相场景变化检测。第 5 章阐述稀疏微波成像方法在恒虚警率检测、图像增强、相干斑抑制等领域的应用，包括：利用复近似信息传递算法重构出保持背景统计特性的稀疏目标图像，更有利于目标检测；利用稀疏信号处理方法对基于满采样匹配滤波重构 SAR 复图像进行处理，实现对图像性能的有效提升；利用基于全变差正则化的相干斑抑制模型和方法，有效地抑制 SAR 图像中的相干斑噪声。

本书内容体现了稀疏微波成像领域的最新进展。感谢徐宗本院士在稀疏信号处理正则化理论方面的突破，使得稀疏微波成像技术能够有丰富的数学方法选择。本书的形成经过长期的科研积累。多年来一批研究生系统深入地开展了稀疏微波成像应用方面的研究，本书的内容包含了他们的研究成果，包括：城市建筑目标和森林区域 TomoSAR 稀疏成像(毕辉)；阵列下视三维 SAR 稀疏成像(鲍慊)；圆迹 SAR(circular SAR, CSAR)/多基线圆迹 SAR 稀疏成像(林赟，鲍慊)；基于稀疏信号处理的 SAR 模糊抑制(蒋成龙、方健)；基于组稀疏的宽角 SAR 成像(蒋成龙、魏中浩)；基于分布式压缩感知的运动目标检测和多时相场景变化检测(林月冠)；可应用于恒虚警率检测的稀疏微波成像(毕辉)；利用稀疏信号处理进行 SAR 图像增强(毕辉)；利用全变差正则化的 SAR 图像相干斑抑制(赵曜)。此外，徐志林、吴辰阳、魏中浩参与了 SAR 成像原理和稀疏信号处理基础等内容的整理。徐志林、吴辰阳、徐仲秋、张严、杨力、杨牡丹、陈晨、刘鸣谦等研究生进行了文字整理和图表绘制工作，在此表示感谢。

稀疏信号处理在雷达成像中的应用目前还在不断地拓展，本书总结了其几种典型的应用领域。由于作者水平有限，书中难免存在不足之处，敬请读者批评指正。

目　　录

前言
第 1 章　绪论 ………………………………………………… 1
1.1　合成孔径雷达 ………………………………………… 1
1.2　稀疏信号处理 ………………………………………… 4
1.3　稀疏微波成像 ………………………………………… 8
1.4　研究现状 ……………………………………………… 11
1.5　本书内容 ……………………………………………… 15
第 2 章　稀疏微波成像基础 ………………………………… 17
2.1　引言 …………………………………………………… 17
2.2　成像模型 ……………………………………………… 18
2.3　稀疏表征 ……………………………………………… 20
2.4　观测矩阵 ……………………………………………… 22
2.4.1　影响因素 …………………………………………… 24
2.4.2　观测矩阵构建 ……………………………………… 26
2.5　稀疏重构 ……………………………………………… 30
2.5.1　重构方法概述 ……………………………………… 30
2.5.2　快速重构方法 ……………………………………… 32
2.6　性能评估 ……………………………………………… 34
2.6.1　系统性能 …………………………………………… 34
2.6.2　图像质量 …………………………………………… 36
2.7　本章小结 ……………………………………………… 38
第 3 章　稀疏微波成像在三维 SAR 成像中的应用 ……… 39
3.1　TomoSAR 成像 ……………………………………… 39
3.1.1　引言 ………………………………………………… 39
3.1.2　TomoSAR 成像模型 ……………………………… 40

3.1.3 TomoSAR 稀疏重构方法 …… 42
3.1.4 TomoSAR 未知基线数据补偿 …… 47
3.1.5 小结 …… 54
3.2 阵列下视三维 SAR 成像 …… 54
3.2.1 引言 …… 54
3.2.2 阵列下视三维 SAR 成像模型 …… 56
3.2.3 阵列下视三维 SAR 无网格稀疏重构方法 …… 60
3.2.4 仿真实验 …… 64
3.2.5 小结 …… 70
3.3 圆迹 SAR/多基线圆迹 SAR 成像 …… 70
3.3.1 引言 …… 70
3.3.2 圆迹 SAR 成像 …… 72
3.3.3 多基线圆迹 SAR 成像 …… 75
3.3.4 小结 …… 88
第 4 章 联合稀疏在微波成像中的应用 …… 90
4.1 基于稀疏信号处理的 SAR 模糊抑制方法 …… 90
4.1.1 引言 …… 90
4.1.2 基于稀疏处理的方位模糊模型 …… 91
4.1.3 基于稀疏信号处理的方位模糊抑制方法 …… 94
4.1.4 基于稀疏信号处理的距离模糊抑制方法 …… 99
4.1.5 小结 …… 101
4.2 宽角 SAR 成像 …… 101
4.2.1 引言 …… 101
4.2.2 宽角 SAR 成像模型 …… 102
4.2.3 宽角 SAR 稀疏重构方法 …… 106
4.2.4 仿真实验 …… 107
4.2.5 小结 …… 112
4.3 GMTI 与变化检测 …… 113
4.3.1 引言 …… 113
4.3.2 分布式压缩感知 …… 113

4.3.3 基于分布式压缩感知的多通道/多时相 SAR 模型 ……… 117
4.3.4 基于分布式压缩感知的顺轨干涉运动目标检测 ……… 121
4.3.5 基于分布式压缩感知的多时相场景变化检测 ……… 125
4.3.6 小结 ……… 130
第 5 章　稀疏微波成像在 SAR 图像处理中的应用 ……… 131
5.1 恒虚警率检测 ……… 131
5.1.1 引言 ……… 131
5.1.2 复近似信息传递算法原理 ……… 132
5.1.3 基于线性调频阵的“噪声”矩阵 Z 高斯性分析 ……… 133
5.1.4 基于复近似信息传递算法的方位距离解耦条带 SAR 成像 ……… 138
5.1.5 仿真实验 ……… 140
5.1.6 小结 ……… 145
5.2 SAR 图像增强 ……… 145
5.2.1 引言 ……… 145
5.2.2 基于 ℓ_q 正则化方法的 SAR 图像增强原理 ……… 146
5.2.3 基于阈值迭代算法的 SAR 图像增强 ……… 146
5.2.4 基于 CAMP 算法的 SAR 图像增强 ……… 149
5.2.5 实验验证 ……… 152
5.2.6 小结 ……… 163
5.3 相干斑抑制 ……… 163
5.3.1 引言 ……… 163
5.3.2 基于 ATV 正则化的相干斑抑制模型 ……… 164
5.3.3 基于 ATV 正则化的相干斑抑制方法 ……… 165
5.3.4 实验结果和分析 ……… 169
5.3.5 小结 ……… 173
参考文献 ……… 175
中英文对照表 ……… 192

第 1 章　绪　　论

1.1　合成孔径雷达

1. SAR 发展历程

20 世纪 50 年代，美国固特异（Goodyear）公司的 Carl Wiley 发现可以对多普勒频移进行处理来提高方位向分辨率，并于 1965 年获得了专利（Wiley，1965），这种通过信号处理方式构建等效长天线孔径的成像雷达称为合成孔径雷达。

飞机和卫星是常见的 SAR 运载平台，随着雷达技术的发展和实际应用需求的多样化，逐渐出现了搭载于其他平台上的 SAR 系统，如弹载 SAR、无人机载 SAR 等。星载平台在太空中指定的轨道上运行，太空环境接近于真空，星载 SAR 的成像工作对运动补偿的依赖较小，同时由于运行轨道离地球表面较远，星载 SAR 的测绘带宽通常可以达到百公里量级。星载 SAR 的研制可以追溯到 1964 年发射升空的 X 波段 SAR 卫星 Quill，该卫星由美国国家侦察局（National Reconnaissance Office）资助研发，因为系统指标没有达到预期的结果，所以后续计划被迫取消。1978 年，美国国家航空航天局发射了 L 波段 SAR 卫星 SEASAT。SEASAT 在太空中成功地完成了对地观测任务，获得了大量高清晰度的雷达图像，SEASAT 的发射标志着星载 SAR 步入实际应用阶段。美国利用航天飞机分别于 1981 年和 1984 年将 SEASAT 的改进型成像雷达 SIR-A 和 SIR-B 送入太空。此外，苏联也相继发射了两颗 S 波段的星载 SAR，分别是 1987 年发射的 Kosmos 和 1991 年发射的 Almaz。1995 年，加拿大航天局发射了该国第一颗商用对地观测卫星 RadarSat-1，该卫星工作于 C 波段，其主要创新点在于使用了扫描 SAR（scanning SAR，ScanSAR）来实现宽测绘的雷达成像。2000 年，美国实施了航天飞机雷达地形测绘任务（shuttle radar topography mission，SRTM）计划，凭借干涉 SAR（interferometric SAR，InSAR）成像技术，完成了地球南北纬 60°之间地形高度图像的绘制工作。德国宇航中心(Deutsches Zentrum für Luft-und Raumfahrt，DLR)于 2007 年发射了第一颗民用的 X 波段 SAR 卫星 TerraSAR-X，该卫星具有多种工作模式(Stangl et al.，2006)，其扫描工作模式分辨率为 15m，幅宽为 100km，聚束工作模式分辨率为 1m，幅宽为 30km，且该卫星与 2010 年发射的 Tandem-X 组成了双星编队，以支持多种双站和干涉应用。同年，加拿大又发射了 RadarSat-1 的增强版 RadarSat-2 星载 SAR，该卫星在 RadarSat-1 的基础上增加了高分辨率成像、全极化成像等功能。COSMO-SkyMed 是由意大利航天局和意大利国防部共同研发的高分辨率雷达卫星星座，该星座由 4 颗 X 波段 SAR 卫星组成，整个卫星星座的发射任务已于 2008 年年底完成。COSMO-SkyMed 使用了多极化有源相控阵天线，最高分辨率可达 1m，测绘带宽度为 10km。此外，日本、中国、以色列和韩国等国也陆续将本国研制的星载 SAR 送入了太空。

相比于星载 SAR，机载 SAR 的优势主要体现在它较为灵活，能够根据客户需求对某一地表区域进行反复观测，且可实现对雷达系统接收数据的实时处理。经过数十年的不断发展，机载 SAR 的性能得到大幅度提升，分辨率已由最早的 10m 量级提高到了现在的亚分米量级，并可同时具备多波段、多极化、多模式的成像功能。目前，美国、德国、法国、以色列、中国等十几个国家均拥有各自的机载 SAR 系统，其中具有代表性的机载 SAR 有 HiSAR、GeoSAR 、Lynx SAR，E-SAR、F-SAR、PAMIR、RAMSES、EL/M-2055 等。

2. SAR 发展趋势

微波成像技术发展伊始，尽管微波传感器有着光学传感器不具备的全天候和全天时成像优势，但由于微波传感器及其平台的硬件水平落后、成像处理复杂，没有得到相应的重视。20 世纪 70 年代末，美国喷气推进实验室(Jet Propulsion Laboratory，JPL)发射了载有微波成像传感器的海洋卫星 SEASAT，尽管该卫星运行仅 105 天，但获得了大量从未有过的陆地、海洋和冰川等数据，开辟了微波成像对地观测的新时代。世界各国相继投入大量的人力和物力，不仅研究和发展新的微波成像系统，而且不断探索微波成像新理论，以期实现微波成像系统低成本、高效率、实用化和产品化。在过去的半个多世纪里，微波成像系统分辨率由几十米量级发展到厘米量级;成像体制由最初的条带成像发展到聚束式、扫描式、滑动聚束、双/多站以及面向未来的三维成像和动目标成像模式;极化方式从单极化发展至全极化;应用方式由单一的图像定性解译发展到数字高程模型(digital elevation model,DEM)测量、地物参数测量、海洋参数测量以及目标运动参数测量等。

分辨率、极化、角度、时相等多维度微波成像是国外微波成像对地观测新计划发展的一个趋势。国外最近发射的 TerraSAR-X、RadarSat-2 和 COSMO-SkyMed 等星载 SAR 系统等都具有多种工作模式,以分辨率、极化、角度、时相等维度独立工作为主。国外微波成像对地观测新计划以全球生态环境要素的监测等应用为主要任务,如欧洲计划发射的获取全球生物量的 Biomass SAR 卫星、欧美学者共同提出的为全球碳循环研究服务的 CARBON-3D 卫星发射计划、德国计划发射的获取全球体散射区三维结构和地形 DEM 及地形形变信息的 Tandem-L 等将考虑以分辨率、极化、角度、时相等维度的联合工作。上述计划普遍体现了分辨率、极化、角度、时相、频率多维度联合工作的思想。

随着应用需求的进一步推动,微波成像技术又面临新的挑战。针对军事侦察、资源勘察和抵御灾害等应用领域进一步的需求,高分辨率宽测绘微波成像、高精度高程测量与运动流量监控以及三维成像与参数反演等已成为国际上微波成像理论研究的焦点。在高分辨率宽测绘微波成像方面,要达到广域目标侦察,实现对目标的描述和分类,需要微波成像的平面分辨率提高至厘米级,近年来提出的基于空时二维编码的宽测绘高分辨 SAR 成像概念,通过增加系统成像处理的灵敏度和复杂度来最大限度地减小分辨率和测绘带宽度之间的矛盾;在高精度高程测量与运动流量监控方面,要实现厘米级精度的高程测量和高精度运动目标检测与识别,提出了基于多发多收(multiple input multiple output,MIMO)SAR 理论,并结合极化技术进一步增加目标检测的性能和效率,但以牺牲测绘带宽度和增加系统复杂度为代价;在三维成像与参数反演方面,要实现对观测对象的空间三维分辨,获得观测区域的生物量分布,实现定量化遥感,提出了 TomoSAR 三维成像、层析极化干涉合成孔径雷达等。

综上所述,随着微波成像技术的发展及其应用需求的推动,微波成像数据获取方式日臻多样化,逐步由单波段、单极化、单角度等发展到多分辨率、多波段、多极化、多角度和多时相等获取方式,逐步出现了不同观测方式及条件下的组合。由此导致雷达系统设计规模越来越庞大、系统复杂度急剧上升。

3. SAR 性能发展

成像雷达的性能由两个基本因素决定：微波成像理论与电子学器件的性能。在摩尔定律的驱动下，电子学器件的性能在近几十年来一直飞速发展，支撑了半个世纪以来 SAR 系统性能的持续提升，将 SAR 从傅里叶光学处理时代一直带入了数字信号处理时代，将 SAR 系统的分辨率从数十米一直提升到厘米级。另外，微波成像理论自提出后(Sherwin et al.，1962；Cutrona & Hall，1962)，指标性能不断提升，但其原理没有发生根本性的变化。随着电子学器件的制程达到纳米量级，摩尔定律开始面临瓶颈。进一步挖掘电子学器件的性能空间，将会导致系统复杂度、功耗与成本急剧提升，使得达到某一极限后，在现有架构下进一步提升电子学器件的性能将不再经济。

SAR 系统的复杂度由两大基本定律决定：雷达分辨理论(Woodward，1964)和奈奎斯特采样定理(Nyquist，1928；Shannon，1949)。雷达分辨理论指出，分辨率提升需要增加雷达发射信号带宽和多普勒带宽；而奈奎斯特采样定理指出，随着信号带宽的增加，必须相应增加回波采样率和脉冲重复频率(pulse repetition frequency，PRF)。分辨率和测绘带宽的提升使观测数据量呈线性甚至平方尺度增长，系统实现复杂度越来越高。电子学器件性能的提升潜力在现有架构下是有限的，SAR 系统性能的发展将面临瓶颈，与不断提升的应用需求产生矛盾。雷达分辨理论和奈奎斯特采样定理是普适的、不能违背的，要解决这个矛盾，只能利用 SAR 应用中的特殊性，其中一种可行的途径就是利用雷达成像中的稀疏性，将稀疏信号处理理论引入微波成像。

1.2 稀疏信号处理

稀疏信号处理理论主要研究对包含大量冗余信息的原始信号进行高效率数据压缩，以尽可能少的独立自由度表征原始信号。1986 年，Santosa 和 Symes(1986)最早明确提出了稀疏信号的概念，即在某组基的线性表征下只包含少量非零元素。1989 年，Donoho 和 Stark(1989)研究了不确定原

理和基于 ℓ_1 正则化的信号重构方法。1993 年，Mallat 和 Zhang(1993)提出超完备字典的概念并将其用于稀疏信号的表征，与小波表征相比，它能够更合理地表征可压缩信号。1998 年，Chen 等(1998)明确提出利用基于 ℓ_1 正则化的凸优化方法能有效寻找原始信号在超完备字典下的稀疏表征系数，之后 Donoho 和 Huo(2001)给出了保证稀疏信号处理有效性的一个充分条件，这是稀疏信号处理算法理论分析的重要结果，也是稀疏信号处理里程碑式的进展。

21 世纪以来，压缩感知(compressive sensing，CS)成为稀疏信号处理研究的前沿方向，它的研究目标是从原始信号中提取尽可能少的观测数据，同时最大限度地保留原始信号中所含信息，对原始信号进行有效的逼近和恢复。Donoho 等使用压缩感知的概念，采用特定的降维压缩采样、基于优化方法实现信号重构，将信号的采样、恢复及信息提取直接建立在信号稀疏特性表征的基础上(Donoho & Tsaig，2006；Tsaig & Donoho，2006)。同时期，Candès 和 Tao 等利用高维统计理论分析多种不同稀疏观测矩阵的稀疏采样性能，提出了压缩感知论中具有核心地位的约束等距性质(restricted isometry property，RIP)(Candès & Tao，2005，Candès et al.，2006a；Candès & Romberg，2007)。针对非理想稀疏与存在测量噪声的情况，他们还证明了恢复信号的稳定性与观测矩阵 RIP 之间的定量关系(Candès & Tao.，2006)。上述工作基本奠定了压缩感知的理论基础。

1. 信号的稀疏性

考虑一个信号 $\boldsymbol{x}\in\mathbb{R}^N$ 或 $\boldsymbol{x}\in\mathbb{C}^N$，如果它仅有 K 个非零元素，那么称它为 K-稀疏。ℓ_0 范数定义为 $\boldsymbol{x}$ 中非零元素个数，定义 $\boldsymbol{x}$ 中非零元素的位置集合是 $\boldsymbol{x}$ 的支撑集，用 $\mathrm{supp}(\boldsymbol{x})$来表示，对任意 $\boldsymbol{x}$，$|\mathrm{supp}(\boldsymbol{x})|=\|\boldsymbol{x}\|_0$。

ℓ_2 范数、ℓ_1 范数和 ℓ_q 范数($0<q\leqslant 1$)的定义如下：

$$\|\boldsymbol{x}\|_2=\sqrt{\sum_{n=1}^{N}|x_n|^2} \tag{1.2.1}$$

$$\|\boldsymbol{x}\|_1=\sum_{n=1}^{N}|x_n| \tag{1.2.2}$$

$$\|\boldsymbol{x}\|_q=\left(\sum_{n=1}^{N}|x_n|^q\right)^{\frac{1}{q}} \tag{1.2.3}$$

2. 稀疏表征

对于本身是稀疏或可压缩的信号,它们只包含少量的非零元素;另外一些信号只有通过稀疏基变换到合适的变换域才具有稀疏性。由相同物理机制产生的信号具有相似的内在结构,可以在同一表征下稀疏化;而现实中的真实信号往往由多种不同类型的信号组成,因此信号无法用单一的正交基稀疏表示。Olshausen 和 Field(1996)提出将多个不同类型的正交表征联合,扩展成超完备基,实现从属于不同类型的信号分量在各自相对应的正交表征下稀疏化。超完备基又称超完备框架,是对“基”概念的延伸。在某些实际信号处理实例中,输入信号之间存在一定的结构信息,例如,图像中相邻子图像块具有相似的特征、视频中帧间图像具有相似的背景,结构稀疏可以反映这种具有结构先验信息的特性(Duarte & Eldar,2011)。联合稀疏是结构稀疏中的一种特殊形式(Baron et al.,2009),它的模型与观测对象共同分量和更新分量的特性差异有关,结构稀疏中的组稀疏(Duarte et al.,2005;Yuan & Lin,2006;Bengio et al,2009;Eldar et al,2010)考虑以一组变量而非独立变量作为单位进行建模。

3. 观测矩阵

观测矩阵是指将观测信号映射为采样数据的变换矩阵,与采样方式密切相关。若要从采样数据恢复原始信号,观测矩阵必须满足一定条件。其中,约束等距性质(Candès & Tao,2005)是信号在无噪声情况下得到完整重构的充分条件。对于一个矩阵 $\boldsymbol{\Phi}$,存在常数 $\delta_k \in (0,1)$,使得

$$(1-\delta_k)\|\boldsymbol{x}\|_2^2 \leqslant \|\boldsymbol{\Phi x}\|_2^2 \leqslant (1+\delta_k)\|\boldsymbol{x}\|_2^2 \tag{1.2.4}$$

对于所有的 k 稀疏信号 $\boldsymbol{x}$ 都成立时,称该矩阵具有 k 阶限制等距常数 δ_k($k=1,2,\cdots$)。这表明任何两个 k 稀疏的向量都保持一定的距离,因此对噪声具有一定的鲁棒性。上述定义中对 $\boldsymbol{\Phi}$ 做尺度变换就可使得上下界是任意的正数且不对称。

令 $\boldsymbol{\Phi}: \mathbb{R}^N \to \mathbb{R}^M$ 表示观测矩阵,$\Delta: \mathbb{R}^M \to \mathbb{R}^N$ 表示重构算法。当 $\boldsymbol{x} \in \mathbb{R}^N$,时任意 $\|\boldsymbol{x}\|_0 \leqslant k$ 和 $\boldsymbol{e} \in \mathbb{R}^M$ 都满足

$$\|\Delta(\boldsymbol{\Phi x}+\boldsymbol{e})-\boldsymbol{x}\|_2 \leqslant C\|\boldsymbol{e}\|_2 \tag{1.2.5}$$

式中,C 为常数;$\boldsymbol{\Phi x}$ 为理想的观测数据;$\boldsymbol{e}$ 为观测的噪声误差;$\Delta(\boldsymbol{\Phi x}+\boldsymbol{e})$ 为观测数据的重构结果;$\|\Delta(\boldsymbol{\Phi x}+\boldsymbol{e})-\boldsymbol{x}\|_2$ 为观测结果的重构误差。

式(1.2.5)说明观测结果的重构误差与观测的噪声误差密切相关，观测结果的重构误差可以控制在观测噪声误差的一定范围内。约束等距性质具有理论上的指导意义，由于 δ_k 很难直接计算，实际中可通过统计工具进行判断(Eldar & Kutyniok，2012)。

4. 稀疏重构

稀疏重构问题描述了未知量的稀疏性，求解该问题可以获得未知量的稀疏解。求解稀疏解的过程可以等效为线性规划问题，ℓ_q 范数最优化过程产生稀疏解的原理如图 1.2.1 所示，求解最优化问题的过程可等价为在图中所示直线上找到某一点，使得 ℓ_q 球的半径最小。当 $0<q<1$ 时，ℓ_q 球是凹的，若球半径逐渐增大，其与直线的交点将位于坐标轴上，也就得到了稀疏解。ℓ_1 球作为一种特殊情况，在一定条件下也会产生稀疏解；当 $q>1$ 时，ℓ_q 球外凸，其与直线的交点无法位于坐标轴，此时会产生非稀疏解，ℓ_2 球作为与直线相切的一种特殊情况，如图 1.2.1(c)所示。

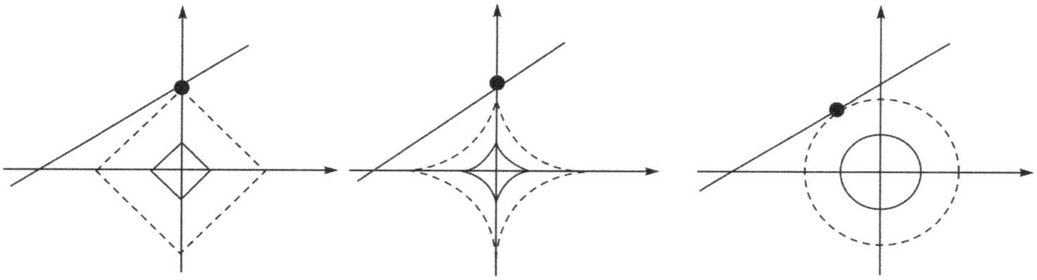

图 1.2.1 ℓ_q 范数稀疏解几何示意图

稀疏重构模型一般为欠定方程，其解有无穷多个。根据稀疏信号处理理论，当待重构信号具有稀疏性时，可以将欠定方程求解问题转化为稀疏约束下的优化问题进行求解：

$$\begin{aligned}\hat{\boldsymbol{x}}_\sigma &= \arg\min_{\boldsymbol{x}} \|\boldsymbol{x}\|_0 \\ \text{s.t.} &\quad \|\boldsymbol{\Phi x}-\boldsymbol{y}\|_2 \leqslant \varepsilon\end{aligned} \tag{1.2.6}$$

式中，$\|\cdot\|_0$ 和 $\|\cdot\|_2$ 分别为向量的 ℓ_0 范数和 ℓ_2 范数；ε 为加性噪声的功率上限，即 $\|\boldsymbol{n}\|_2 \leqslant \varepsilon$。

因为式(1.2.6)是一个 ℓ_0 范数问题，对于这种组合优化问题的求解通常是“NP-hard”(non-deterministic polynomial-time hard)的，所以需要将其

进一步化为求解的等价问题。参照 Donoho(2006)、Candès 和 Tao(2006)在压缩感知领域的研究工作,利用凸松弛技术,在特定条件下可以将式(1.2.6)转化为等价的 ℓ_1 范数问题:

$$\hat{\boldsymbol{x}}_\sigma = \arg\min_{\boldsymbol{x}} \|\boldsymbol{x}\|_1 \quad \text{s.t.} \quad \|\boldsymbol{\Phi x} - \boldsymbol{y}\|_2 \leqslant \varepsilon \tag{1.2.7}$$

式中,ε 为加性噪声的功率上限。

拉格朗日乘子理论表明,可以通过解决一个无约束优化问题得到与式(1.2.6)相同的解:

$$\hat{\boldsymbol{x}}_\lambda = \arg\min_{\boldsymbol{x}} \{\lambda \|\boldsymbol{x}\|_1 + \|\boldsymbol{\Phi x} - \boldsymbol{y}\|_2\} \tag{1.2.8}$$

式中,λ 表示正则化参数,其作用是调节最小二乘拟合与解的稀疏性之间的权重。

同样,可以构建一个约束条件为 ℓ_1 正则项的 LASSO(least absolute shrinkage and selection operator)模型:

$$\hat{\boldsymbol{x}}_\sigma = \arg\min_{\boldsymbol{x}} \|\boldsymbol{\Phi x} - \boldsymbol{y}\|_2 \quad \text{s.t.} \quad \|\boldsymbol{x}\|_1 \leqslant \tau \tag{1.2.9}$$

式中,τ 为阈值调节参数。

由于难以建立三个模型参数之间的精确映射关系使得模型的解相等,在允许一定误差的情况下,可以构建模型之间的粗略关系。

根据所用数学理论的差异,稀疏重构算法可分成凸优化算法(Beck & Teboulle,2009)、非凸优化算法(Chartrand,2007;Xu et al.,2010,2012)、贪婪追踪算法(Tropp,2004)和贝叶斯重构算法等(Eldar & Kutyniok,2012)。

1.3　稀疏微波成像

稀疏微波成像是指将稀疏信号处理理论引入微波成像且两者有机结合形成的微波成像新理论、新体制和新方法(吴一戎等,2011a)。直观上看,微波成像的稀疏性可以直接体现在微波图像或图像的变换域中,这是因为被观测的场景本身往往具有较强的相关性。微波图像是特定微波观测条件下,场景回波数据经相干合成处理后电磁散射特性的表征。作为被观测场景的不同观测数据集(微波成像原始数据、经部分成像处理的数据、微波图像或者其变换域)具有稀疏化表征的可能性。例如,图 1.3.1(a)的

RadarSat-1 图像海面舰船场景是明显稀疏的，图 1.3.1(b)场景是部分稀疏的，图 1.3.1(c)稀疏性不太明显，但在某些变换域是稀疏的，图 1.3.1(d)为图 1.3.1(c)的离散余弦变换域；图 1.3.1(e)是 SAR 原始数据，不具有明显的稀疏性，但它在距离压缩后具有一定的稀疏性，如图 1.3.1(f)所示。注意到微波成像数据的稀疏特性，以及微波成像过程的线性算子特性和观测对象信息的冗余性，可以将稀疏信号处理理论应用于微波成像。

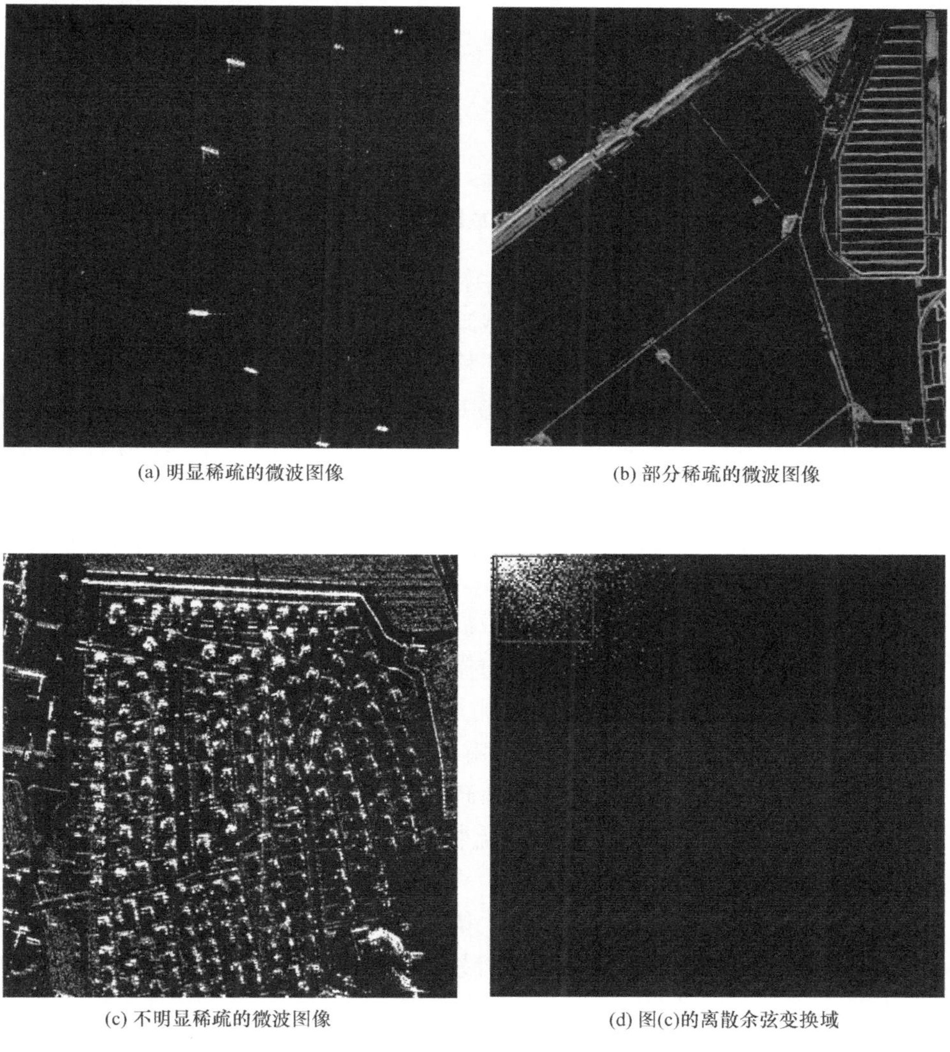

(a) 明显稀疏的微波图像

(b) 部分稀疏的微波图像

(c) 不明显稀疏的微波图像

(d) 图(c)的离散余弦变换域

(e) 原始数据

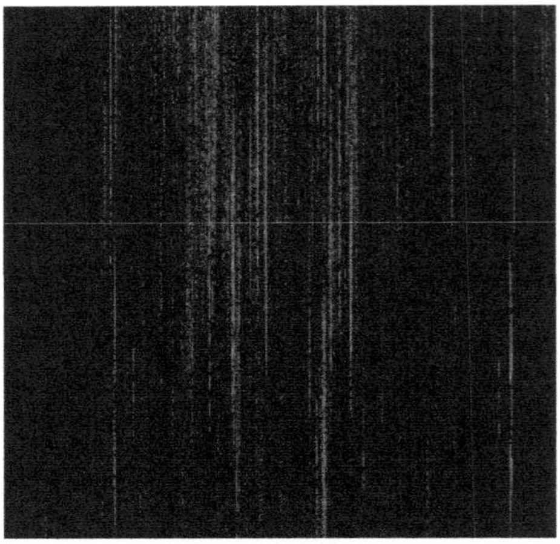

(f) 距离压缩后的数据

图 1.3.1 微波成像数据的稀疏性

将稀疏信号处理引入微波成像中需解决以下难点。

(1) 微波成像稀疏表征与变换域映射。稀疏微波成像要求观测对象具有稀疏特性,或者存在一个由稀疏基构成的稀疏变换矩阵,使得地面场景在该矩阵下的系数为稀疏向量。微波成像所观测的对象,通常是地面场景或目标,它们本身往往具有较强的相关性,即存在信息冗余,所以具有稀疏性。稀疏微波成像表征与变换域映射针对稀疏度不同的观测场景,寻找相应的稀疏变换矩阵,使被观测对象在此稀疏基张成的空间中可稀疏表征,建立一般性稀疏表征规律和映射关系。

(2) 微波成像稀疏观测约束。微波成像过程是在对回波数据进行相干积累的基础上,恢复出被观测对象的微波图像,其稀疏微波成像系统观测矩阵由稀疏矩阵和微波成像系统观测矩阵共同决定。因此,稀疏微波成像系统观测矩阵的构建必须考虑成像雷达观测系统及其约束条件。为实现稀疏微波成像,必须在微波成像的稀疏观测约束条件基础上,利用其在空间、时间、频谱或者多维度联合的稀疏特性,研究基于稀疏微波成像系统观测矩阵的数据获取方法。

(3) 稀疏微波成像非模糊重建。稀疏微波成像非模糊重建需要在建立稀疏成像算子的同时,建立全采样微波成像算子和稀疏成像算子的对应关系。观测过程的线性降维,使得稀疏成像算子的构建存在困难,属于"不适定"问题。同时,微波成像系统误差、回波散射调制、噪声等引起稀疏微波成像系统观测过程的模型偏差,需解决这些因素对算法稳健性的影响。此外，微波成像中海量数据获取、凸优化高维迭代会带来大尺度稀疏微波成像优化问题数值求解难题。

(4) 稀疏微波成像的性能评估。结合稀疏微波成像的特点，研究能有效衡量稀疏化成像质量的方法，实现对稀疏微波成像定量分析和评估。

稀疏成像的研究结果表明：一方面，稀疏微波成像的信号处理方法可应用于现有雷达数据并提高其图像质量。它不但可以在降采样的条件下重建稀疏目标场景，也可以在满采样的条件下重建非稀疏目标场景。与基于匹配滤波算法的成像结果相比，抑制了强目标的旁瓣，改善了目标的分辨能力，提高了图像质量。并且利用稀疏微波成像方法还可抑制旁瓣和模糊，提高目标背景比(target to background ratio，TBR)，减少虚假目标出现概率，有助于雷达图像的目标解译。另一方面，利用稀疏微波成像的工作原理可以设计性能更优的成像雷达系统。海洋目标观测是稀疏微波成像应用的一个典型例子，海面场景目标可认为具备稀疏特性，在这种条件下，利用稀疏微波成像原理可以设计更高分辨能力和更宽测绘带宽的雷达系统(Zhang B C et al.，2012a)。

1.4 研究现状

稀疏信号处理应用于雷达相关领域主要包括 SAR、三维 SAR、宽角 SAR、圆迹 SAR/多基线圆迹 SAR、逆 SAR(inverse SAR，ISAR)、地面运动目标检测(ground moving target indication，GMTI)、探地雷达(ground penetrating radar，GPR)/穿墙雷达成像(through-the-wall radar imaging，TWRI)以及 MIMO 雷达等。

1. 合成孔径雷达领域

压缩感知是稀疏信号处理领域的重大进展，其利用信号的稀疏性，通过采集较少的测量数据，采用正则化方法对原始信号进行重构(Donoho，2006；Candès et al.，2006a，2006b；Candès & Tao，2006)。Baraniuk 和 Steeghs(2007)提出将压缩感知理论引入雷达成像，点目标仿真结果验证了方法的合理性。

Patel 等(2010)以聚束 SAR 为例，直接采用压缩感知方法对观测场景进行恢复，分析了不同的方位向采样策略，指出了压缩感知 SAR 成像方法在提升测绘带宽、减小数据存储压力方面的潜能；Çetin、Batu、Nozben、

Varshney 和 Samadi 等对基于压缩感知聚束 SAR 信号处理进行研究，探讨了其在宽角 SAR 成像、自聚焦、运动目标成像方面的原理方法(Varshney et al.，2008；Batu & Çetin，2011；Samadi et al.，2011；Nozben & Çetin，2012；Çetin et al.，2014)。

稀疏信号处理方法可应用于低于奈奎斯特采样数据量的 SAR 成像(Yoon & Amin，2008；Kelly et al.，2012；Zeng et al.，2012；Stojanovic et al.，2013；Aberman & Eldar，2017；Prünte，2017)、高分辨率宽测绘带 SAR 数据处理(Cerutti-Maori et al.，2014)以及方位、距离模糊抑制(Fang et al.，2012；张冰尘等，2013；Xu et al.，2017)等。

此外，将正则化方法应用于 SAR 图像处理，可以获得特征增强的雷达图像(Çetin & Karl，2001；Çetin et al.，2003；王正明等，2013；Samadi et al.，2013；Bi et al.，2018；Xu et al.，2018b)；可应用于存在缺失雷达散射截面积(radar cross section，RCS)数据的雷达图像重构(Bae et al.，2015)；还可以进行 SAR 原始数据压缩(Bhattacharya et al.，2007，2008；Rilling et al.，2009)。

将稀疏信号处理应用于 SAR 大场景实际数据处理，存在计算量和内存需求大的问题。针对此问题，可对 SAR 原始数据进行脉冲压缩等预处理，然后利用正则化方法实现方位向成像(Alonso et al.，2010；Zhang B C et al.，2010；Jiang et al.，2011)，但该方法不能降低系统复杂度和数据采样率，反而会增加雷达实现的复杂度。只有直接从原始数据域进行稀疏微波成像，才能真正降低微波成像系统的复杂度。基于回波模拟算子的方位距离解耦微波成像方法(吴一戎等，2011b；Zhang B C et al.，2012a；Fang et al.，2013；Jiang et al.，2014；徐宗本等，2018)，可有效解决稀疏重构过程中带来的计算量和内存需求大的问题，实现基于稀疏信号处理的 SAR 原始数据域成像，在满采样数据条件下使得现有 SAR 系统的成像质量显著提升，在欠采样数据条件下实现雷达图像的无模糊重构(Zhang B C et al.，2012a；吴一戎等，2014)。

在信号处理方面，稀疏微波成像可应用于不同的 SAR 工作模式，例如，基于 ℓ_q 正则化方法的 ScanSAR、TOPS SAR(terrain observation by progressive scans SAR)(Bi et al.，2016c，2017b，2017c)、滑动聚束 SAR 成像(Xu et al.，2018b)的实现，表明其在现有 SAR 系统中具有广泛的应用前景；稀疏微波成像可适用于高分辨率宽测绘带多通道 SAR 成像，例如，基于偏置相位中心天线(displaced phase center antenna，DPCA)处理算子的阈值迭代算法，可实现多通道无模糊雷达目标重构，有效抑制雷达图像中的模糊干扰(Quan et al.,2016a,2016b)；稀疏微波成像所获得的雷达图像可进行恒虚警率目标检测，将复近似信息传递(complex approximate message passing,CAMP)算法(Maleki et al.,2013)应用于稀疏微波成像，不但可以获得稀疏目标重构图像(Bi et al.,2016d,2017a)，同时可保留与匹配滤波算法重构结果类似统计特性的非稀疏背景图像。

在性能评估方面，综合考虑稀疏度、欠采样比、信噪比因素的三维相变图是实用的性能评估方法，它定量反映了稀疏重构条件下场景稀疏度和雷达系统之间的关系；在图像质量评估方面，峰值旁瓣比(peak sidelobe ratio,PSLR)、积分旁瓣比(integrated sidelobe ratio,ISLR)、分辨能力、检测概率/虚警概率等可反映重构性能的指标(吴一戎等,2018)。

在实验验证方面，中国科学院电子学研究所利用观测区域内目标的稀疏特性，构建基于航空平台的稀疏微波成像样机，开展航空飞行实验，验证了系统设计原理、信号处理方法和性能评估手段的有效性(吴一戎等,2014;Hong et al.,2014;Zhang et al.,2015)；根据星载成像雷达系统设计方法以及稀疏微波成像的约束条件，优化现有雷达卫星的数据获取和信号处理，可提升系统性能(Zhang B C et al.,2015)。

2. 其他成像雷达领域

三维SAR将二维雷达成像扩展到三维(Knaell & Cardillo,1995;Reigber & Moreira,2000;Fornaro et al.,2003,2005)，当目标散射特性在高程向具有稀疏特性时，稀疏信号处理可应用于高程向成像(Austin et al.,2009;Budillon et al.,2011;Zhu & Bamler,2010,2012a,2012b;Bao et al.,2017)，目前，国内外研究机构将这种成像方法成功应用于ERS1/2,TerraSAR-X,COSMO-SkyMed的数据处理。差分层析SAR(differential SAR tomography,D-TomoSAR)技术是TomoSAR技术的拓展，它利用同一场景由不同时间、空间位置获得的多幅SAR图像，在TomoSAR成像基础上获取随时间形变的相位信息，实现对观测目标的方位-距离-高程-时间四维成像(Lombardini,2005)。由于这种待求解形变参量是稀疏的，因此稀疏信号处理方法也可应用于D-TomoSAR(Zhu & Bamler,2010;Montazeri et al.,2016)。

宽角SAR是指在数据采集过程中，将雷达在方位向跨越一个很宽的角度范围，以得到更多的目标方位角散射信息以及更高的方位向分辨率。

因为实际目标后向散射系数通常是各向异性的，稀疏信号处理理论可为这一问题提供解决思路(Stojanovic et al.，2008；Austin et al.，2011；Ash et al.，2014；Çetin et al.，2014；Jiang et al.，2015；Wei et al.，2016a，2016b)；圆迹SAR雷达平台相对观测目标做近似圆周运动，雷达波束始终照射目标场景区域，进而可以形成目标的二维孔径，从而实现对目标的三维观测，稀疏信号处理方法也可应用于圆迹SAR信号处理(Lin et al.，2009；Ponce et al.，2014；Bao et al.，2016c)；多基线圆迹SAR借助不同高度的多次圆迹观测在高程向形成合成孔径，使其既具有圆迹SAR的应用优势又能获得高程向的高分辨率。利用稀疏信号处理方法对多航迹圆迹SAR进行三维成像，抑制了旁瓣，获得目标的高分辨率成像结果，使目标轮廓更加清晰(Potter et al.，2010；Bao et al.，2017)。

逆SAR所观测的目标如舰船、飞机等相对于背景具有天然的稀疏性，研究者开展了基于压缩感知的逆合成孔径雷达超分辨成像方法方面的研究(Zhang L et al.，2009，2010，2012；Ender，2010，2013；Chen et al.，2016)。

探地雷达是一种地下目标高分辨率无损伤探测技术，其主要用于检测并定位地球表面下或一个不透明实体内的目标。地下目标在稀疏的条件下，可以将稀疏信号处理理论引入探地雷达成像(Gurbuz et al.，2007，2009a，2009b，2012；Suksmono et al.，2008，2010；Yang J et al.，2014；Amin，2015；Bouzerdoum et al.，2016)。穿墙雷达成像在原理上和探地雷达颇为接近，因此稀疏信号处理理论也可以应用于该领域(Huang et al.，2010；Amin，2015；Stiefel et al.，2016；Wang et al.，2017)。

SAR运动目标检测是一种区分运动目标和静止背景的雷达工作模式。由于运动目标在速度/位置域具有稀疏性，因而可以应用稀疏信号处理方法进行运动目标检测及参数估计(Lin et al.，2010；Khwaja & Ma，2011；Önhon & Çetin，2011，2013；Prünte，2012，2014，2016；Çetin et al.，2014)。通过基于冗余字典稀疏表征，将用于估计观测目标散射特性和运动速度的非线性问题线性化，利用满足稀疏约束的一致正则化方法进行运动目标成像(Stojanovic & Karl，2010)。

MIMO雷达是指通过多个发射天线发射相互正交的信号，并由多个接收天线同时接收回波信号的雷达。在目标满足稀疏性的条件下，稀疏信号处理技术也可以应用于MIMO雷达(Berger et al.，2008；Yu et al.，2010，2011；杨俊刚等，2014；Gu et al.，2015；Hadi et al.，2015；Zhang & Hoorfar，2015)。

1.5 本书内容

本书在介绍稀疏微波成像原理的基础上，重点阐述了稀疏微波成像方法在TomoSAR、阵列下视三维、多基线圆迹SAR等三维成像领域的应用；联合稀疏在SAR模糊抑制、宽角SAR成像、运动目标检测与变化检测领域的应用；稀疏微波成像在恒虚警率检测、图像增强、相干斑抑制等SAR图像处理领域的应用。

第1章介绍稀疏微波成像的技术背景。简要叙述SAR的历史以及稀疏信号处理的概念，在此基础上提出稀疏微波成像；并简要介绍稀疏信号处理在SAR等微波成像领域应用的研究现状。

第2章介绍稀疏微波成像的基础，包括稀疏微波成像模型、稀疏表征、观测矩阵、重构方法及性能评估等方面的内容。

第3章阐述稀疏微波成像方法在三维SAR成像领域的应用。三维SAR是二维SAR和InSAR的拓展和延伸，它可以获得成像目标的三维位置和散射特性，具有三维分辨能力。实现SAR三维成像的方式有TomoSAR、阵列下视三维SAR、圆迹SAR，此外多基线圆迹SAR借助不同高度的多次圆迹观测在高程向行程合成孔径获得高程向高分辨率。

在TomoSAR成像方面，针对城市建筑目标强散射体稀疏、森林区域散射特性变换域稀疏的特点，将稀疏信号处理应用于TomoSAR成像，可实现对目标三维散射信息的高精度成像。利用已知基线与未知基线之间的几何关系及已知基线的观测数据对未观测基线的二维图像进行估计，并最终利用更多的数据或者更优的基线分布对高程向进行重构，同样可提升TomoSAR成像质量。

在阵列下视三维SAR成像方面，针对三维成像场景及目标处于连续空间对稀疏重构带来的网格偏离(off-grid)问题，将伪极坐标变换方法和无网格的稀疏信号处理方法结合应用于阵列下视三维SAR成像，获得跨航向高分辨率、无网格偏离问题的重构结果。

在圆迹SAR成像方面，稀疏微波成像方法可以有效解决圆迹SAR成像高旁瓣的问题。此外，将自适应孔径算法和网格偏离稀疏贝叶斯压缩感知算法结合应用于多基线圆迹SAR，该算法在稀疏重构算法的基础上，将目标与成像网格的偏离误差加入稀疏重构模型中，在贝叶斯理论框架下通过迭代优化算法获得更高精度的目标散射强度和三维坐标。

第 4 章阐述联合稀疏在微波成像中的应用。联合稀疏是结构稀疏的一种特殊形式，反映了观测对象共同分量和更新分量的特性差异，它可以应用于模糊抑制、宽角 SAR 成像、多通道运动目标检测以及多时相场景变化检测。

在模糊抑制方面，SAR 方位模糊和距离模糊均是由观测量少于未知量引起的，因此稀疏信号处理可应用于此类问题的求解。方位模糊信号是天线旁瓣接收的目标回波，它们之间幅度和相位不同，但是支撑集是一致的，这可以用组稀疏来表征。距离模糊是由测绘带内的回波与来自前面和后面脉冲的回波同时到达接收天线造成的，建立包含距离模糊的观测模型后，可以直接利用稀疏信号处理方法进行求解。

在宽角 SAR 成像方面，利用观测目标的散射特性随角度相关的成像特点，建立基于组稀疏的宽角 SAR 成像模型，采用组复近似信息传递(group complex approximate message passing，GCAMP)算法有效重构各向异性目标的散射特性。

在多通道运动目标检测方面，根据运动目标的回波特性，将多通道观测场景表示为观测一致场景部分和观测不一致场景部分，分别对应于背景与运动目标，基于分布式压缩感知原理构建多通道运动目标联合观测模型，从而进一步降低重构所需的数据量。同样，该方法适用于多时相场景变化检测。

第 5 章阐述稀疏微波成像方法在恒虚警率检测、图像增强、相干斑抑制等 SAR 图像处理领域的应用。

在恒虚警率检测方面，稀疏微波成像可以采用 CAMP 算法实现对稀疏观测目标和非稀疏背景杂波成像，即采用 CAMP 算法不仅可以恢复出稀疏目标图像，同时可以重构出具有与匹配滤波算法结果类似图像背景统计特性的非稀疏结果，并且所获得雷达图像目标与背景之间的对比度更大，有利于目标的检测和识别。

在图像增强方面，利用稀疏信号处理方法对基于满采样匹配滤波算法重构的 SAR 复图像进行处理，该方法获取的图像与直接采用基于回波模拟算子的方位距离解耦的 SAR 成像方法得到的满采样成像结果相似，实现了对图像性能的有效提升。同样 CAMP 算法也可以应用到基于复图像数据的 SAR 图像增强中。

在相干斑抑制方面，利用基于全变差(total variation，TV)正则化的相干斑抑制模型和方法，将图像梯度的 ℓ_2 范数作为正则化条件进行图像去噪，去除噪声的同时可以保持图像边缘尖锐，有效地抑制了 SAR 图像中的相干斑噪声。

第 2 章　稀疏微波成像基础

2.1 引　　言

稀疏微波成像涉及稀疏表征、观测约束、重构方法以及性能评估等方面的内容(吴一戎等,2011a)。本章主要介绍稀疏微波成像中的稀疏表征、观测约束、重构方法、性能评估等基本概念和原理。

2.2 节建立稀疏微波成像模型(吴一戎等,2011a;Zhang B C et al.,2012a)。稀疏微波成像系统获取观测场景后向散射系数的过程用线性时不变系统表示,通过观测矩阵建立回波采样数据与后向散射系数之间的线性关系,求解时选择恰当的惩罚函数约束,利用稀疏信号处理方法实现非模糊重构。

2.3 节概述微波成像中观测对象的稀疏表征。稀疏表征可以分为空域稀疏、变换域稀疏和结构稀疏三种形式。在空间域稀疏场景中,少数强目标的雷达散射截面积远大于作为背景的自然场景雷达散射截面积,其雷达图像表现为明显的稀疏性,如海面上的舰船目标。变换域稀疏指雷达图像通过稀疏基变换可以获得稀疏表征,正交基、混合基和冗余字典都可以作为变换域的稀疏基,例如,森林区域高程向后向散射系数在小波域是稀疏的(Aguilera et al.,2012a,2013)。结构稀疏(Duarte & Eldar,2011)是指信号表示过程中由信号之间相关性带来的结构特征稀疏性,可以用来进行运动目标检测(Lin Y G et al.,2010;Zhang B C et al.,2012b;Prünte,2012)、多时相场景变化检测(吴一戎等,2011c;Lin Y G et al.,2012)和方位模糊抑制(Jiang et al.,2015)。

稀疏微波成像中的观测矩阵是指将地面场景后向散射系数映射为回波数据的变换矩阵,与雷达系统参数和成像几何关系密切相关,其性质决定了稀疏微波成像的性能。2.4 节指出雷达波形、采样方式、天线排列方式、天线足印等因素影响观测矩阵组成元素和构建形式,进而影响稀疏微波成像的性能(Zhang B C et al.,2012a)。以条带 SAR 为例介绍稀疏微波成像观测矩阵的构建，并给出 SAR 不同工作模式方位向观测矩阵示意图。

稀疏微波成像采用稀疏信号处理方法对观测对象进行非模糊重构。2.5 节描述基于雷达成像中回波数据解耦原理，构建回波模拟算子及其逆算子（Zhang B C et al. 2012a；Fang et al. 2014；Jiang et al.，2014）来替代稀疏重构算法中包含观测矩阵的矩阵-向量乘法运算，降低原算法计算复杂度与内存使用量。它可以在不改变算法重构性能的情况下，将原稀疏重构算法的计算复杂度由平方阶降低到线性对数阶，内存使用量由平方阶降低到线性阶。该方法不但可以推广应用至 SAR 不同工作模式（Bi et al.，2016a，2017b，2017c，Xu et al.，2018a），而且适用于多通道 SAR 成像（Quan et al.，2016a，2016b）。

2.6 节介绍稀疏微波成像中的雷达系统和雷达图像两个方面的性能指标。三维相变图是评估稀疏微波成像雷达系统性能的有效手段（Zhang B C et al.，2012a），其三个维度分别为稀疏度、欠采样比和信噪比。在雷达图像质量评估方面，根据稀疏微波成像点目标理想重构结果为冲激函数的特点，可利用分辨能力、峰值旁瓣比、积分旁瓣比、方位模糊比、检测概率/虚警概率、目标背景比等指标进行图像质量评价（Oliver & Quegan，2004；Massonnet & Souyris，2008；Zhang B C et al.，2012a）。

2.2 成像模型

微波成像系统获取观测场景后向散射系数的过程可以用线性时不变系统表示：

$$\boldsymbol{y}=\boldsymbol{\Theta x}+\boldsymbol{n} \tag{2.2.1}$$

式中，$\boldsymbol{x}\in\mathbb{C}^{N\times1}$、$\boldsymbol{y}\in\mathbb{C}^{M\times1}$以及 $\boldsymbol{n}\in\mathbb{C}^{M\times1}$分别为场景后向散射系数向量、回波数据向量以及噪声向量（包含系统热噪声、量化噪声等加性噪声），其中，N 为场景的采样点数，由观测场景区域大小与离散网格尺寸决定；M 为回波数据采样点数，由雷达分辨理论和奈奎斯特采样定理决定；需要特别指出的是，这里的 $\boldsymbol{x}$ 可以表示一维场景后向散射系数，也可以表示经过一维重排后的二维/三维场景后向散射系数；$\boldsymbol{\Theta}\in\mathbb{C}^{M\times N}$为观测矩阵，由雷达参数和成像几何关系决定，可视为“回波字典”，字典中的每一个元素向量是观测场景中特定位置单位后向散射系数的回波序列，有关观测矩阵的构建详见 2.4 节的分析。

稀疏微波成像模型如图 2.2.1 所示(吴一戎等,2011a;Zhang B C et al.,2012a)。

$$\boldsymbol{y}=\boldsymbol{H\Theta\Psi\alpha}+\boldsymbol{n}=\boldsymbol{\Phi\alpha}+\boldsymbol{n} \tag{2.2.2}$$

式中,$\boldsymbol{H}\in\mathbb{C}^{M'\times M}$为稀疏微波成像降采样矩阵,$M'$为稀疏微波成像回波数据采样点数;$\boldsymbol{\Psi}\in\mathbb{C}^{N\times N'}$为稀疏变换矩阵,$\boldsymbol{x}=\boldsymbol{\Psi\alpha}$,$N'$为$\boldsymbol{\alpha}$的维度,当$\boldsymbol{\alpha}$中的“显著”非零元素个数远小于其维度时,则认为$\boldsymbol{x}$是稀疏的。

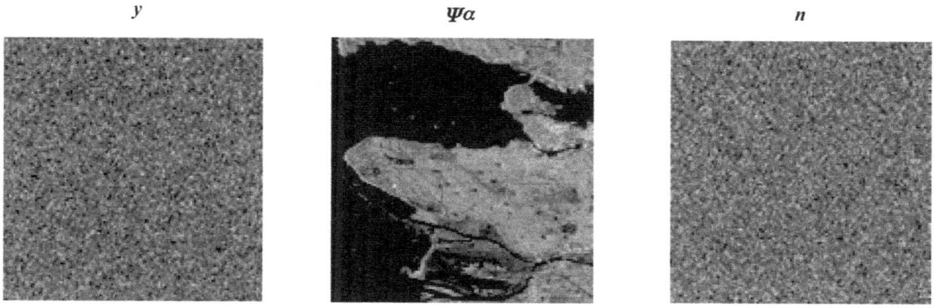

图 2.2.1　稀疏微波成像模型

式(2.2.2)可以通过正则化方法求解:

$$\hat{\boldsymbol{\alpha}}=\arg\min_{\boldsymbol{\alpha}}\{\|\boldsymbol{y}-\boldsymbol{\Phi\alpha}\|_2^2+\lambda\phi(\boldsymbol{\alpha})\} \tag{2.2.3}$$

式中,λ为正则化参数;$\phi(\cdot)$为惩罚函数,它给予重构结果一定的约束。

式(2.2.4)所示的$\ell_q(0<q\leqslant 1)$范数则反映了观测对象在变换域上的稀疏特性。

$$\hat{\boldsymbol{\alpha}}=\arg\min_{\boldsymbol{\alpha}}\{\|\boldsymbol{y}-\boldsymbol{\Phi\alpha}\|_2^2+\lambda\|\boldsymbol{\alpha}\|_q^q\} \tag{2.2.4}$$

式(2.2.5)所示的全变差范数(Rudin et al.,1992)反映了观测对象在一定区域范围内分布式目标后向散射系数的连续性,该约束可用于相干斑抑制。

$$\hat{\boldsymbol{\alpha}}=\arg\min_{\boldsymbol{\alpha}}\{\|\boldsymbol{y}-\boldsymbol{\Phi\alpha}\|_2^2+\lambda\mathrm{TV}(|\boldsymbol{\Psi\alpha}|)\} \tag{2.2.5}$$

当观测场景为二维时,有

$$\mathrm{TV}(|\boldsymbol{x}|)=\sum_{i,j}|\nabla(|\boldsymbol{x}|)|[i,j] \tag{2.2.6}$$

式中,

$$|\nabla(|\boldsymbol{x}|)|[i,j]=\sqrt{(D_{\mathrm{h}}|\boldsymbol{x}|)^2+(D_{\mathrm{v}}|\boldsymbol{x}|)^2} \tag{2.2.7}$$

$$D_{\mathrm{h}}|\boldsymbol{x}|=|\boldsymbol{x}[i+1,j]|-|\boldsymbol{x}[i,j]| \tag{2.2.8}$$

$$D_{\mathrm{v}}|\boldsymbol{x}|=|\boldsymbol{x}[i,j+1]|-|\boldsymbol{x}[i,j]| \tag{2.2.9}$$

式中，$[i,j]$表示矩阵的第 i 行第 j 列。

式(2.2.10)综合了这两种约束(Çetin et al. ,2014)：

$$\hat{\boldsymbol{\alpha}}=\arg\min_{\boldsymbol{\alpha}}\{\|\boldsymbol{y}-\boldsymbol{\Phi\alpha}\|_2^2+\lambda_1\|\boldsymbol{\alpha}\|_q^q+\lambda_2\mathrm{TV}(|\boldsymbol{\Psi\alpha}|)\} \tag{2.2.10}$$

式中，λ_1 和 λ_2 为正则化参数。

当稀疏变换矩阵 $\boldsymbol{\Psi}$ 为单位阵时，基于稀疏信号处理的方位向多视图像重构模型可写为(Fang et al. ,2014)

$$\hat{\boldsymbol{x}}=\arg\min_{\boldsymbol{x}_1,\boldsymbol{x}_2,\cdots,\boldsymbol{x}_L}\{\|\boldsymbol{y}-\boldsymbol{\Phi}(\boldsymbol{F}_{\mathrm{a}}^{\mathrm{H}}\boldsymbol{x}_{\mathrm{f}})\|_2^2+\lambda\|\boldsymbol{z}\|_1^1\} \tag{2.2.11}$$

$$\|\boldsymbol{z}\|_1^1=\sum_j\sqrt{\sum_{l=1}^{L}|\boldsymbol{x}_l(j)|^2} \tag{2.2.12}$$

$$\boldsymbol{x}_{\mathrm{f}}=\begin{bmatrix}\boldsymbol{F}_{\mathrm{a}}\boldsymbol{x}_1\\ \boldsymbol{F}_{\mathrm{a}}\boldsymbol{x}_2\\ \vdots\\ \boldsymbol{F}_{\mathrm{a}}\boldsymbol{x}_L\end{bmatrix} \tag{2.2.13}$$

式中，$\boldsymbol{x}_{\mathrm{f}}$ 为 L 视频向量；$\boldsymbol{F}_{\mathrm{a}}$ 为方位向傅里叶矩阵；上角标 H 为共轭转置；$\boldsymbol{F}_{\mathrm{a}}\boldsymbol{x}_l(l=1,2,\cdots,L)$为第 l 视频谱。

从上面不同惩罚函数约束选择中可以看出，当变换矩阵为单位阵时，式(2.2.4)中 ℓ_q 范数约束强调的是点目标特征增强，式(2.2.5)中 TV 范数约束和式(2.2.11)中正则化方式强调的是分布式目标的连续性。虽然式(2.2.10)中的约束条件综合了上述两者特征，但是对于特定观测场景，同时增强其点目标特征和分布式目标连续性特征存在一定的矛盾。

2.3 稀疏表征

雷达图像稀疏性表现为空域稀疏、变换域稀疏以及结构稀疏。空域稀疏指雷达图像中强散射点目标数目远小于雷达图像维度，感兴趣目标相对于背景具有稀疏性；变换域稀疏指雷达图像通过稀疏基变换可以获得稀疏表征；结构稀疏是指在信号表示过程中由信号之间相关性带来的结构特征稀疏性。

1. 空域稀疏

雷达图像由观测场景目标后向散射系数构成，当目标散射强度远大于背景时，其图像表现出明显的稀疏性，如海洋场景 SAR 成像中的舰船目标、ISAR 成像中的空中飞行目标、三维 SAR 成像中建筑物目标在高程向的散射点等。

空域稀疏的稀疏度可定义为

$$\rho_{\text{est}}=\frac{|\mathcal{T}|}{N} \tag{2.3.1}$$

式中，$\mathcal{T}$ 为目标像素点集合；$|\mathcal{T}|$ 为目标像素点的个数；N 为场景总像素点个数。

稀疏度也可以通过估计场景图像中强散射点目标幅度的 ℓ_2 范数占整个场景幅度 ℓ_2 范数的比例来确定，目标像素点集合 $\mathcal{T}$的确立满足

$$\mathcal{T}:\{|x_1|>|x_2|\,|\,x_1\in \boldsymbol{x}_{\mathcal{T}},x_2\in \boldsymbol{x}_{\mathcal{T}^{\mathrm{c}}}\} \tag{2.3.2}$$

式中，$\boldsymbol{x}_{\mathcal{T}}$ 为目标集合；$\boldsymbol{x}_{\mathcal{T}^{\mathrm{c}}}$ 为背景集合。

2. 变换域稀疏

大部分雷达图像场景都很复杂，目标在空间上不具备稀疏性，需要寻找合适的稀疏基，通过稀疏基变换获得稀疏表征。稀疏基包括正交基、混合基和冗余字典。正交基是基底(感知向量)相互正交的稀疏基，其中傅里叶变换基、离散余弦变换基(Ahmed et al. ,1974)和正交小波基是常见的正交基；若将雷达图像分解为强目标和背景，强目标可以看作空域稀疏，背景为变换域稀疏，则可对雷达图像进行混合域稀疏表征；冗余字典舍弃了正交性，允许变换基过完备，以获得雷达图像最稀疏的表达方式。

例如，在 TomoSAR 成像中，森林区域高程向后向散射系数在小波域是稀疏的(Aguilera et al. ,2012a,2013)，通过小波变换可得到高程向稀疏表征，从而进行稀疏重构。

3. 结构稀疏

结构稀疏(Duarte & Eldar,2011)是指信号表示过程中由信号之间的相关性带来的结构特征稀疏性。空域稀疏和变换域稀疏直接考虑信号的稀疏性表征，这种稀疏性不具备一定的平滑特性，即稀疏优化问题的惩罚项并未对未知量和非零元素之间的关系做进一步约束，而结构稀疏则考虑了信号内和信号间的相关信息。联合稀疏是结构稀疏中的一种特殊形式，它根据观测对象共同分量和更新分量的特性差异建立了三种模型(Baron et al. ,2009)。在成像雷达中联合稀疏可用于方位模糊抑制、宽角 SAR 成

像、多通道运动目标检测和多时相场景变化检测等的建模和求解。

在方位模糊抑制中，由于天线方向图影响，回波信号带宽大于 PRF，导致采样频率之外的能量混叠进入成像区域造成方位模糊。若将回波数据看作方位向频率相差 PRF 的成像区域和模糊区域叠加的结果，主区和模糊区元素的信号幅度及相位不同，但是支撑集一致，则可以利用组稀疏进行雷达图像重构。

在宽角 SAR 中，当雷达位于不同方位观测时，虽然目标的后向散射系数呈现各向异性，但是目标的支撑集大概率出现在相邻子孔径相同的位置，可以用结构稀疏来表征。在宽角 SAR 成像时可以利用不同方位之间的这种稀疏特征进行建模，从而提高重构精度(Potter et al.，2010；Jiang et al.，2015；Wei et al.，2016a，2016b)。

在多通道运动目标检测中，各通道的运动目标背景可能是不稀疏的，但是其杂波背景是相同的，如果将背景杂波作为一个分量，运动目标作为另一个分量，则运动目标所在的分量是稀疏的(Lin et al.，2010；Zhang B C et al.，2012b；Prünte，2012)。由此可见，利用雷达接收通道所获取的信号之间的相关信息，在同样的数据率下，利用联合稀疏模型和求解方法可提升运动目标的检测性能。

在多时相场景变化检测中，多次观测的场景之间具有很大的相关性。场景中的变化部分往往是少的，观测场景大部分区域是不变的，存在很大的冗余性(Lin Y G et al.，2012)。此时可以利用联合稀疏进行建模，将首次观测场景中的不变部分视为共同分量，将其余时刻观测场景相对于首次观测的变化部分视为更新分量。

2.4 观测矩阵

稀疏微波成像中的观测矩阵是指将地面场景后向散射系数映射为回波数据的变换矩阵，与雷达系统参数和成像几何关系密切相关，其性质决定了稀疏微波成像的性能。下面以脉冲压缩为例，说明观测矩阵的构建。假设发射信号为线性调频信号：

$$s(t)=\mathrm{rect}\left(\frac{t}{T_{\mathrm{p}}}\right)\exp(\mathrm{j}K_{\mathrm{r}}t^2),\quad t\in\left[-\frac{T_{\mathrm{p}}}{2},\frac{T_{\mathrm{p}}}{2}\right] \tag{2.4.1}$$

式中，t 为时间变量；K_{r} 为距离向调频率；T_{p} 为脉冲宽度；rect(·)为矩形窗

函数。

一维观测矩阵可写为

$$\boldsymbol{\Phi}=\begin{bmatrix}\varphi_{1,1} & \varphi_{1,2} & \cdots & \varphi_{1,N}\\ \varphi_{2,1} & \varphi_{2,2} & \cdots & \varphi_{2,N}\\ \vdots & \vdots & & \vdots\\ \varphi_{M,1} & \varphi_{M,2} & \cdots & \varphi_{M,N}\end{bmatrix} \tag{2.4.2}$$

$$\varphi_{m,n}=s(t_m-\tau_n)=\mathrm{rect}\left(\frac{t_m-\tau_n}{T_{\mathrm{p}}}\right)\exp[\mathrm{j}K_{\mathrm{r}}(t_m-\tau_n)t^2] \tag{2.4.3}$$

式中，t_m 为第 m 个离散采样点时刻；τ_n 为第 n 个点目标处的时间延迟。

脉冲压缩的观测矩阵组成示意图如图 2.4.1 所示。观测矩阵的元素是线性调频信号，矩阵每一行和每一列的有效元素长度为其脉冲宽度。矩阵每一行是对特定回波采样点所覆盖的场景的权值信息，而每一列是离散场景在观测值中的权值信息。从这里可以看出观测矩阵的组成元素与雷达参数、时延有关。

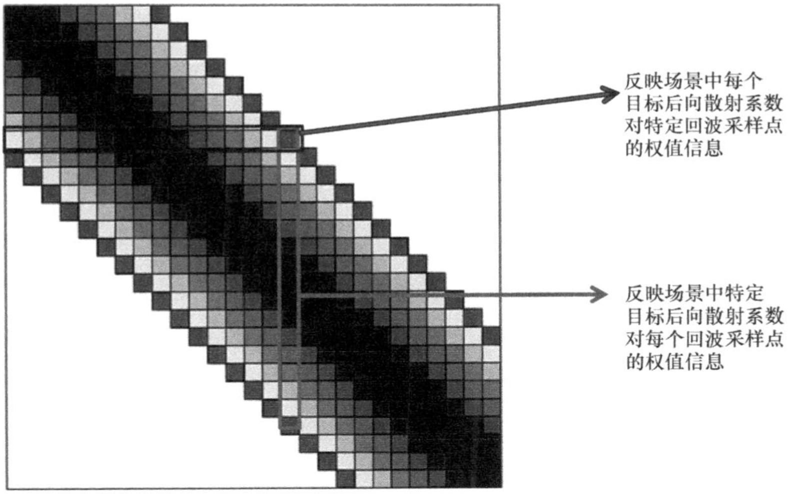

图 2.4.1　脉冲压缩的观测矩阵组成示意图

2.4.1 节将根据雷达设备对观测矩阵的影响进行分析，2.4.2 节对条带 SAR 工作模式下观测矩阵的构建进行详细介绍，并与不同成像模式下的观测矩阵比较。

2.4.1　影响因素

稀疏微波成像中的观测矩阵与雷达系统参数和几何关系密切相关，由稀疏微波成像模型和稀疏信号处理理论可知，观测矩阵性质直接影响稀疏重构性能。数学研究结果表明，高斯随机矩阵、伯努利矩阵有良好的 RIP（Candès & Waikin. 2008），但它们不能直接应用于雷达成像。稀疏微波成像观测矩阵的组成元素取决于雷达波形、采样方式、天线排列方式和成像几何关系；观测矩阵的构建形式则与采样方式、天线足印、天线排列方式有关。雷达系统框图如图 2.4.2 所示，其中灰色方框部分可根据稀疏微波原理进行优化。

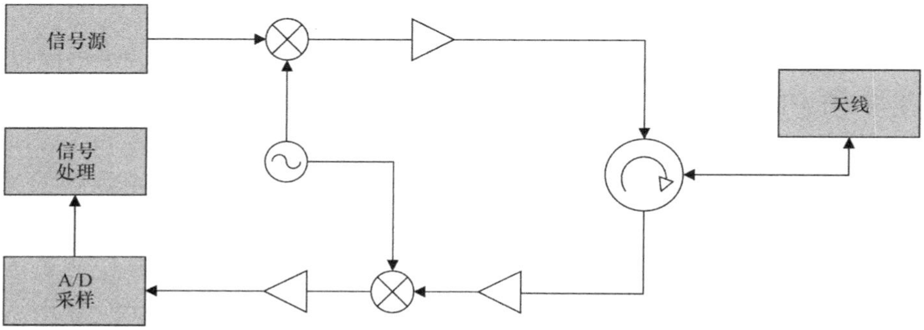

图 2.4.2　雷达系统框图

1. 雷达波形

雷达信号波形直接影响雷达图像的稀疏重构性能，常用的波形形式有线性调频信号、步进频信号、正交信号等，不同波形成像结果有所差别。线性调频信号是信号频率随时间线性变化的信号，具有良好的匹配滤波特性，多普勒敏感度较低，广泛应用于雷达成像系统；步进频信号由一串载频不同的单频脉冲构成，由它组成的观测矩阵为傅里叶矩阵，具有良好的 RIP 性质；由正交信号构成的观测矩阵具有较高的非相关性和良好的重构能力（Shastry et al，2010，2012，2015；江海等，2011）。

2. 采样方式

稀疏微波成像的数据获取可以采用均匀采样、随机采样和随机调制积分采样(Laska et al. ,2007)等方式,它影响了观测矩阵组成元素和构建形式,进而影响了重构性能(Zhang B C et al. ,2012a)。均匀降采样在距离向和方位向均匀抽取数据,这种方式会导致成像性能下降,降采样过大时强目标会出现严重拖尾,出现周期性虚假目标;随机降采样在距离向和方位向随机抽取数据,其平均采样率低于奈奎斯特采样率,局部采样率可能较高,其重构误差表现为噪声分布在整个场景,不会出现周期性虚假目标,成像性能较优;随机调制积分采样是基于模拟信息转换理论的一种实现更低采样率的方式,由随机调制器、低通滤波器和低速率的模数转换器(analog to digital converter,ADC)构成,随机调制积分采样的重构性能接近随机采样,它避免了随机采样中非均匀采样间隔的问题,可适用于 SAR 距离向采样,但并不适用于采用脉冲体制的 SAR 方位向降采样;满采样时可认为降采样矩阵为单位阵。

3. 天线排列方式

天线排列方式影响了子天线相位中心与目标之间的瞬时距离,进而影响观测矩阵的组成元素和构建形式。一发多收、多发多收、三维阵列雷达观测矩阵是单发单收雷达观测矩阵的组合,同样条件下其观测矩阵性能优于单发单收雷达的观测矩阵。一发多收 SAR 利用多相位中心为系统提供了更多的空间、频率维度的自由度,提升观测矩阵性能;多发多收、三维阵列在垂直于雷达平台运动方向或/和信号收发方向的跨航向上布置多个收发天线,发射单一/不同波形信号并接收回波,为系统提供了更多的空间、时间、频率等维度的自由度,提升观测矩阵性能。

4. 天线足印

天线足印由平台运动状态和天线波束扫描确定,它决定了观测矩阵的构建形式。条带式 SAR、聚束式 SAR、ScanSAR、TOPS SAR 及滑动聚束 SAR 等工作模式,均适用于稀疏微波成像。此外,当观测对象满足稀疏条件时,采用分布式雷达天线发射接收正交信号,如果精确记录每个采样点的准确位置、速度和平台姿态信息,即使天线足印是非均匀、非线性甚至是静止的运动状态,也可以构造相应的观测矩阵并恢复场景(Zhang Z et al. ,2012a,2012b)。

2.4.2　观测矩阵构建

雷达的工作模式决定了其与场景的几何关系，影响观测矩阵的结构形式。下面以条带SAR为例介绍观测矩阵的构建。条带SAR的天线波束指向在其观测时间内始终固定，在脉冲体制下，雷达根据预先设定的脉冲重复间隔(pulse repetition interval，PRI)周期性地发射一定带宽和脉冲持续时间的电磁波信号照射目标区域。然后关闭发射通道，切换到接收通道接收来自目标反射的回波信号。雷达波束随着运载平台的飞行轨迹移动，天线足印在地面上形成一个条带，条带SAR成像示意图如图2.4.3所示。

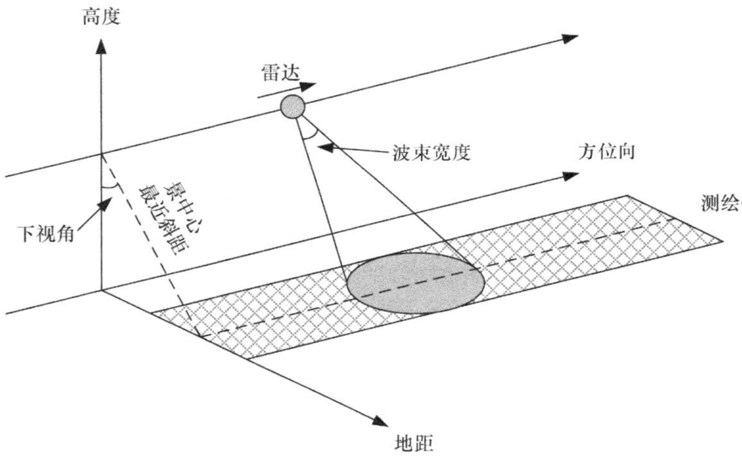

图2.4.3　条带SAR成像示意图

忽略雷达接收信号过程中的位移，在满足窄带信号、远场条件的情况下，来自观测场景 C 中所有目标的回波可以用双重积分表示，其基带形式为

$$y(t,\tau)=\iint_{p,q\in C} x(p,q)\omega_{\mathrm{a}}\left(t-\frac{p}{v}\right)\exp\left(-\mathrm{j}4\pi f_{\mathrm{c}}\frac{R(p,q,t)}{c}\right)\cdot s\left(\tau-\frac{2R(p,q,t)}{c}\right)\mathrm{d}p\mathrm{d}q \tag{2.4.4}$$

式中，t 为方位向时间；τ 为距离向时间；p 为目标的方位向位置；q 为目标的地距；$x(\cdot)$ 为目标的后向散射系数；$\omega_{\mathrm{a}}(\cdot)$ 为天线的方位向加权；v 为平台相对于观测场景的等效速度；f_{c} 为发射信号载频；c 为光速；$s(\cdot)$ 为发射信号；$R(p,q,t)$ 为位于 (p,q) 处的目标在方位时间 t 时刻与雷达之间的瞬时

斜距。

$$R(p,q,t)=\sqrt{H^2+q^2+(vt-p)^2} \tag{2.4.5}$$

式中，H 为 SAR 平台相对地面的高度。

SAR 中常用线性调频信号作为基带发射信号，即

$$s(\tau)=\text{rect}\left(\frac{\tau}{T_{\text{p}}}\right)\exp(\text{j}\pi K_{\text{r}}\tau^2) \tag{2.4.6}$$

式中，K_{r} 为距离向调频率；T_{p} 为脉冲持续时间；rect(·)为单位矩形窗。

令

$$\theta(p,q,t,\tau)=\omega_{\text{a}}\left(t-\frac{p}{v}\right)\exp\left(-\text{j}4\pi f_{\text{c}}\frac{R(p,q,t)}{c}\right)s\left(\tau-\frac{2R(p,q,t)}{c}\right) \tag{2.4.7}$$

式(2.4.4)表明了回波与观测场景目标反射函数之间的关系，目标反射函数与 SAR 二维冲激响应函数卷积后相干叠加即得到回波。为了推导观测模型，首先需要对回波与目标反射函数进行离散化，这里从数学角度讨论，在此基础上给出观测模型。

第一步是对场景进行离散化。实际遥感观测应用中，观测场景是连续的，意味着场景中任意连续位置处都存在一个对应的反射中心，因此为了实现场景离散化，有必要将场景 C 人为地分割成许多小单元，以 $C_n(n=1,2,\cdots,N)$表示，其中 C_n 满足 $C=\bigcup\limits_n C_n$，并且 $\bigcap\limits_n C_n=\varnothing$。令 x_n 表示单元 C_n 内的后向散射系数平均值，则

$$y(t,\tau)=\sum_{n=1}^{N}x_n\iint\limits_{C_n}\theta(p,q,t,\tau)\text{d}p\text{d}q \tag{2.4.8}$$

由于函数 $\theta(p,q,t,\tau)$在$(p,q)\in C_n$ 上是光滑连续的，根据积分均值定理，存在一个 C_n 上的点(p_n,q_n)，满足 $\|C_n\|=\iint\limits_{C_n}\theta(p,q,t,\tau)\text{d}p\text{d}q$，其中 $\|C_n\|$ 是单位 C_n 的有效面积。因此式(2.4.8)可以表示为

$$y(t,\tau)\cong\sum_{n=1}^{N}x_n\theta(p_n,q_n,\tau,t) \tag{2.4.9}$$

式中，符号$\cong$表示忽略归一化系数。

推导稀疏微波成像观测模型的第二步是离散化回波信号。回波的获取过程大致描述如下：首先，接收到的回波按照时间划分为若干时间片段，每一个时间片段中的回波被特定的函数加权并求积分；然后，系统采样并

记录积分后的结果，将该结果存储到系统存储器中。如上所述，时间序列可划分为 $T_m(m=1,2,\cdots,M)$，其中，$T=\bigcup_m T_m$，且 $\bigcap_m T_m=\varnothing$。再在时刻 T_m 内利用窗函数 $h_m(t,\tau)$ 对回波信号加权，在时刻 (t_m,τ_m) 采样。结果可表示为

$$y(t_m,\tau_m)=\sum_{m=1}^{M}\sum_{n=1}^{N}\phi(m,n)x_n \tag{2.4.10}$$

式中，

$$\phi(m,n)\cong\iint_{(t,\tau)\in T_m}\theta(p_n,q_n,t,\tau)h_m(\tau,t)\mathrm{d}\tau\mathrm{d}t \tag{2.4.11}$$

将 $\phi(m,n)$ 按照方位向/距离向的先后顺序排列起来，即可得到条带SAR模式下的稀疏微波成像观测矩阵：

$$\boldsymbol{\Phi}=\begin{bmatrix}\phi(1,1) & \phi(1,2) & \cdots & \phi(1,N)\\ \phi(2,1) & \phi(2,2) & \cdots & \phi(2,N)\\ \vdots & \vdots & & \vdots\\ \phi(M,1) & \phi(M,2) & \cdots & \phi(M,N)\end{bmatrix}\in\mathbb{C}^{M\times N} \tag{2.4.12}$$

此外还需要考虑接收机的热噪声等噪声，假定噪声为加性高斯白噪声，在式(2.4.10)中加入噪声项，则条带SAR稀疏微波成像观测模型可表示为

$$\boldsymbol{y}=\boldsymbol{\Phi}\boldsymbol{x}+\boldsymbol{n} \tag{2.4.13}$$

式中，$\boldsymbol{y}$ 为回波信号矢量，$\boldsymbol{y}\in\mathbb{C}^{M\times 1}$；$\boldsymbol{x}$ 为目标后向散射系数矢量，$\boldsymbol{x}\in\mathbb{C}^{N\times 1}$；$\boldsymbol{n}$ 为接收机噪声矢量，$\boldsymbol{n}\in\mathbb{C}^{M\times 1}$。

条带SAR的观测矩阵属于类Toeplitz矩阵。方位向观测矩阵的每列元素是相应离散场景点的距离向信号；矩阵的每行元素是距离向特定回波点所覆盖场景的权值信息。距离向观测矩阵的每列元素是相应离散场景点的方位向信号；矩阵的每行元素是方位向波束照射范围内回波的叠加信号。

随着技术水平发展和用户需求推动，在条带模式之后，相继提出了聚束模式(Carrara et al.，1995)、ScanSAR、TOPS SAR(Zan & Guarnieri，2006)、滑动聚束(Mittermayer et al.，2003；Prats et al.，2010)等工作模式，这些SAR工作模式会带来观测矩阵组成元素和构建形式的变化。

图2.4.4比较了SAR不同工作模式方位向观测矩阵，雷达为正侧视，

令纵坐标表示 SAR 方位向观测时间，横坐标表示目标的波束中心穿越时刻，大的方形虚线框表示观测矩阵的填充范围，实线框灰底填充表示方位向信号(天线加权并未在图中显示)，假定方位目标仅存在于平台开始观测的零时刻与结束观测的零时刻之间。图 2.4.4(a)所示的条带 SAR 方位向观测矩阵是 Toeplitz 方阵；图 2.4.4(b)所示的聚束 SAR 观测矩阵属于类傅里叶矩阵；图 2.4.4(c)所示的 TOPS SAR 方位向观测矩阵相比于条带 SAR 的观测矩阵其本身就是一个扁阵，其未知量的个数大于测量数，直接求解会在时域发生混叠，当场景满足稀疏特性时，构造观测矩阵并利用稀疏微波成像方法能够正确重构出目标的支撑域与散射信息；滑动聚束 SAR 方位向观测矩阵示意图如图 2.4.4(d)所示；图 2.4.4(e)所示的 ScanSAR 方位向观测矩阵是条带 SAR 观测矩阵在方位时间上的截取，此时不同波束中心穿越时刻上的目标经历的方位加权不同，会导致扇贝效应，并且两边有较长的不完全孔径区域，脉冲串间直接补零后使用匹配滤波算法会出现方位调制。

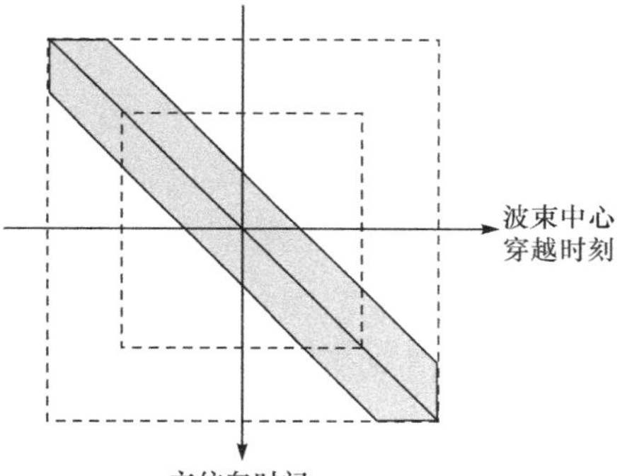

(a) 条带SAR

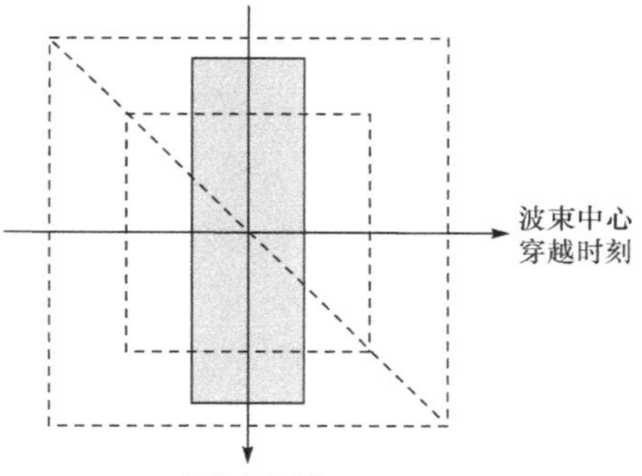

(b) 聚束SAR

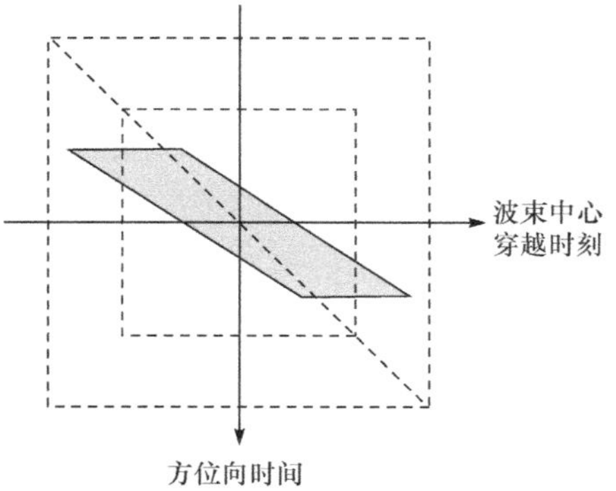

(c) TOPS SAR

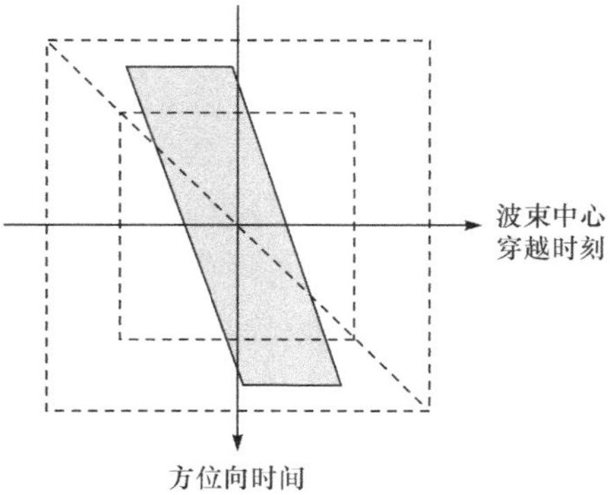

(d) 滑动聚束SAR

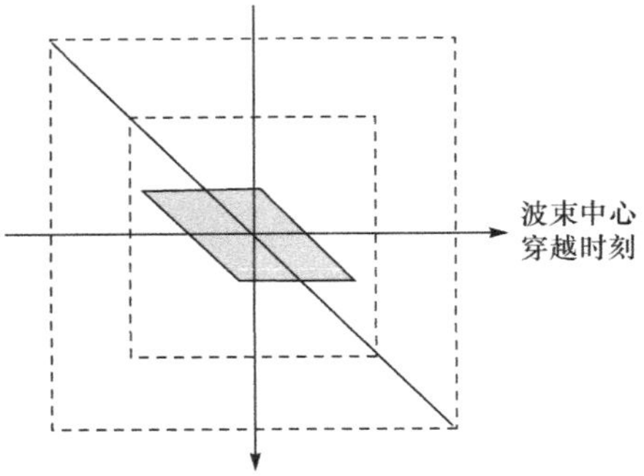

(e) ScanSAR

图 2.4.4 SAR 不同工作模式方位向观测矩阵示意图

2.5 稀疏重构

2.5.1 重构方法概述

稀疏微波成像重构算法可对欠采样数据恢复雷达场景，其本质为求解欠定方程。稀疏微波成像重构方法的选择需要考虑以下条件：第一，选择可进行复数域重构的方法，虽然这不是必要条件，但复数域重构方法的精度和灵活性均优于实数域求解方法；第二，由于对地观测雷达图像尺度较大，利用稀疏重构方法进行成像时，需考虑计算量和内存占用的条件；第三，在特定的雷达应用场合，所选择的重构方法得到的图像幅度/相位需满足一定的要求。

根据所用数学原理的差异，稀疏重构方法可分为凸优化算法(Bioucas-Dias & Figueiredo，2007；Figueiredo et al.，2007；Kim et al.，2007；Hale et al.，2008，2009；Becker et al.，2011a，2011b；Yang & Zhang，2011；Lu et al.，2012)、非凸优化算法、贪婪追踪算法(Blumensath & Davies，2008，2009；Needell & Tropp，2009；Needell & Vershynin，2010；Donoho et al.，2012)和贝叶斯重构算法(Ji et al.，2008)等。有些稀疏重构方法的对象为实数域，而雷达数据通常为复数。针对复数域的应用，可采用两种策略，第一种策略是将复数域问题转化为实数域问题，然后用实数域的方法求解。第二种策略是选用复数域重构方法，其精度和灵活性均优于实数域方法，软阈值迭代(iterative soft thresholding，IST)算法、CAMP 算法等均可适用于复数域。

稀疏微波成像重构过程中需要考虑计算量和内存的问题。在利用稀疏重构算法进行微波图像重构时，观测矩阵占用的内存量和迭代中使用的矩阵-向量乘法运算的计算复杂度均为场景像素点数的平方阶。当处理的回波数据采样值较多、重构的观测场景空间尺寸较大时，内存和计算量消耗巨大，导致稀疏微波成像方法不能直接应用于实际场景成像。为解决这一问题，一种方法是将大场景观测数据和观测场景分割为一一对应的子观测数据块和子观测场景，利用基于稀疏信号处理方法对各子观测场景进行重构，然后拼接子观测场景从而获得大场景雷达图像(向寅等，2013；Yang et al. ，2013；洪文等，2014；Qin et al. ，2014)，但是由该方法得到的雷达图像存在分块效应，计算量依然很大；另一方法可基于雷达成像中回波数据解耦原理，构建回波模拟算子及其逆算子(吴一戎等，2011b；Zhang B C et al. 2012a；Fang et al. 2014；Jiang et al. ，2014)，来替代稀疏重构算法中包含观测矩阵的矩阵-向量乘法运算，降低原算法计算复杂度与内存使用量。回波模拟算子可以在不改变算法重构性能的情况下，将原稀疏重构算法的算法复杂度由平方阶降低到线性对数阶，内存使用量由平方阶降低到线性阶。因此，这类稀疏微波成像重构方法广泛应用于基于原始数据的稀疏微波成像。

采用合适的稀疏重构方法保证重构图像幅度精度、相位/相位差精度，以满足特定的应用需求。在利用稀疏微波成像方法进行雷达散射截面积测量时，需要选择高精度无偏估计的稀疏重构算法(Wei et al. ，2018)；在利用稀疏微波成像方法进行相位/相位差计算时，如 InSAR 处理，既要求保持背景区域成像，又要求采用联合稀疏方法保持不同通道重构结果支撑集一致(Wu et al. ，2017，2018)。

稀疏微波成像技术不仅适用于条带 SAR 工作模式，还可以推广到聚束 SAR、ScanSAR、TOPS SAR 和滑动聚束 SAR 等成像模式。针对不同成像模式，其观测矩阵构建虽有所不同，但观测模型一致，仍可采用类似的重构方法求解。在利用回波模拟算子进行稀疏重构时，只需要将不同模式下的回波算子及其逆算子代替观测矩阵和逆矩阵代入优化模型求解即可。于是，相继提出了基于 ℓ_q 正则化的 ScanSAR、TOPS SAR(Bi et al. ，2016b，2017b，2017c)、滑动聚束 SAR(Xu et al. ，2018a)的稀疏重构方法。

在多通道成像模式中，每个通道都是欠采样数据，直接成像会导致方位模糊。将稀疏信号处理理论应用于多通道微波成像，可有效抑制模糊。基于稀疏信号处理的 DPCA 成像方法根据成像雷达系统接收的回波数据与观测场景的后向散射系数之间的时域关系，构建雷达观测模型。利用稀疏重构算法对该模型进行求解，可以获得观测场景的无模糊雷达图像（Quan et al.，2016a，2016b）。

2.5.2 快速重构方法

下面以条带 SAR 为例，基于回波模拟算子，结合 chirp scaling 算法（Raney et al.，1994；Cumming & Wong，2005）和 IST 算法（Daubechies et al.，2004）进行稀疏微波图像重构。条带模式下回波观测模型如下：

$$\boldsymbol{y}=\boldsymbol{\Phi x}+\boldsymbol{n} \tag{2.5.1}$$

根据稀疏信号处理理论，可以通过求解下列最优化问题得到式（2.5.1）的稀疏解：

$$\hat{\boldsymbol{x}}=\arg\min_{\boldsymbol{x}}\{\|\boldsymbol{y}-\boldsymbol{\Phi x}\|_2^2+\lambda\|\boldsymbol{x}\|_1\} \tag{2.5.2}$$

式中，λ 为正则化参数。在条带 SAR 数据处理时，假如将二维回波信号向量化，然后通过对场景中的每个图像点进行二维矩阵操作，会使得计算量和内存需求过大，因此必须采用回波模拟算子的思想降低计算复杂度。

基于 chirp scaling 算法的成像算子可表示为（Fang et al.，2014）

$$\mathcal{I}_{\mathrm{CS}}(\boldsymbol{Y})=\boldsymbol{F}_{\mathrm{a}}^{-1}(\boldsymbol{F}_{\mathrm{a}}\boldsymbol{Y}\odot\boldsymbol{\Theta}_{\mathrm{sc}}\boldsymbol{F}_{\mathrm{r}}\odot\boldsymbol{\Theta}_{\mathrm{rc}}\boldsymbol{F}_{\mathrm{r}}^{-1}\odot\boldsymbol{\Theta}_{\mathrm{az}}) \tag{2.5.3}$$

式中，$\boldsymbol{F}_{\mathrm{r}}$ 和 $\boldsymbol{F}_{\mathrm{a}}$ 分别表示距离向和方位向傅里叶变换；$\boldsymbol{F}_{\mathrm{r}}^{-1}$ 和 $\boldsymbol{F}_{\mathrm{a}}^{-1}$ 分别表示距离向和方位向傅里叶逆变换；$\boldsymbol{\Theta}_{\mathrm{sc}}$ 表示补余距离徙动校正矩阵，用于校正不同距离门上的信号距离徙动（range cell migration，RCM）差量，使得所有的信号具有一致的距离徙动；$\boldsymbol{\Theta}_{\mathrm{rc}}$ 是距离向压缩和一致距离徙动校正（range cell migration correction，RCMC）矩阵；$\boldsymbol{\Theta}_{\mathrm{ac}}$ 是方位向压缩矩阵。

由成像算子 $\mathcal{I}_{\mathrm{CS}}(\boldsymbol{Y})$ 可以推导其逆成像算子。从数学角度看，算子 $\mathcal{I}_{\mathrm{CS}}(\boldsymbol{Y})$ 中的每一个矩阵/算符之间的操作都是由矩阵乘法和矩阵 Hadamard 乘法构成的，这些算符是线性的。逆成像算子是成像算子的共轭转置，基于 chirp scaling 算法的逆成像算子 $\mathcal{G}_{\mathrm{CS}}(\boldsymbol{X})$ 可表示为

$$\mathcal{G}_{\mathrm{CS}}(\boldsymbol{X})=\boldsymbol{F}_{\mathrm{a}}^{-1}(\boldsymbol{F}_{\mathrm{a}}\boldsymbol{X}\odot\boldsymbol{\Theta}_{\mathrm{az}}^{*}\boldsymbol{F}_{\mathrm{r}}\odot\boldsymbol{\Theta}_{\mathrm{rc}}^{*}\boldsymbol{F}_{\mathrm{r}}^{-1}\odot\boldsymbol{\Theta}_{\mathrm{sc}}^{*}) \tag{2.5.4}$$

利用回波模拟算子代替观测矩阵，在对回波数据进行随机降采样之后，式（2.5.1）可写为

$$\boldsymbol{Y}=\boldsymbol{H}_{\mathrm{a}}\boldsymbol{Y}\boldsymbol{H}_{\mathrm{r}}=\boldsymbol{H}_{\mathrm{a}}\mathcal{G}_{\mathrm{CS}}(\boldsymbol{X})\boldsymbol{H}_{\mathrm{r}}+\boldsymbol{N} \tag{2.5.5}$$

式中，$\boldsymbol{Y}$ 是二维降采样回波数据；$\boldsymbol{H}_{\mathrm{a}}$ 和 $\boldsymbol{H}_{\mathrm{r}}$ 分别表示方位向和距离向降采样矩阵；$\boldsymbol{N}$ 为噪声。

相比于式(2.5.1)一维稀疏观测模型，式(2.5.5)模型的求解基于二维矩阵运算。与式(2.5.2)的条带 SAR 一维重构模型相似，可以将二维模型重构场景写为

$$\hat{\boldsymbol{X}}=\arg\min_{\boldsymbol{X}}\{\|\boldsymbol{Y}-\boldsymbol{H}_{\mathrm{a}}\mathcal{G}_{\mathrm{CS}}(\boldsymbol{X})\boldsymbol{H}_{\mathrm{r}}\|_{\mathrm{F}}^{2}+\lambda\|\boldsymbol{X}\|_{1}\} \tag{2.5.6}$$

式中，$\hat{\boldsymbol{X}}$ 为二维重构图像；$\|\cdot\|_{\mathrm{F}}$为矩阵的 Frobenius 范数；$\|\boldsymbol{X}\|_{1}$为元素形式 ℓ_1 范数；λ 为正则化参数。

对于式(2.5.6)，可以利用 IST 算法求解，把条带 SAR 成像算子 $\mathcal{I}_{\mathrm{CS}}(\cdot)$及其逆算子 $\mathcal{G}_{\mathrm{CS}}(\cdot)$代入 IST 算法可以迭代求解重构场景：

$$\boldsymbol{X}^{(k+1)}=\eta_{\lambda,\mu,q}(\boldsymbol{X}^{(k)}+\mu\mathcal{I}_{\mathrm{CS}}[\boldsymbol{Y}-\boldsymbol{H}_{\mathrm{a}}\mathcal{G}_{\mathrm{CS}}(\boldsymbol{X}^{(k)})\boldsymbol{H}_{\mathrm{r}}]) \tag{2.5.7}$$

式中，$\eta_{\lambda,\mu,q}(\cdot)$为阈值函数，$0<q\leqslant 1$；$\lambda$ 为正则化参数；μ 为迭代步长。

基于 chirp scaling 算法的稀疏微波成像算法流程图如图 2.5.1 所示。

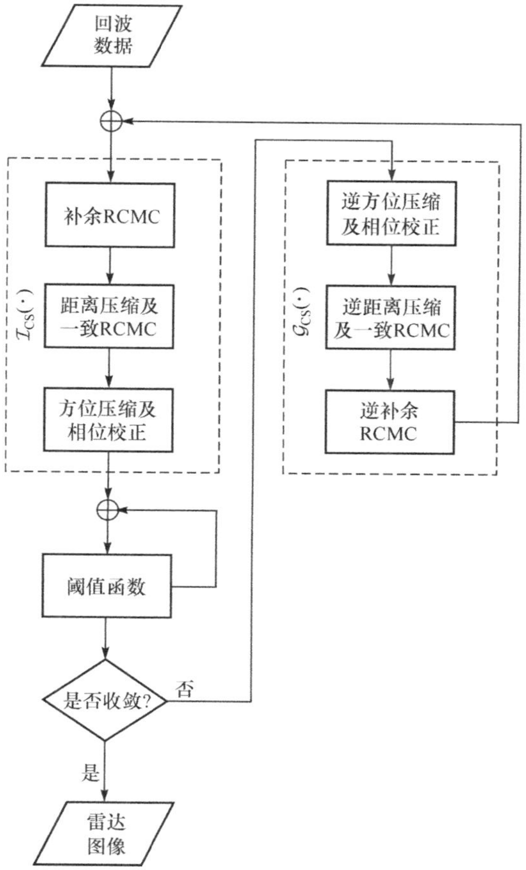

图 2.5.1　基于 chirp scaling 算法的稀疏微波成像算法流程图

2.6 性能评估

稀疏微波成像性能指标包括雷达系统和雷达图像两个方面。在雷达系统性能指标方面,稀疏微波成像雷达的性能受到功率、作用距离、脉冲重复频率、信噪比等因素的影响,还与观测场景的稀疏度有关。在雷达图像性能指标方面,通过稀疏重构得到的雷达图像,在理想条件下为冲激响应,可采用分辨能力、峰值旁瓣比、积分旁瓣比、模糊比、目标背景比等指标评价强点目标的重构性能;结合稀疏重构方法的特点利用检测概率/虚警概率评估支撑集恢复的准确度;将均方误差(mean square error,MSE)作为评价稀疏重构精度的指标。

2.6.1 系统性能

稀疏微波成像的重构性能取决于观测对象的稀疏度、观测矩阵的性质及信噪比。在数学上用于度量观测矩阵性质的方法包括零空间性质(null space property,NSP)(Donoho & Elad,2003)、约束等距性质、RIPless 以及相关性条件(Donoho et al,2006;Cohen et al.,2009)。NSP 是充分必要条件,RIP 是充分条件,但是它们都难以计算;RIPless 要求重构条件虽然易于验证但不能对雷达参数进行定量分析;相关性条件计算较为简单,但是其重构条件对成像雷达的观测矩阵来说过于严格,并且本身与信噪比无关;此外,从信息论理论角度可对稀疏微波成像雷达观测和重构过程进行解析和验证(Guo et al.,2015)。但是上述理论和方法均难以对稀疏微波成像的性能进行定量分析。

相变图的概念来源于物理学中的热力学,是一种用来描述材料热力学性能的类型图表,稀疏信号处理中借用相变边界曲线来精细刻画 ℓ_0 与 ℓ_1 的等价性条件。一个处于热力学平衡状态的物质系统,可以由若干个有边界可分部分组成,每一个部分称为一个相,不同相之间发生的转变称为相变(Stanley & Wong,1971)。

Donoho 等将相变图引入稀疏信号处理理论(Donoho & Stodden,2006;Donoho & Jin,2009;Donoho & Tanner,2009),来衡量在不同欠采样比和稀疏度条件下系统的恢复能力。在线性模型选择、鲁棒数据拟合以及压缩感知重构当中,如果模型的复杂性超过一定的门限,会出现重构失败,即发生相变。对稀疏信号处理而言,这些门限决定了在欠采样情况下,欠采样/稀疏度折中的边界。

三维相变图三个维度分别为稀疏度、采样比和信噪比。在不同稀疏度、采样比和信噪比条件下，比较相变图中重构成功/失败的区域，能够评估和比较不同系统参数下的稀疏微波成像系统性能(Tian et al.，2011；Zhang B C et al.，2012a；Hong et al.，2012；田野等，2015)。重构正确与否可采用重构结果和实际场景的相对误差作为判别标准进行定义，也可以采用均方误差和支撑集误差来定义。

一个典型的三维相变图如图 2.6.1 所示。借用相变边界曲线来精细刻画稀疏微波成像雷达中稀疏度、欠采样比、信噪比与重构成功概率之间的关系，对不同雷达系统参数和稀疏重构方法进行相变分析，用以指导稀疏微波成像雷达系统设计。

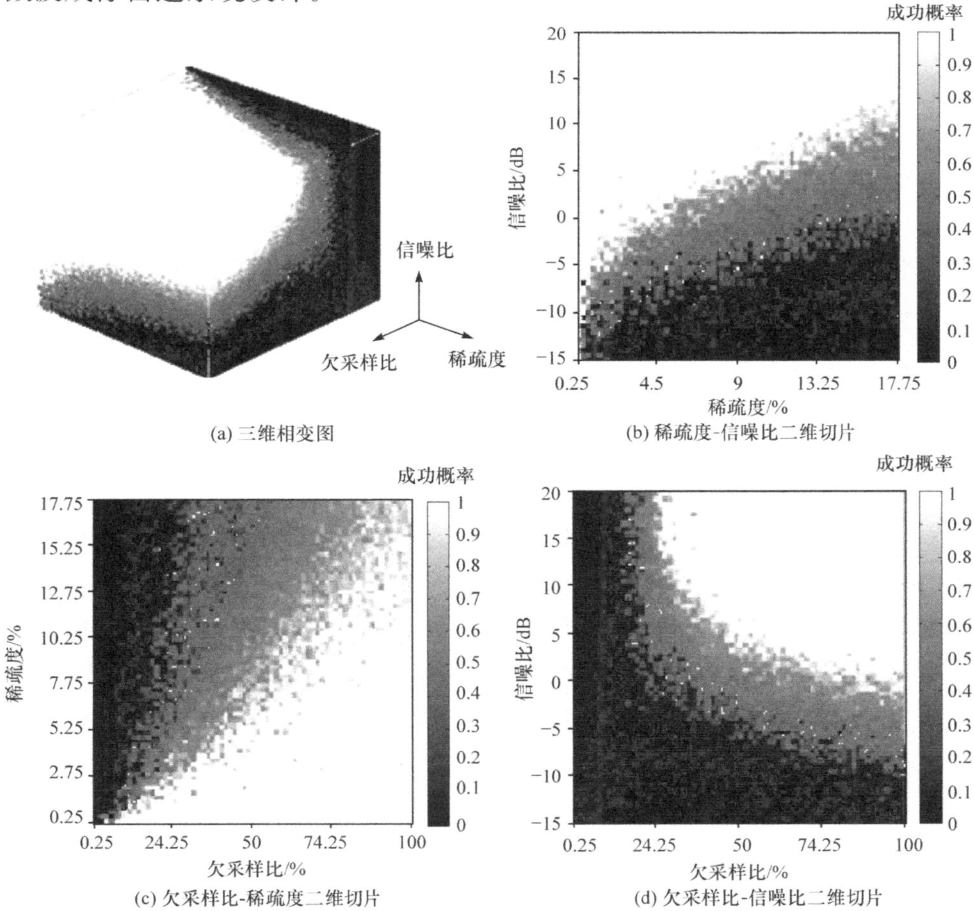

(a) 三维相变图　(b) 稀疏度-信噪比二维切片

(c) 欠采样比-稀疏度二维切片　(d) 欠采样比-信噪比二维切片

图 2.6.1　三维相变图

2.6.2 图像质量

稀疏微波成像图像性能指标体系包括分辨能力、峰值旁瓣比、积分旁瓣比、方位模糊比、检测概率/虚警概率、目标背景比等。

1. 分辨能力

在经匹配滤波算法得到的雷达图像中,通常采用分辨率来刻画这种能力,理想点目标的系统冲激响应为 sinc 函数,分辨率可定义为点扩展函数的 3dB 宽度。稀疏微波成像点目标理想重构结果为冲激函数,不再是带限信号,此时计算冲激响应 3dB 宽度时常用的 sinc 插值方法不再适用。稀疏微波成像的分辨能力定义为区分相邻两个散射点的最小距离。

2. 峰值旁瓣比

经匹配滤波算法得到的雷达图像中峰值旁瓣比指的是第一旁瓣和主瓣的能量比,如式(2.6.1)所示。它用于评估 SAR 强目标附近发现弱目标的能力。同样由于稀疏微波成像理想点目标的响应为冲激函数,重构结果不再是带限信号,不能进行 sinc 插值,计算峰值旁瓣比应由稀疏重构图像直接计算。

$$\mathrm{PSLR}=10\ \lg\frac{P_{\mathrm{s}}}{P_{\mathrm{m}}} \tag{2.6.1}$$

式中,P_{m} 为目标峰值功率;P_{s} 为第一旁瓣峰值点功率。

3. 积分旁瓣比

积分旁瓣比同样可以衡量成像质量的优劣,其定义为旁瓣功率与主瓣功率的比值,其离散形式为式(2.6.2)。由于稀疏微波成像重构结果不再是带限信号,因此不能进行 sinc 插值,计算积分旁瓣比应由稀疏重构图像直接计算。

$$\mathrm{ISLR}=10\ \lg\frac{\sum\limits_{k}P_{k}}{P_{\mathrm{m}}} \tag{2.6.2}$$

式中,P_{m} 为目标峰值功率;P_{k} 为旁瓣峰值功率;k 为旁瓣区域。

4. 方位模糊比

以有限脉冲重复频率对方位向回波进行采样时会引起方位向的频谱混叠，进而产生方位模糊。与匹配滤波成像算法相似，稀疏微波成像中的方位模糊比可定义为所有方位模糊区回波信号经处理后的输出总功率和要求测绘带的回波信号经处理后的输出功率之比。

$$\mathrm{AASR} = 10\lg\left(\frac{\dfrac{1}{N_{\mathrm{m}}}\sum\limits_{(i,j)\in\mathcal{M}_{\mathrm{a}}}\left|\boldsymbol{x}_{(i,j)}\right|^2}{\dfrac{1}{N_{\mathrm{a}}}\sum\limits_{(i,j)\in\mathcal{A}}\left|\boldsymbol{x}_{(i,j)}^2\right|}\right) \tag{2.6.3}$$

式中，$\mathcal{M}_{\mathrm{a}}$ 为模糊局部区域；N_{m} 为区域 $\mathcal{M}_{\mathrm{a}}$ 中像素点个数；$\mathcal{A}$ 为主区局部区域；N_{a} 为区域 $\mathcal{A}$ 中像素点个数；$\boldsymbol{x}_{(i,j)}$ 为像素值。

5. 检测概率/虚警概率

在稀疏微波成像中，强点目标提供了目标识别的重要信息，受噪声等因素的影响可能会导致这些散射点的相互融合和位移，最终影响目标的识别。这里利用检测概率和虚警概率来评估稀疏重构算法对目标支撑集的重构能力，检测概率是指稀疏微波重构结果中目标被正确检测的概率，虚警概率是指无目标处稀疏微波成像重构结果中错误地认为存在目标的概率。

6. 目标背景比

目标背景比定义为强目标的峰值与背景平均能量之比，表示强目标相对于其周围背景的突出程度，可以反映雷达图像的动态范围，该指标可反映稀疏微波成像提升目标背景比能力：

$$\mathrm{TBR} = 10\lg\left(\frac{\max\limits_{(i,j)\in\mathcal{T}}\left|\boldsymbol{x}_{(i,j)}\right|^2}{\dfrac{1}{N_{\mathrm{B}}}\sum\limits_{(i,j)\in\mathcal{B}}\left|\boldsymbol{x}_{(i,j)}\right|^2}\right) \tag{2.6.4}$$

式中，$\boldsymbol{x}_{(i,j)}$ 为像素值，i 和 j 表示像素位置的后向散射系数；$\mathcal{T}$ 为雷达图像中强目标区域；$\mathcal{B}$ 为雷达图像中强目标附近的背景区域；N_{B} 为背景区域的像素个数。

2.7 本章小结

本章简要描述了稀疏微波成像模型、稀疏表征、观测矩阵、重构方法及性能评估，为后续章节的稀疏微波成像的应用提供了基础。首先介绍了微波成像中的空域稀疏、变换域稀疏和结构稀疏等三种表征形式；然后阐述了 SAR 观测矩阵的影响因素；提出了稀疏微波成像中大场景成像时的重构方法；最后从雷达系统指标和图像指标两个方面介绍了稀疏微波成像评估方法。

第 3 章　稀疏微波成像在三维 SAR 成像中的应用

三维 SAR 是二维 SAR 成像与 InSAR 成像的拓展，它可以获得观测对象的三维位置和散射特性，实现目标的三维分辨。目前较为常用的三维 SAR 成像模式有 TomoSAR、阵列下视三维 SAR、圆迹 SAR 等。稀疏信号处理可以为三维 SAR 切航迹向的高分辨率成像提供有效的方法，解决稀疏孔径观测下分辨率较低的问题。本章首先介绍稀疏信号处理在 TomoSAR 成像中的应用原理，针对 TomoSAR 数据在高程向较稀疏的特点，提出一种基于 $\ell_q(0<q\leqslant 1)$ 正则化的 TomoSAR 成像未知基线数据估计方法；然后分析无网格的稀疏信号处理方法在阵列下视三维 SAR 中的应用；最后研究非均匀多基线圆迹 SAR 的稀疏成像方法。

3.1　TomoSAR 成像

3.1.1　引言

二维 SAR 成像将三维目标散射特征投影至二维方位-距离平面上，从而获得观测场景的图像。然而，由于侧视成像几何原因，这一投影会产生叠掩等问题，对 SAR 图像的分析和解译带来不利影响，是在体散射以及城市区域和人造目标上显得尤为突出。TomoSAR 成像是 InSAR 技术的延伸，它将合成孔径原理扩展至高程向，利用高程向孔径上不同入射角度的观测值对每个方位-距离分辨单元的高程向进行重构，从而得到观测目标的三维图像(Munson et al. ,1983；Knaell & Cardillo，1995；Reigber & Moreira，2000；She et al. ,2002)。在 TomoSAR 成像中，由于受到高程向孔径大小和航迹数目的限制，谱估计方法的高程向重构结果往往存在分辨率低、模糊和旁瓣高等缺点，图像质量不高。针对城市建筑目标强散射体稀疏、森林区域散射特性变换域稀疏的特点，将稀疏信号处理应用于 TomoSAR 成像，可实现对目标三维散射信息的高精度成像(Zhu & Bamler，2010，2012a，2012b；Budillon et al. ,2011；Barilone et al. ,2012；Zhu & Bamler，

2014;廖明生等,2015;Li et al.,2015)。3.1.2 节对基于稀疏信号处理的TomoSAR成像进行初步探讨。

此外,利用已知基线与未知基线之间的几何关系及已知基线的观测数据对未观测基线的二维图像进行估计,并最终利用更多的数据或者更优的基线分布对高程向进行重构,同样可提升 TomoSAR 成像质量。3.1.3 节介绍根据已知基线与未知基线之间的几何关系,利用 ℓ_q 正则化方法对未知基线中的数据进行补偿,并最终利用补偿的未知基线数据与已知基线的观测值对高程向进行恢复。相比于仅依据观测值进行 TomoSAR 成像所获得的结果,基于补偿后数据重构的三维图像具有更好的高程向质量(Bi et al.,2016a)。

3.1.2　TomoSAR 成像模型

TomoSAR 将合成孔径原理用于高程向成像,如图 3.1.1 所示,利用对同一场景观测获得的多幅配准的不同视角下的二维 SAR 复图像数据在高程向上进行孔径合成以获取高程向信息,从而获得观测目标的三维散射信息。

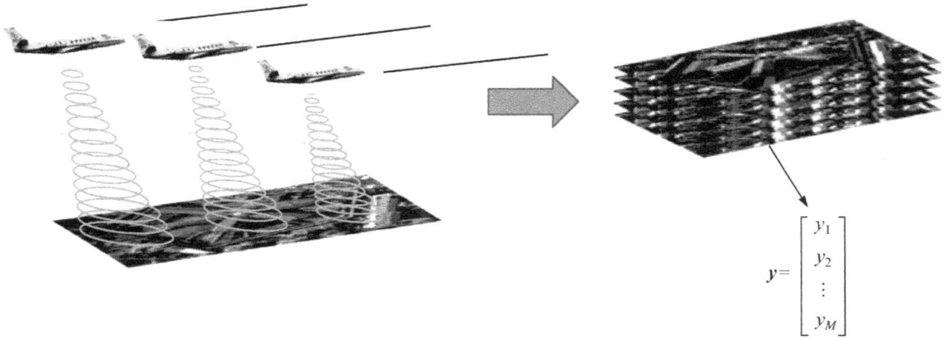

图 3.1.1　TomoSAR 成像原理图

如图 3.1.2 所示,使用对同一区域观测获取的具有不同入射角的多幅 SAR 图像,TomoSAR 可在垂直于方位斜距平面的高程向上进行孔径合成,从而获取聚焦的三维 SAR 图像。令 $\boldsymbol{B}=[b_1\quad b_2\quad \cdots\quad b_M]$($m=1,2,\cdots,M$)表示高程向孔径分布,对于一个选定的方位距离分辨单元(x_0,R_0),其孔径大小为 b_m 的第 m 幅 SAR 图像对应的测量值 $y_m(x_0,R_0)$ 可以表示为

$$y_m(x_0, R_0) = \int_{\Delta s} \gamma(s) \exp(-\mathrm{j}2\pi\xi_m s) \mathrm{d}s \tag{3.1.1}$$

式中，$\gamma(s)$为沿高程向 s 的后向散射系数；Δs 为高程向跨度；$\xi_m = -\dfrac{2b_m}{\lambda R}$为空间（高程向）频率，其中，$b_m$ 为高程向孔径的大小；λ 为发射脉冲波长；R 为瞬时斜距。

对高程向后向散射系数 $\gamma(s)$进行离散化，则式(3.1.1)中的成像模型可以近似估计为

$$y_m \approx \delta_s \sum_{l=1}^{L} \gamma(s_l) \exp(-\mathrm{j}2\pi\xi_m s_l) \tag{3.1.2}$$

式中，L 为高程向离散化的点数；常数 $\delta_s = \dfrac{\Delta s}{L-1}$为高程向离散化间隔。

令 $\boldsymbol{y} = [y_1 \quad y_1 \quad \cdots \quad y_M]^{\mathrm{T}}$ 和 $\boldsymbol{\gamma} = [\gamma(s_1) \quad \gamma(s_1) \quad \cdots \quad \gamma(s_L)]^{\mathrm{T}}$ 分别表示在研究的方位距离分辨单元(x_0, R_0)处所有基线数据和离散后向散射系数，则式(3.1.2)可写为

$$\boldsymbol{y}_{M\times 1} = \boldsymbol{\Phi}_{M\times L} \boldsymbol{\gamma}_{L\times 1} \tag{3.1.3}$$

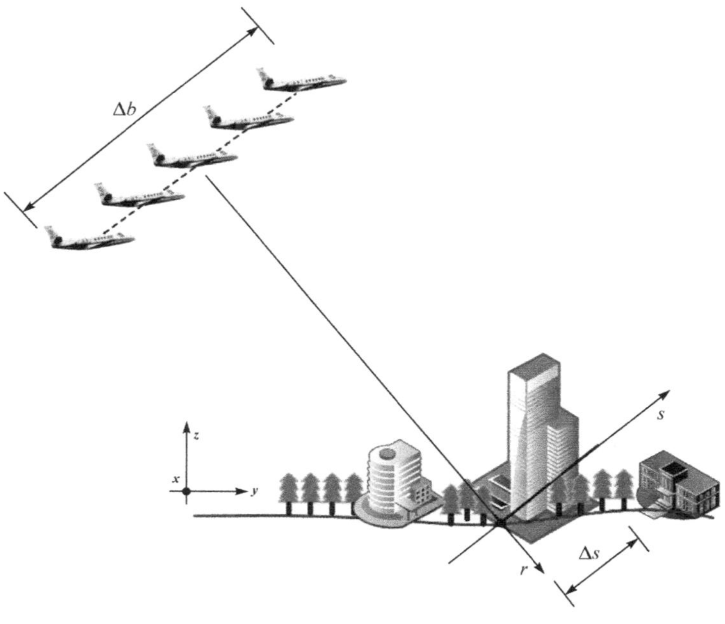

图 3.1.2　TomoSAR 成像示意图

式中，$\boldsymbol{\Phi} \in \mathbb{C}^{M \times L}$ 为根据 TomoSAR 成像几何关系所构建的观测矩阵，可以表示成 $\boldsymbol{\Phi}(m,l) = \exp\left[\mathrm{j} \dfrac{4\pi}{\lambda R} b_m s_l \right]$。

式(3.1.3)可以看做一个针对高程向后向散射系数 $\gamma(s)$ 不规则采样的离散傅里叶变换问题。因此，一个 SAR 测量值可以看作目标后向散射系数沿高程向的一个谱参数。与方位向类似，对于非参数化谱分析，高程向理论分辨率 ρ_s，即高程向点扩展函数的宽度，依赖于高程向孔径 b_m，在高程向孔径充分采样的情况下，ρ_s 可以通过式(3.1.4)进行计算：

$$\rho_s = \frac{\lambda R}{2b_m} \tag{3.1.4}$$

3.1.3 TomoSAR 稀疏重构方法

1. 稀疏重构方法

城市区域中关注目标大多为人造建筑，这些建筑物后向散射系数高程向分布几乎都是稀疏的。因此对于稀疏高程分布，可以通过求解 ℓ_q 正则化模型实现高程向的稀疏重构：

$$\begin{aligned} &\min_{\gamma} \| \boldsymbol{\gamma} \|_q^q, \quad 0 < q \leqslant 1 \\ &\text{s.t.} \quad \boldsymbol{y} = \boldsymbol{\Phi\gamma} \end{aligned} \tag{3.1.5}$$

当高程向稀疏度 K 未知且具有测量噪声时，式(3.1.5)可通过解决如下的最优化问题实现近似求解：

$$\hat{\boldsymbol{\gamma}} = \arg\min_{\gamma} \{ \| \boldsymbol{y} - \boldsymbol{\Phi\gamma} \|_2^2 + \lambda \| \boldsymbol{\gamma} \|_q^q \} \tag{3.1.6}$$

式中，λ 为正则化参数，受噪声水平和样本数目的影响。

稀疏 TomoSAR 成像的前提条件是高程向后向散射系数或者其变换分布是稀疏的，这对城市区域建筑目标显然是成立的。然而，森林区域散射特性复杂，其高程向分布难以直接满足稀疏性，因此若想使用正则化方法对森林区域非稀疏场景进行 TomoSAR 成像，引入适当的正交基/稀疏字典，对 γ 进行稀疏表征是必要的，可以采用小波基(Aguilera et al.，2012a，2013)。令 $\boldsymbol{\Psi} \in \mathbb{C}^{L \times L}$ 表示正交基，则 $\boldsymbol{\gamma}$ 在正交基上的投影 $\boldsymbol{\alpha} \in \mathbb{C}^{L \times 1}$ 可写作 $\boldsymbol{\alpha} = \boldsymbol{\Psi}^{\mathrm{H}} \boldsymbol{\gamma}$。$\boldsymbol{\alpha}$ 为一个具有 K 个非零元素的稀疏向量，且 $K \ll L$。经过上述操作，式(3.1.3)中的 TomoSAR 成像模型可重新表示为

$$\boldsymbol{y}_{M \times 1} = \boldsymbol{\Phi}_{M \times L} \boldsymbol{\gamma}_{L \times 1} = \boldsymbol{\Phi}_{M \times L} \boldsymbol{\Psi}_{L \times L} \boldsymbol{\alpha}_{L \times 1} \tag{3.1.7}$$

在多基线观测中，若假设在不同高程向位置的散射点是不相关的，那么观测值 $\boldsymbol{y}$ 对应的协方差矩阵可写为

$$\boldsymbol{C}=\mathrm{E}(\boldsymbol{y}\boldsymbol{y}^{\mathrm{H}})=\boldsymbol{\Phi}\mathrm{diag}(\boldsymbol{p})\boldsymbol{\Phi}^{\mathrm{H}} \tag{3.1.8}$$

式中，E(•)为求期望的算子；$\mathrm{diag}(\boldsymbol{p})\in\mathbb{R}^{L\times L}$ 为主对角线元素为非负的、其他位置元素为零的对角矩阵；$\boldsymbol{p}=[|\gamma(s_1)|^2 \quad \cdots \quad |\gamma(s_L)|^2]^{\mathrm{T}}$，为高程向功率分布。

针对式(3.1.7)中的成像模型，当满足稀疏重构条件时，高程向后向散射系数可以通过式(3.1.9)进行重构：

$$\hat{\boldsymbol{\gamma}}=\boldsymbol{\Psi}(\arg\min_{\boldsymbol{\alpha}}\{\|\boldsymbol{y}-\boldsymbol{\Phi}\boldsymbol{\Psi}\boldsymbol{\alpha}\|_2^2+\lambda\|\boldsymbol{\alpha}\|_q^q\}) \tag{3.1.9}$$

对于森林区域，为有效抑制高程向相干斑，根据成像模型式(3.1.7)，可通过解决如下公式中的优化问题来替代式(3.1.9)(Aguilera et al.，2013)，即

$$\hat{\boldsymbol{p}}=\min_{\boldsymbol{p}}\{\|\boldsymbol{C}-\boldsymbol{\Phi}\mathrm{diag}(\boldsymbol{p})\boldsymbol{\Phi}^{\mathrm{H}}\|_{\mathrm{F}}^2+\lambda\|\boldsymbol{\Psi}^{\mathrm{H}}\boldsymbol{p}\|_q^q\} \tag{3.1.10}$$

式中，$\hat{\boldsymbol{p}}$ 为重构的高程向功率；符号 $\|\cdot\|_{\mathrm{F}}$ 为矩阵的 Frobenius 范数。

2. 实际数据实验

使用 BioSAR 2008 机载多极化数据对不同的 TomoSAR 成像方法进行分析对比，该数据是由德国宇航局 E-SAR 于 2008 年在瑞典北部森林区域获取的，如图 3.1.3 所示。它包含 6 幅聚焦的 L 波段二维全极化 SAR 复图像数据，图像的距离向和方位向分辨率分别为 1.5m 和 1.6m。以 HH 通道为例，利用谱估计和稀疏信号处理的方法分别对稀疏和非稀疏场景进行三维重构，比较它们的成像效果。

图 3.1.3　BioSAR 森林地区雷达图像

如图 3.1.4 所示，选择高程向分布稀疏(区域 1)和不稀疏(区域 2)的两个区域作为研究对象。其中区域 1 主要是平坦地面，几乎没有冠层，主要散

射来自于地表,因而其高程向分布可看作稀疏的。区域 2 的高程向主要由地面和冠层组成,回波数据是多种类型散射的集合,分布是非稀疏的。

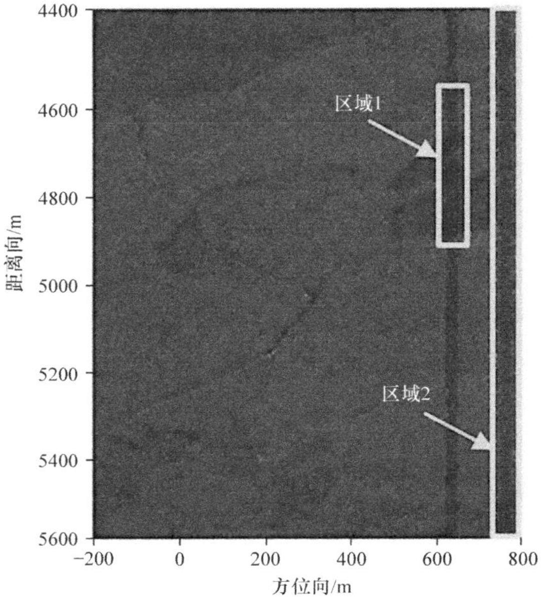

图 3.1.4 BioSAR 森林地区 TomoSAR 成像区域

1) 稀疏高程向场景

图 3.1.5 为 Beamforming 算法、Capon 算法、MUSIC(multiple signal classification)算法(Fornaro et al.,2003,2005)和基于小波变换的 ℓ_1 正则化方法对 BioSAR 森林地区区域 1 的 TomoSAR 重构结果,其后向散射系数经过归一化。可以看出,四种方法均可以对地面区域实现比较精确的重构。相比较而言,Beamforming 算法的地面部分重构结果主瓣较宽,旁瓣较大,且存在有明显的模糊现象,如图 3.1.5(a)所示;而 Capon 算法可有效抑制主瓣的展宽,但其冠层处的旁瓣影响了高程向的重构质量,如图 3.1.5(b)所示;MUSIC 算法相比于 Beamforming 算法和 Capon 算法,可以提升高程向分辨率,但其结果会受重构中设置的每个方位距离分辨单元高程向上散射点个数的影响,且 MUSIC 算法虽然可以准确找到地面和冠层的位置,但其恢复的散射点强度存在严重的失真,如图 3.1.5(c)所示;图 3.1.5(d)为基于 ℓ_1 正则化方法的 TomoSAR 成像结果,其中,ℓ_1 正则化的实现算法选用阈值迭代算法。相比于图 3.1.5(a)中 Beamforming 算法的结果,ℓ_1

正则化方法可有效抑制旁瓣和高程向模糊，提升高程向重构质量；相比于 Capon 算法恢复的图像，ℓ_1 正则化方法实现了对冠层区域旁瓣的有效抑制，同时保证了对高程向目标的准确重构；相比于图 3.1.5(c)中 MUSIC 算法的结果，ℓ_1 正则化方法则保证了重构散射强度的准确性。

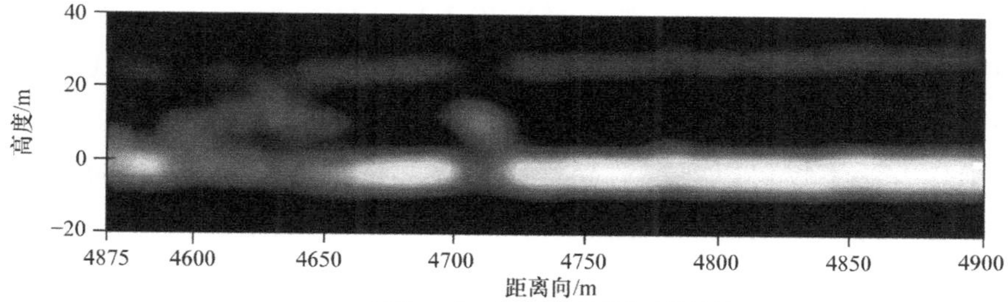

(a) Beamforming算法高程向重构结果

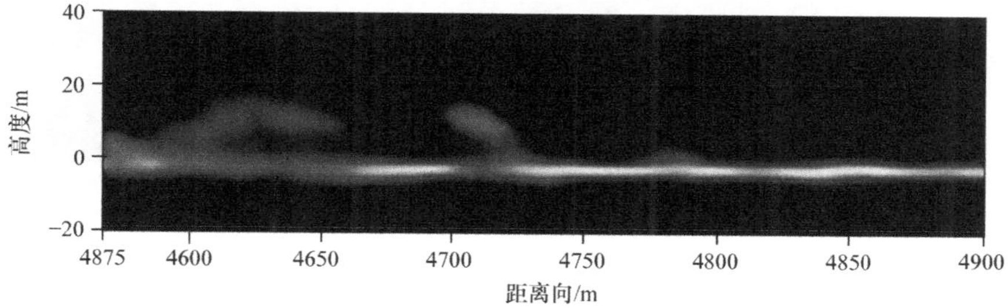

(b) Capon算法高程向重构结果

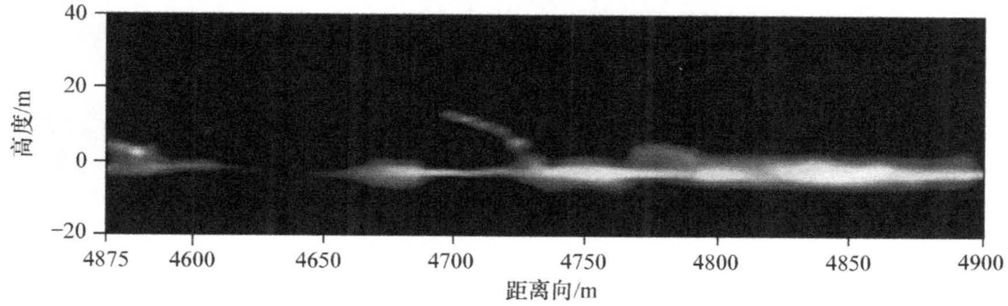

(c) MUSIC算法高程向重构结果

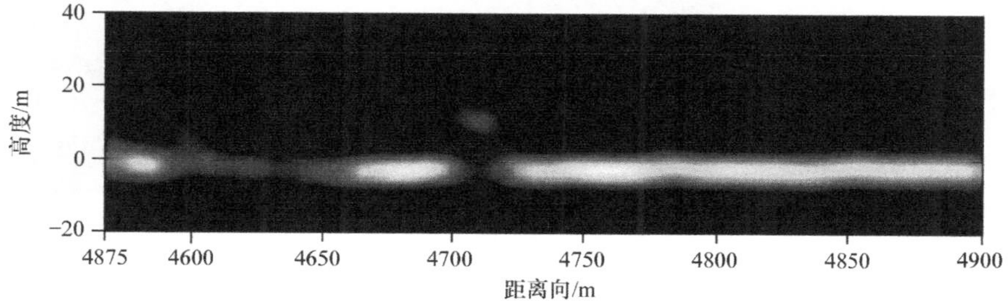

(d) 基于小波变换的ℓ_1正则化方法高程向重构结果

图 3.1.5 BioSAR 森林地区区域 1 的 TomoSAR 重构结果

2）非稀疏高程向场景

图 3.1.6 为 Beamforming 算法、Capon 算法、MUSIC 算法和基于小波变换的 ℓ_1 正则化方法对 BioSAR 森林地区区域 2 的 TomoSAR 重构结果，其后向散射系数经过归一化。与图 3.1.5 中的结果相似，四种方法均可实现对森林区域高程向地面和树冠的准确重构。Beamforming 算法仍存在旁瓣和高程向模糊的问题，Capon 算法存在明显的旁瓣问题，且 MUSIC 算法无法实现对散射强度的准确估计。相比于上述三种算法，基于小波变换的 ℓ_1 正则化方法不仅可以实现对高程向旁瓣和模糊的有效抑制，而且可以比较精确地估计出散射强度，有效提升了高程向重构质量。

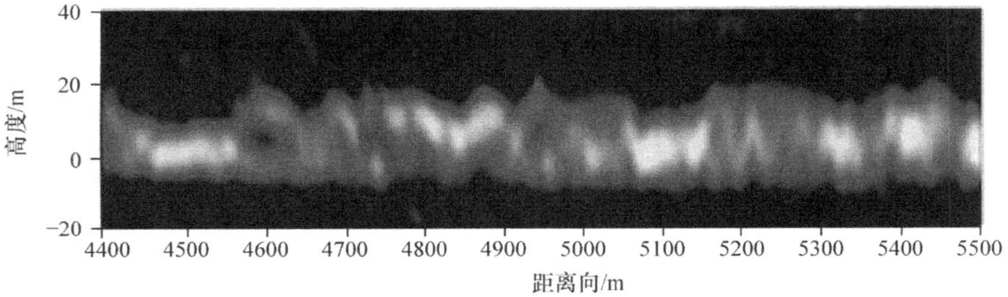

(a) Beamforming算法高程向重构结果

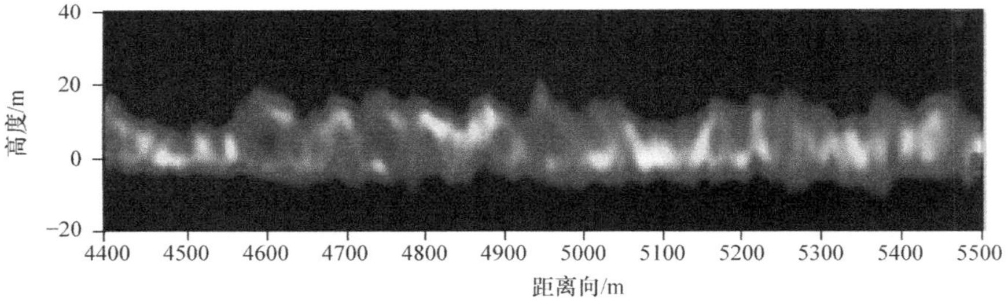

(b) Capon算法高程向重构结果

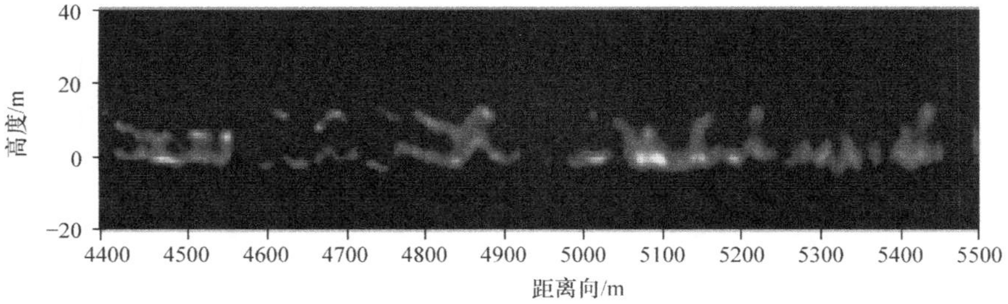

(c) MUSIC算法高程向重构结果

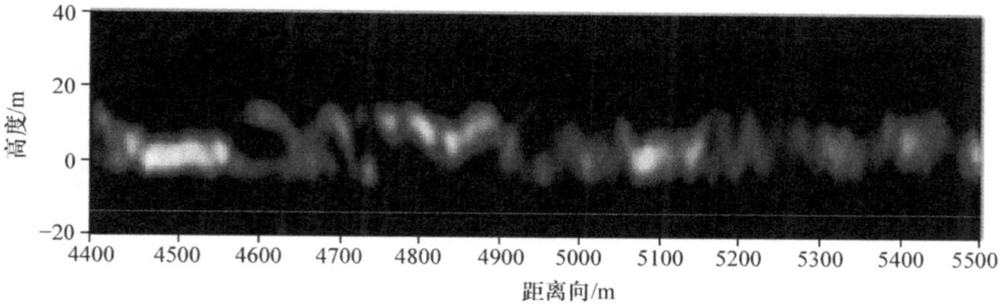

(d) ℓ_1正则化方法高程向重构结果

图 3.1.6 BioSAR 森林地区区域 2 的 TomoSAR 重构结果

3.1.4 TomoSAR 未知基线数据补偿

本节介绍一种基于 $\ell_q(0<q\leqslant 1)$正则化的 TomoSAR 成像未知基线数据估计方法。该方法利用已知基线分布与未知的均匀基线分布之间的几何关系，首先对表征两者之间几何关系的变换矩阵使用 ℓ_q 正则化方法进行估计，然后将估计得到的变换矩阵与已知基线的观测值相乘，获得未知基线处的数据值，最后通过谱估计方法对高程向后向散射系数进行重构。相比于使用已知的随机基线分布观测值的重构结果，该方法展现出更好的性能，如对高程向旁瓣和模糊的有效抑制。该方法可以对高程向孔径内任意位置处基线的数据值进行估计(Bi et al.,2016a)。

1. 算法实现

TomoSAR 成像模型见式(3.1.3)，对于一个具体的方位距离分辨单元，令 $\boldsymbol{y}_{M\times 1}$表示已知基线中的测量值，$\boldsymbol{y}_{\mathrm{U}}\in\mathbb{C}^{N\times 1}$表示未知基线中的数据，与上面所述的基于已知基线分布 $\boldsymbol{B}$ 的 TomoSAR 成像模型相类似，基于高程向孔径位置为 $\boldsymbol{A}=[a_1\quad a_2\quad\cdots\quad a_N]$的未知基线分布的 TomoSAR 成像过程可表示为

$$\boldsymbol{y}_{\mathrm{U}}=\boldsymbol{\Phi}_{\mathrm{U}}\boldsymbol{\gamma} \tag{3.1.11}$$

式中，$\boldsymbol{\Phi}_{\mathrm{U}}\in\mathbb{C}^{N\times L}$为基于未知均匀基线分布 $\boldsymbol{A}$ 所构建的观测矩阵。

令 $\boldsymbol{V}\in\mathbb{C}^{N\times M}$表示已知基线的测量值 $\boldsymbol{y}$ 与未知基线数据 $\boldsymbol{y}_{\mathrm{U}}$ 之间的关系矩阵，则式(3.1.11)中的未知基线数据可重新写为

$$\boldsymbol{y}_{\mathrm{U}}=\boldsymbol{V}\boldsymbol{y}=\boldsymbol{V}\boldsymbol{\Phi}\boldsymbol{\gamma} \tag{3.1.12}$$

由式(3.1.11)和式(3.1.12)可以看出，实现对未知基线数据 $\boldsymbol{y}_{\mathrm{U}}$ 恢复

的前提条件是通过解决下面的问题对变换矩阵 $\boldsymbol{V}$ 进行准确估计：

$$\boldsymbol{\Phi}_{\mathrm{U}}=\boldsymbol{V}\boldsymbol{\Phi} \tag{3.1.13}$$

在每一个方位距离分辨单元中，观测矩阵 $\boldsymbol{\Phi}_{\mathrm{U}}$ 和 $\boldsymbol{\Phi}$ 是已知的，它们通过传感器和观测像素之间的几何关系来构建。对式(3.1.13)两边分别进行转置操作后，$\boldsymbol{\Phi}_{\mathrm{U}}$ 和 $\boldsymbol{\Phi}$ 的关系可以重新表示为

$$\boldsymbol{\Phi}_{\mathrm{U}}^{\mathrm{T}}=\boldsymbol{\Phi}^{\mathrm{T}}\boldsymbol{V}^{\mathrm{T}} \tag{3.1.14}$$

根据式(3.1.14)中的模型，变换矩阵 $\boldsymbol{V}$ 可通过下面的最优化问题进行估计：

$$\hat{\boldsymbol{V}}=\left[\min_{\boldsymbol{V}^{\mathrm{T}}}\left\{\left\|\boldsymbol{\Phi}_{\mathrm{U}}^{\mathrm{T}}-\boldsymbol{\Phi}^{\mathrm{T}}\boldsymbol{V}^{\mathrm{T}}\right\|_{\mathrm{F}}^{2}+\lambda\left\|\boldsymbol{V}^{\mathrm{T}}\right\|_{q}^{q}\right\}\right]^{\mathrm{T}} \tag{3.1.15}$$

式中，$\hat{\boldsymbol{V}}$ 为基于 ℓ_q 正则化重构的变换矩阵；λ 为正则化参数；$\|\boldsymbol{V}^{\mathrm{T}}\|_q$ 为矩阵的元素形式 ℓ_q 范数。

当 $q=1$ 时，解决式(3.1.15)中最优化问题的基于阈值迭代算法的变换矩阵估计伪代码如表 3.1.1 所示。

表 3.1.1　基于阈值迭代算法的变换矩阵估计伪代码

输入	观测矩阵 $\boldsymbol{\Phi}$ 与 $\boldsymbol{\Phi}_{\mathrm{U}}$，正则化参数 λ，迭代参数 μ，误差参数 ε
初始化	$(\boldsymbol{V}^{\mathrm{T}})^{(0)}=\mathbf{0}$
迭代过程	While $i\leqslant I$ and Residual$>\varepsilon$ $\boldsymbol{W}^{(i)}=\boldsymbol{\Phi}_{\mathrm{U}}^{\mathrm{T}}-\boldsymbol{\Phi}^{\mathrm{T}}(\boldsymbol{H}^{\mathrm{T}})^{(i)}$ $(\Delta\boldsymbol{V}^{\mathrm{T}})^{(i)}=[(\boldsymbol{\Phi}^{\mathrm{T}})^{\mathrm{H}}\boldsymbol{\Phi}^{\mathrm{T}}]^{-1}(\boldsymbol{\Phi}^{\mathrm{T}})^{\mathrm{H}}\boldsymbol{W}^{(i)}$ $(\boldsymbol{V}^{\mathrm{T}})^{(i+1)}=\mathrm{sgn}[(\boldsymbol{V}^{\mathrm{T}})^{(i)}+\mu(\Delta\boldsymbol{V}^{\mathrm{T}})^{(i)}]\max\{[(\boldsymbol{V}^{\mathrm{T}})^{(i)}+\mu(\Delta\boldsymbol{V}^{\mathrm{T}})^{(i)}]-\mu\lambda,0\}$ Residual$=\|(\boldsymbol{V}^{\mathrm{T}})^{(i+1)}-(\boldsymbol{V}^{\mathrm{T}})^{(i)}\|_{\mathrm{F}}^{2}$ $i=i+1$ end
输出	重构的变换矩阵 $\hat{\boldsymbol{V}}=[(\boldsymbol{V}^{\mathrm{T}})^{(i+1)}]^{\mathrm{T}}$

在表 3.1.1 中，$(\boldsymbol{\Phi}^{\mathrm{T}})^{\mathrm{H}}$ 表示矩阵 $\boldsymbol{\Phi}^{\mathrm{T}}$ 的共轭转置，μ 表示算法中的迭代控制参数，满足条件 $\mu^{-1}\in\left(0,\dfrac{1}{\|\boldsymbol{\Phi}^{\mathrm{T}}\|_{\mathrm{F}}^{2}}\right)$，正则化参数 λ 则是根据迭代步数 $i=1,2,\cdots,I$ 进行自适应设置的：

$$\lambda^{(i)}=\frac{\left|(\boldsymbol{V}^{\mathrm{T}})^{(i)}+\mu(\Delta\boldsymbol{V}^{\mathrm{T}})^{(i)}\right|_{K+1}}{\mu} \tag{3.1.16}$$

式中，$\left|(\boldsymbol{V}^{\mathrm{T}})^{(i)}+\mu(\Delta\boldsymbol{V}^{\mathrm{T}})^{(i)}\right|_{K+1}$ 表示 $\left|(\boldsymbol{V}^{\mathrm{T}})^{(i)}+\mu(\Delta\boldsymbol{V}^{\mathrm{T}})^{(i)}\right|$ 中所有元素按大小降序排列后第 $K+1$ 位置处的值，K 为设定的变换矩阵 $\boldsymbol{V}$ 中非零元素个数。

利用恢复的变换矩阵，基于式(3.1.12)，可对未知均匀基线中的数据进行估计。随后基于估计的数据 $\boldsymbol{y}_{\mathrm{U}}$，可使用谱估计方法进行 TomoSAR 成像。

2. 实验验证

本节中将利用仿真实验结果来验证基于 $\ell_q(q=1)$ 正则化的未知基线数据补偿方法的有效性。仿真实验中，波长为 0.86m，参考斜距设为 4000m。对于一个具体的方位距离分辨单元，首先利用已知基线分布 $\boldsymbol{B}$ 中的测量值对未知的均匀基线分布 $\boldsymbol{A}$ 中的数据进行估计，随后使用基于 Beamforming 算法估计得到的均匀基线数据对高程向进行恢复。实验中使用 PSLR 这一参数对重构结果进行定量化评估。

实验中以观测到的 $M=12$ 条非均匀基线 $\boldsymbol{B}=[0\quad 2.96\quad 4.06\quad 5.02\quad 5.95\quad 8.02\quad 9.04\quad 10.97\quad 12.01\quad 16.52\quad 18.96\quad 26]$ 为例，对孔径大小为 26m 的均匀基线分布 $\boldsymbol{A}$ 中的数据进行估计。作为比较，也给出了基于高程向基线分布 $\boldsymbol{A}$ 所获取的测量值的高程向重构结果。

首先考虑位置在参考零点处的单散射点。基于估计和直接观测数据的高程向单散射点重构结果如图 3.1.7 所示，经过插值后重构结果的归一化后向散射系数如图 3.1.7(a)所示。使用的三种类型的基线分布分别为观测的非均匀基线分布 $\boldsymbol{B}$、估计的均匀基线分布 $\boldsymbol{A}$ 以及观测的均匀基线分布 $\boldsymbol{A}$，非均匀基线分布 $\boldsymbol{B}$ 的数目为 $M=12$，均匀基线分布 $\boldsymbol{A}$ 的数目为 $N=27$，$K/(MN)=0.7$。图 3.1.7(a)中的结果表明，基于 $\boldsymbol{B}$ 的测量值重构图像的旁瓣大，其峰值旁瓣比达到了 −7.92dB。相比之下，经过 ℓ_q 正则化方法对未知均匀基线分布 $\boldsymbol{A}$ 的数据进行估计后，基于估计数据的重构结果将 PSLR 降低 4.62dB，且更加接近基于直接观测的均匀基线分布 $\boldsymbol{A}$ 的测量值的重构结果。而将单散射点移动到非零点的位置后，基于观测的非均匀基线 $\boldsymbol{B}$ 的数据恢复的图像中产生了明显的类栅栏旁瓣，如图 3.1.7(b)所示，导致高程向模糊。而当使用估计的均匀基线数据对高程向进行恢复时，三个严重的模糊区域可以得到完全抑制。由图 3.1.7 可以看出，在没有噪声干扰的情况下，基于估计的均匀基线数据的重构图像几乎与直接观测的均匀基线测量值的恢复结果完全一致，这意味着本节中提出的 ℓ_q 正则化方法可以利用观测到的不规则分布的基线对虚拟的均匀基线分布实现准确重构，用以提升基于谱估计算法的 TomoSAR 成像质量。

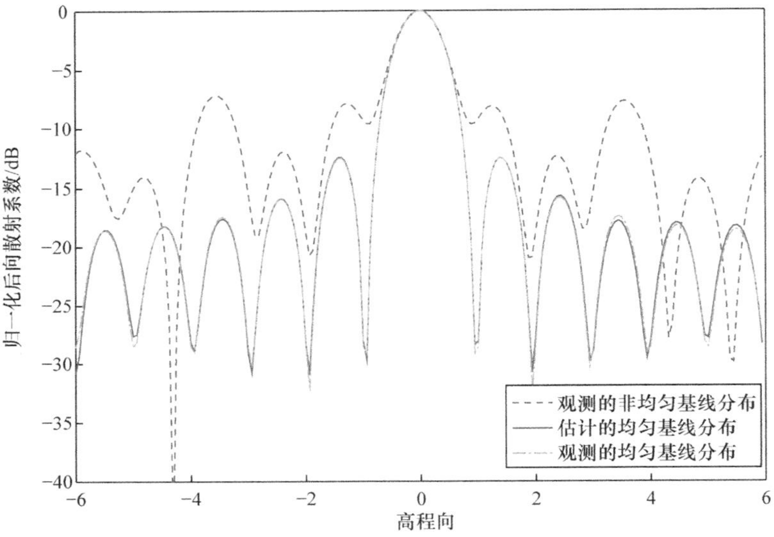

(a) 散射点位置在参考零点的重构结果

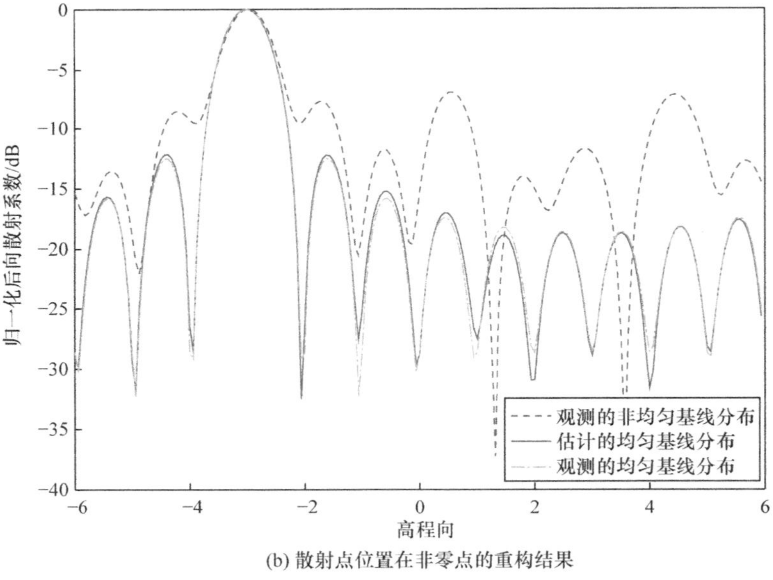

(b) 散射点位置在非零点的重构结果

图 3.1.7　基于估计和直接观测数据的高程向单散射点重构结果

通常情况下，高程向的散射点不止一个。因此，接下来的实验中，分别设定不同间隔距离的两个和三个散射点来对高程向的分布进行模拟。这些散射点的强度和相位完全相同。图 3.1.8 为基于估计和直接观测数据的高程向多散射点重构结果，使用的三种类型的基线分布分别为观测的非均匀基线分布 $\boldsymbol{B}$、估计的均匀基线分布 $\boldsymbol{A}$ 和观测的均匀基线分布 $\boldsymbol{A}$，$\boldsymbol{B}$ 和 $\boldsymbol{A}$ 与图 3.1.7 中完全一致。与图 3.1.7 中单散射点实验结果相似，基于估计的均匀基线 $\boldsymbol{A}$ 中数据的重构图像相比于观测得到的基线 $\boldsymbol{B}$ 的结果具有更小的旁瓣，且更加接近观测的理想均匀基线测量值的恢复结果。

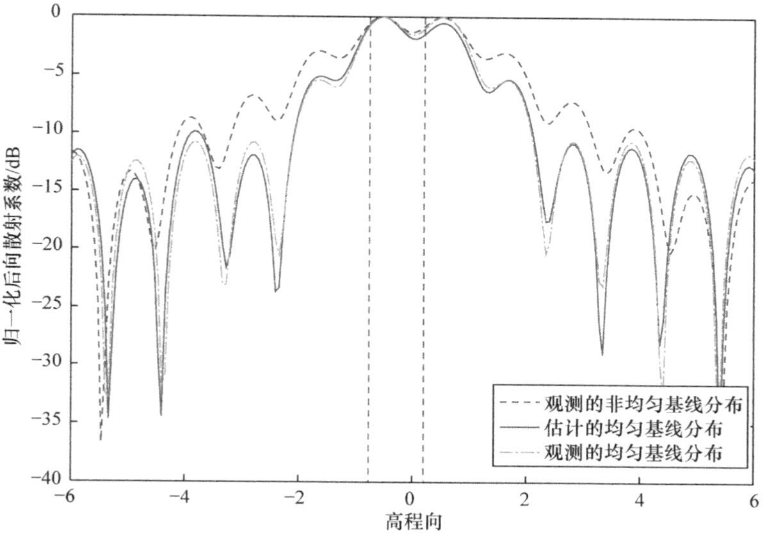

(a) 高程向两个散射点相隔1个分辨单元的重构结果

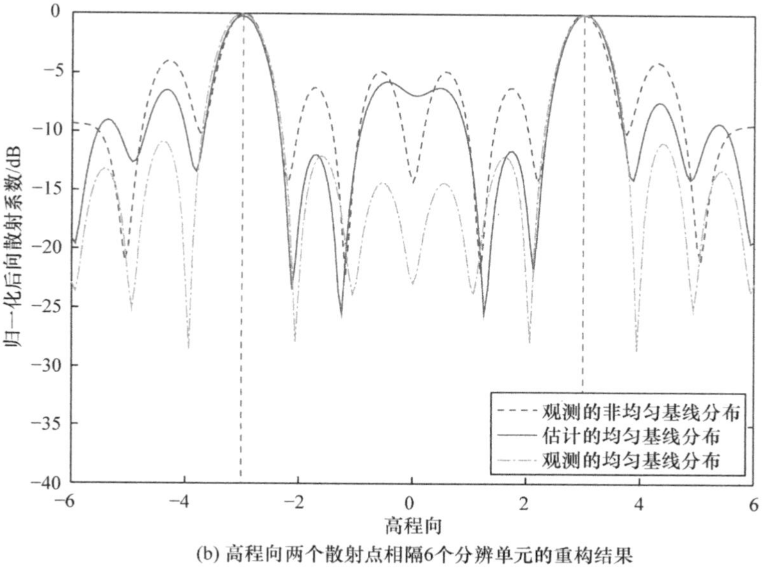

(b) 高程向两个散射点相隔6个分辨单元的重构结果

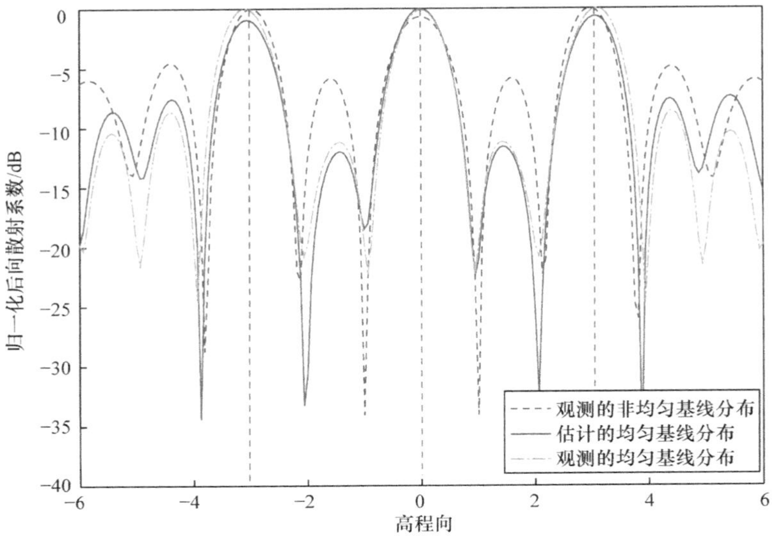

(c) 高程向三个散射点相隔3个分辨单元的重构结果

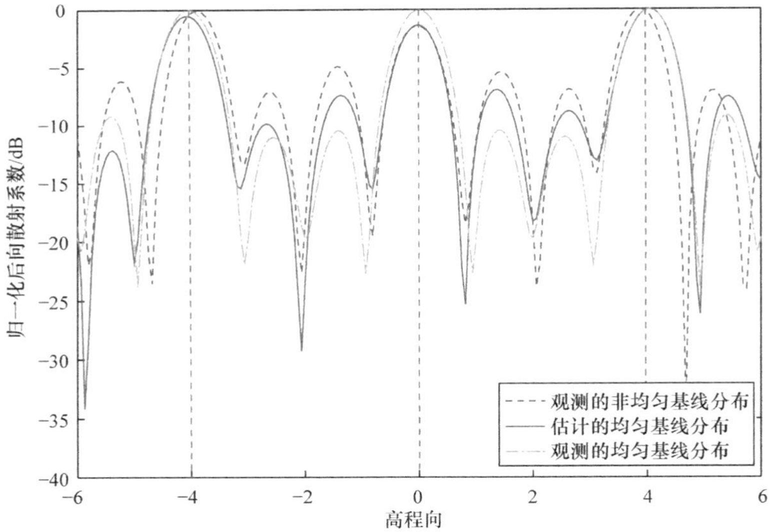

(d) 高程向三个散射点相隔4个分辨单元的重构结果

图 3.1.8　基于估计和直接观测数据的高程向多散射点重构结果

1）重构结果与估计的均匀基线数据 N 之间的关系

利用在参考零点处的单个散射点作为高程向仿真场景，本节的实验将分析所提出的基于 ℓ_q 正则化方法的未知基线补偿方法的旁瓣抑制效果随估计的未知基线数目 N 的变化趋势。需要说明的是，未知的均匀基线分布的高程向孔径大小在整个过程中均未发生变化，为 26m。如图 3.1.7 所示，基于观测的非均匀基线分布 $\boldsymbol{B}$ 的数据重构结果的峰值旁瓣比为−7.92dB。峰值旁瓣比降低值随均匀基线数目变化曲线如图 3.1.9 所示，其纵坐标表示基于估计的均匀基线分布数据重构高程向点目标的峰值旁瓣比相比−7.92dB 降低的数值，其中 $\boldsymbol{B}$ 与图 3.1.7 中完全一致，$K/(MN)=0.7$。结果表明，当 $N<14$ 时，峰值旁瓣比的减小值随 N 的增加几乎呈线性增长，但继续增加 N 的值，峰值旁瓣比的减小值趋于平稳，不再发生显著的变化。因此，在实际的处理过程中，需要选择合适的均匀基线的数目以获取高程向最优的重构效果。

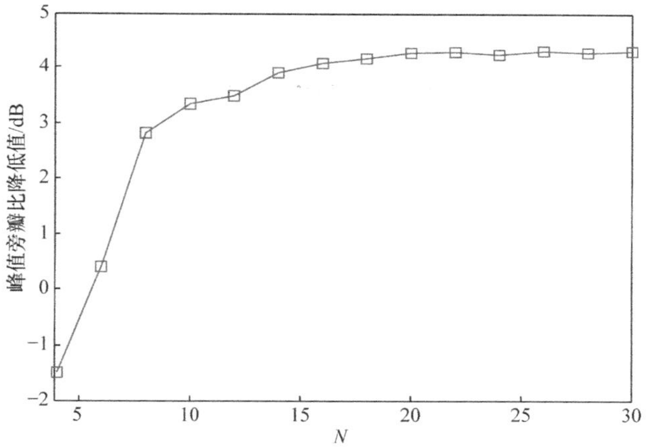

图 3.1.9　峰值旁瓣比降低值随均匀基线数目变化曲线

2）重构结果与变换矩阵中非零元素的个数 $K/(MN)$ 之间的关系

在基于 ℓ_q 正则化方法的未知基线数据补偿方法中，参数 $K\in(0,MN)$ 控制着变换矩阵 $\mathbf{V}$ 中非零元素的个数。图 3.1.10 中给出了基于估计的均匀基线分布数据重构的高程向点目标的峰值旁瓣比相比−7.92dB 降低的数值随 $K/(MN)$ 的变化趋势，其中非均匀基线分布和均匀基线分布与图 3.1.7 中完全一致。与图 3.1.9 中的曲线的形状相似，当 $K/(MN)$ 的值大于 0.7 时，峰值旁瓣比的减小值趋于稳定。基于上述分析可知，TomoSAR 成像性能的提升，如本节中峰值旁瓣比的降低，与 N 和 $K/(MN)$ 的值是正相关的。在实际 TomoSAR 成像过程中，较大的 N 和 $K/(MN)$ 值将带来计算量的增加，合理选择参数的值以实现重构性能和计算代价的协调将显得尤为重要。

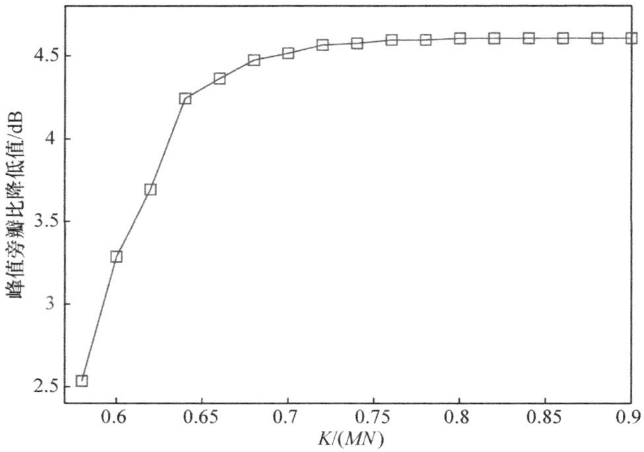

图 3.1.10　峰值旁瓣比降低值随 $K/(MN)$ 的变化曲线

3.1.5　小结

本节首先介绍了 TomoSAR 成像模型及其稀疏成像算法，针对稀疏高程向分布与非稀疏高程向分布两种情况，通过实际数据验证了算法的有效性；然后介绍了基于 ℓ_q 正则化方法的 TomoSAR 成像未知基线补偿方法，利用已知基线与未知基线之间的几何关系，实现了在孔径大小不变的情况下，对任一高程向位置处基线数据的有效估计，拓展了基线数据补偿技术的应用范围和空间，提升了 TomoSAR 的成像质量。

3.2　阵列下视三维 SAR 成像

3.2.1　引言

三维 SAR(Munson et al.，1983；Knaell & Cardillo，1995)是二维 SAR 和 InSAR 的拓展及延伸，通过电磁波传播方向的脉冲压缩、雷达平台运动形成的方位向合成孔径、实孔径或多次航过构成切航迹向孔径的方式对成像场景进行三维观测，经过三维成像处理能够获得成像目标的三维位置和散射特性，具有三维分辨能力。TomoSAR、阵列下视三维 SAR、圆迹 SAR 均可实现三维成像，近年来阵列下视三维 SAR 受到越来越广泛的关注(Mahafza & Sajjadi，1996；Weiβ & Ender，2005；Klare，2006；Klare et al.，

2006;Budillon et al.,2011;Han et al.,2014;Peng et al.,2014;李道京,2014)。

阵列下视三维 SAR 成像示意图如图 3.2.1 所示,通过阵列收发获得跨航向的合成孔径,结合带宽信号和载机运动形成的方位向合成孔径,通过一次飞行即可获得三维回波数据,实现三维成像,避免了多次飞行带来的时间去相干问题;其正下视观测的成像几何具有最大的雷达波束擦地角,能够很好地解决侧视 SAR 成像存在的阴影、叠掩等问题,这一特点对具有较大地形起伏地区的观测尤为有利。

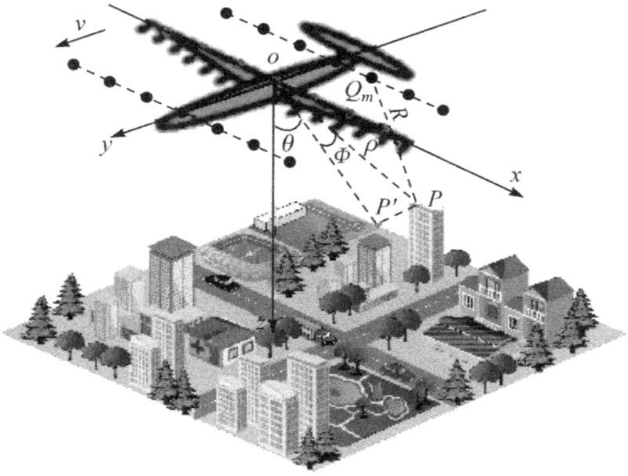

图 3.2.1　阵列下视三维 SAR 成像示意图

虽然阵列下视三维 SAR 在城市测绘等方面具有较大的优势和应用潜力,但是在实现上仍存在一些技术挑战。首先,阵列下视三维 SAR 的载荷平台通常为机载平台,跨航向的阵列通常布置在机翼下端,这导致了阵列长度很短。由于跨航向的分辨率与观测距离成正比、与阵列长度成反比,实际的阵列长度很难满足实际飞机平台高度下对跨航向高分辨率成像的需求。其次,阵列下视三维 SAR 需要较小的阵元间隔来获得较大的下视观测测绘带宽,为避免栅瓣效应,在阵列长度一定的情况下,需要较大的阵元数目,使得系统复杂度较高、数据量较大,这给数据存储以及快速高效成像带来困难。因此,如何利用较短的阵列天线和较少的阵元数目获得满足实际工程需求的跨航向高分辨率是关键技术。

在本节中,将给出三维 SAR 在稀疏孔径下的成像模型,并介绍三维 SAR 的稀疏重构算法;针对离散压缩感知存在的网格偏离问题,介绍无网格的稀疏信号处理方法,并将其应用于阵列下视三维 SAR 的跨航向重构

(Bao et al. ,2016a,2016c,2016d)。

3.2.2 阵列下视三维 SAR 成像模型

1. 阵列下视三维 SAR 信号模型

机载阵列下视三维 SAR 的成像示意图如图 3.2.1 所示,阵列天线分布在机翼上,收发分置的阵元经过等效可以获得收发共用的虚拟等效相位中心。第 m 个等效相位中心的位置表示为 $Q_m(x_m, y_n, 0)$,$m\in[1,M]$,$n\in[1,N_a]$,其中 x_m 是跨航向位置,y_n 是航迹向第 n 个采样,M 和 N_a 分别是跨航向和航迹向的采样个数。

假设雷达平台的飞行高度为 H,飞行速度为 v,阵列方向为跨航向 x 轴,平台飞行方向定义为航迹向 y 轴,o 为坐标原点,高程向 z 轴指向下视方向并且垂直于 xoy 平面。成像场景中的目标 P 坐标位置为 $r_p(x_p, y_p, z_p)$,在第 n 个航迹向采样位置,目标 P 与阵列天线的第 m 个等效相位中心的距离表示为 $R(m,n;P)$。雷达天线发射脉冲信号,载频为 f_c,调频率为 K_r,脉冲宽度为 T_p,发射信号形式为

$$s(t)=\mathrm{rect}\left(\frac{t}{T_p}\right)\exp(\mathrm{j}2\pi f_c t+\mathrm{j}\pi K_r t^2) \tag{3.2.1}$$

在阵列下视三维 SAR 的观测几何中,雷达相对于目标的观测角度变化范围较小,因此可以假设目标的后向散射系数不随观测角度和雷达工作频率发生变化,目标 P 的后向散射系数为 $\sigma_P(x_p, y_p, z_p)$。不考虑天线方向图和辐射衰减对回波的影响,去载频后雷达接收到的回波信号为

$$\begin{aligned} s_r(t) = &\iiint_{P\in\Omega}\sigma_P(x_p, y_p, z_p;\theta_r)\mathrm{rect}\left(\frac{t-t_d}{T_p}\right) \\ &\cdot\exp[-\mathrm{j}2\pi f_c t_d+\pi K_r(t-t_d)^2]\mathrm{d}x_p\mathrm{d}y_p\mathrm{d}z_p \end{aligned} \tag{3.2.2}$$

式中,Ω 为三维观测区域;t_d 为雷达与目标的回波时延,$t_d=2R(m,n;P)/c$,其中,c 为光速。

对回波信号进行快时间域傅里叶变换,匹配滤波后的信号为

$$\begin{aligned} S_r(x_m, y_n, f_k) = &\iiint_{P\in\Omega}\sigma_P(x_p, y_p, z_p) \\ &\cdot\exp\left[-\mathrm{j}\,\frac{4\pi(f_c+f_k)}{c}R(m,n;P)\right]\mathrm{d}x_p\mathrm{d}y_p\mathrm{d}z_p \end{aligned} \tag{3.2.3}$$

式中，基带频率 $f_k \in \left[-\frac{K_r T_p}{2}, \frac{K_r T_p}{2}\right]$，$k \in [1, N_r]$，$N_r$ 为距离向采样数目。

从回波信号形式可以看出，成像场景中同一目标到不同雷达天线的回波时延不同，阵列下视三维 SAR 正是利用不同回波时延所带来的相位差异获得三维采样和三维分辨能力的。

2. 阵列下视三维 SAR 重构方法

阵列下视三维 SAR 成像可以在满足奈奎斯特均匀采样条件下基于匹配滤波理论实现，这类方法是将二维 SAR 成像方法根据阵列下视三维 SAR 的成像几何特点拓展为三维成像方法，如三维波数域算法(Du et al.，2010)、三维后向投影(back projection，BP)算法、三维伪极坐标变换算法(Peng et al.，2014)等。阵列下视三维 SAR 的成像处理无论在直角坐标系下进行还是在伪极坐标系下进行，都可以根据几何关系转化为同等的成像结果。这里以伪极坐标系下的成像处理为例介绍阵列下视三维 SAR 的成像模型。

如图 3.2.1 所示，P' 是目标 P 到 xoz 平面的投影，ρ 是其到坐标原点的距离，其中 $\|\cdot\|_2$ 表示 ℓ_2 范数。$\phi = \angle PoP'$ 为 $\overrightarrow{oP}$ 与 $\overrightarrow{oP'}$ 的夹角，θ 为下视角，目标 P 坐标可表示为 $(x_p, y_p, z_p) = (\rho\cos\phi\sin\theta, \rho\sin\phi, \rho\cos\phi\cos\theta)$。

目标 P 与第 m 个等效相位中心 Q_m 的距离 $R(m,n;P)$ 为

$$\begin{aligned}R(m,n;P) &= \sqrt{(x_m - x_p)^2 + (y_m - y_p)^2 + (z_m - z_p)^2} \\ &= \sqrt{(x_m - \rho\cos\phi\sin\theta)^2 + (y_n - \rho\sin\phi)^2 + (0 - \rho\cos\phi\cos\theta)^2} \\ &= \rho - x_m\cos\phi\sin\theta - y_n\sin\phi + \sum_{i_1}\sum_{i_2} O(x_m^{i_1} y_n^{i_2})\end{aligned} \tag{3.2.4}$$

式中，$\sum_{i_1}\sum_{i_2} O(x_m^{i_1} y_n^{i_2})$ 为二阶及高阶距离历程展开项，$i_1 + i_2 \geqslant 2$，i_1 和 i_2 都是非负整数。

定义 $\rho' = \rho - x_m\cos\phi\sin\theta - y_n\sin\phi$，并将式(3.2.4)代入下面距离频域信号中：

$$S_R(x_m, y_n, f_k) = \iiint_{P\in\Omega} \sigma_P \exp\left[-\mathrm{j}\,\frac{4\pi(f_c + f_k)}{c} R(m,n;P)\right] \mathrm{d}x_p\,\mathrm{d}y_p\,\mathrm{d}z_p \tag{3.2.5}$$

得到包含距离历程各展开项信号：

$$S_{\mathrm{R}}(x_m,y_n,f_k)=\iiint\limits_{P\in\Omega}\sigma_P\exp\left[-\mathrm{j}\frac{4\pi(f_{\mathrm{c}}+f_k)}{c}\left(\rho'+\sum_{i_1}\sum_{i_2}O(x_m^{i_1}y_n^{i_2})\right)\right]\mathrm{d}\rho\mathrm{d}\phi\mathrm{d}\theta \tag{3.2.6}$$

将

$$S_{\mathrm{O}}(x_m,y_n,f_k)=\iiint\limits_{P\in\Omega}\sigma_P\exp\left[-\mathrm{j}\frac{4\pi(f_{\mathrm{c}}+f_k)}{c}\rho'\right]\mathrm{d}\rho\mathrm{d}\phi\mathrm{d}\theta \tag{3.2.7}$$

$$S_{\mathrm{E}}(x_m,y_n,f_k)=\exp\left[-\mathrm{j}\frac{4\pi(f_{\mathrm{c}}+f_k)}{c}\sum_{i_1}\sum_{i_2}O(x_m^{i_1}y_n^{i_2})\right] \tag{3.2.8}$$

分别定义为成像基本项和波前弯曲相位误差项，前者包含目标的散射特性、目标与天线的相对位置等成像基本要素，后者需要在聚焦成像前进行补偿，否则会带来图像散焦等问题。

利用成像场景中心参考目标和阵列天线的等效相位中心位置数据可以构造波前弯曲相位误差补偿项，根据重采样公式 $x_{m'}=x_m(f_{\mathrm{c}}+f_k)/f_{\mathrm{c}}$ 和 $y_{n'}=y_n(f_{\mathrm{c}}+f_k)/f_{\mathrm{c}}$ 对航迹向和跨航向重采样，该重采样过程被称为伪极坐标变换，观测场景的三维重构过程可以表示为(Peng et al.,2014)

$$\begin{aligned}\hat{\sigma}(\alpha,\beta,\gamma)=&\sum_{m=1}^{M}\sum_{n=1}^{N_{\mathrm{a}}}\sum_{k=1}^{N_{\mathrm{r}}}\boldsymbol{P}(S_{\mathrm{R}}(x_m,y_n,f_k))\boldsymbol{P}(S_{\mathrm{E}}^{\mathrm{H}}(x_m,y_n,f_k))\\&\cdot\exp[\mathrm{j}2\pi(\alpha f_k-\beta x_{m'}-\gamma y_{n'})]\end{aligned} \tag{3.2.9}$$

式中，$(\cdot)^{\mathrm{H}}$ 为复共轭；$\boldsymbol{P}(\cdot)$ 为伪极坐标变换操作；$f_k=f_{\mathrm{c}}+f_k$；$\boldsymbol{P}[S_{\mathrm{R}}(x_m,y_n,f_k)]$ 为脉冲压缩的回波信号经过伪极坐标变换的信号；$\boldsymbol{P}[S_{\mathrm{E}}^{\mathrm{H}}(x_m,y_n,f_k)]$ 为波前弯曲相位误差补偿项。式中的指数项包含三维傅里叶变换核；伪极坐标(α,β,γ)的表达式为

$$\begin{cases}\alpha=\dfrac{2\rho}{c}\\\beta=\dfrac{2\cos\phi\sin\theta}{\lambda_{\mathrm{c}}}\\\gamma=\dfrac{2\sin\phi}{\lambda_{\mathrm{c}}}\end{cases} \tag{3.2.10}$$

式中，$\lambda_{\mathrm{c}}=c/f_{\mathrm{c}}$ 为载波波长。

当阵列下视三维 SAR 的距离向、航迹向和跨航向均满足奈奎斯特采样定理时，通过航迹向和跨航向傅里叶变换、距离向傅里叶逆变换，可以获得三维伪极坐标域的成像图像

$$\hat{\sigma}(\alpha,\beta,\gamma)=\mathrm{sinc}(\alpha B_{\mathrm{r}})\mathrm{sinc}(\beta L_{\mathrm{e}})\mathrm{sinc}(\gamma L_{\mathrm{s}}) \tag{3.2.11}$$

式中，B_r、L_e 和 L_s 分别为发射的雷达信号带宽、跨航向阵列长度和航迹向合成孔径长度。

根据三维伪极坐标和三维直角坐标的关系：

$$\begin{cases} x=\dfrac{\lambda_c c}{4}\alpha\beta \\ y=\dfrac{\lambda_c c}{4}\alpha\gamma \\ z=\dfrac{\lambda_c c}{4}\sqrt{\dfrac{4}{\lambda_c^2}-\beta^2-\gamma^2} \end{cases} \tag{3.2.12}$$

可将三维伪极坐标系下的成像结果转换为三维直角坐标系中的聚焦图像。(α,β,γ)坐标下各方向的分辨率分别为

$$\begin{cases} \rho_\alpha=1/B_r \\ \rho_\beta=1/L_e \\ \rho_\gamma=1/L_s \end{cases} \tag{3.2.13}$$

可见，三维伪极坐标系下的成像结果具有分辨率空不变特性。为避免成像模糊，该算法的三维无模糊重构的目标区域范围为(Peng et al.，2014)

$$\begin{cases} 0\leqslant\rho\leqslant\dfrac{c}{2\Delta f} \\ -\arcsin\dfrac{\lambda_c}{4\Delta y}\leqslant\phi\leqslant\arcsin\dfrac{\lambda_c}{4\Delta y} \\ -\arcsin\dfrac{\lambda_c}{4\Delta x}\leqslant\theta\leqslant-\arcsin\dfrac{\lambda_c}{4\Delta x} \end{cases} \tag{3.2.14}$$

式中，Δf、Δx 和 Δy 分别是距离频域、跨航向和航迹向的采样间隔。

上述阵列下视三维SAR成像方法需要满足奈奎斯特采样定理，而对于实际系统，有两个问题需要考虑：①从式(3.2.13)给出的跨航向分辨率可知，跨航向的分辨能力和阵列长度成正比，和雷达平台高度与目标距离以及载波波长成反比，对于机载阵列下视三维SAR，阵列天线搭载在机翼下方，阵列长度通常只有几米，当雷达进行大场景观测时要求较高的雷达平台飞行高度，此时基于匹配滤波算法获得的跨航向分辨率较低，成为制约阵列下视三维SAR实际应用的瓶颈；②阵列下视三维SAR为减轻系统的载荷，跨航向通常利用阵列天线收发组合来获得收发共用的等效相位中心，实际系统安装条件受限制等因素常常导致等效相位中心数目缺失或位置分布不均匀，造成基于匹配滤波算法的成像中出现虚假重构目标、分辨

率低、重构目标旁瓣高或者出现栅瓣效应等问题。

通常情况下阵列下视三维 SAR 的航迹向和距离向都能满足均匀满采样条件，当跨航向稀疏非均匀采样时，对式(3.2.9)沿 α 和 γ 方向分别做傅里叶变换和傅里叶逆变换完成二维聚焦，得到每一个(α,γ)像素单元的信号表达式：

$$U_m = \sum_{p=1}^{N_p} \hat{\sigma}(\beta_p)\exp(\mathrm{j}2\pi\beta_p x_m) \tag{3.2.15}$$

式中，N_p 为跨航向目标的数目；β_p 为目标在 β 方向的坐标；$\hat{\sigma}(\beta_p)$为后向散射系数。

考虑到阵列下视三维 SAR 成像场景的稀疏性，场景中散射点的数目 K_p 与整个观测空间的采样点数目相比很小，因此，式(3.2.15)的跨航向成像可以表示为稀疏信号恢复问题。假设 N_p 个目标的跨航向真实坐标向量为 $\boldsymbol{x}_{\text{true}}=[\hat{x}_1 \quad \hat{x}_2 \quad \cdots \quad \hat{x}_{N_p}]$，将跨航向成像范围划分为均匀的离散网格 $\tilde{\boldsymbol{x}}=[\tilde{x}_1 \quad \tilde{x}_2 \quad \cdots \quad \tilde{x}_N]$，$N>N_p$，将式(3.2.15)所示的所有等效相位中心获得的二维图像表达成矩阵形式：

$$\boldsymbol{y}=\boldsymbol{\Phi}\boldsymbol{\sigma}+\boldsymbol{n} \tag{3.2.16}$$

式中，$\boldsymbol{y}=[U_1 \quad U_2 \quad \cdots \quad U_M]^{\mathrm{T}}$ 为观测向量；$\boldsymbol{\sigma}=[\sigma_1 \quad \sigma_2 \quad \cdots \quad \sigma_N]$为后向散射系数在网格 $\tilde{\boldsymbol{x}}$ 上的估计向量；$\boldsymbol{n}$ 为噪声向量；$\boldsymbol{\Phi}$ 为观测矩阵，它的第 m 行第 n 列的元素为 $\Phi_{mn}=\exp(\mathrm{j}2\pi\beta_p x_m)$。

根据稀疏信号处理理论，假设目标准确地位于离散网格上，即 $\boldsymbol{x}_{\text{true}}\subset\tilde{\boldsymbol{x}}$，当观测矩阵满足一定条件时，式(3.2.16)的欠定方程可以通过以下的 ℓ_1 正则化方法求解：

$$\hat{\boldsymbol{\sigma}}=\arg\min_{\boldsymbol{\sigma}}\{\|\boldsymbol{y}-\boldsymbol{\Phi}\boldsymbol{\sigma}\|_2^2+\lambda\|\boldsymbol{\sigma}\|_1\} \tag{3.2.17}$$

式中，λ 是正则化参数。

对每一个(α,γ)像素单元实现上述的跨航向重构，最终获得三维成像结果。

3.2.3　阵列下视三维 SAR 无网格稀疏重构方法

离散的稀疏重构算法假设目标准确位于成像网格上，而实际的三维 SAR 成像场景通常是连续的，当目标位置与成像网格存在偏差时，会导致式(3.2.16)中的观测矩阵失配，造成稀疏重构出现虚假目标，甚至不能重构出原目标，这一现象称为网格偏离(Chi et al.，2011)。即使密集地划分成像网格，也总会有与成像网格存在偏差的实际目标；并且过密的成像网格会导致观测矩阵互相关的取值过大，从而影响稀疏重构效果。

由于无网格稀疏信号处理方法不需要对成像区域划分离散网格，而是直接在连续空间上进行稀疏信号重构，因此稀疏重构结果不受网格偏离问题的影响，可将原子范数最小化(atomic norm minimization，ANM)算法(Tang et al.，2012)和无网格稀疏参数化方法(gridless sparse and parametric approach，GLS)(Yang Z & Xie，2015)应用于雷达成像(Yang L et al.，2015)、信号波达方向(direction of arrival，DOA)估计(Yang Z et al.，2014；Yang Z & Xie，2015)。这里结合阵列下视三维SAR跨航向成像模型特点，将伪极坐标成像算法与无网格的稀疏信号处理方法相结合应用于阵列下视三维SAR成像(Bao et al.，2016b，2016c)。

1. 基于伪极坐标变换和(权重)原子范数最小化的阵列下视三维SAR成像算法

对于式(3.2.15)中经过伪极坐标变换后的每一个(α,γ)像素单元，当等效相位中心均匀满采样时，Q_m 的跨航向位置 $x_m=md$，$m\in[N]=\{1,2,\cdots,N\}$，其中 d 是等效相位中心的间隔；N 是满采样的等效相位中心总数。对于稀疏非均匀的等效相位中心布局，M 个等效相位中心的索引构成$[N]$的一个子集，即$[M]\subset[N]$。将 x_m 表达式代入式(3.2.15)，并在等式两边乘以指数项 $\exp(\mathrm{j}\pi m)$，得到

$$z_m=\sum_{p=1}^{N_p}c_p\exp(\mathrm{j}2\pi f_p m)+w_m=g_m+w_m \tag{3.2.18}$$

式中，$c_p=\hat{\sigma}(\beta_p)\in\mathbb{C}$；$f_p=\left|\beta_p d+\dfrac{1}{2}\right|$为归一化频率。

由无模糊成像范围可知 $f_p\in[0,1)$，$\boldsymbol{f}=[f_1,f_2,\cdots,f_{N_p}]^{\mathrm{T}}$ 为归一化频率向量；对于均匀满采样的等效相位中心布局，将所有 z_m 和 g_m 向量化表示，得到 $\boldsymbol{z}\in\mathbb{C}^N$ 和 $\boldsymbol{g}\in\mathbb{C}^N$ 分别代表有噪声的完备观测向量和完备原始信号向量；对于稀疏非均匀的等效相位中心布局，$\boldsymbol{z}_{[M]}\in\mathbb{C}^M$ 和 $\boldsymbol{w}_{[M]}\in\mathbb{C}^M$ 分别代表有噪声的不完备观测向量和观测噪声向量。由于 g_m 是由 N_p 个频率为 $f_p\in[0,1)$ 和幅度为 $c_p\in\mathbb{C}$ 的谐波分量叠加而成的，可以用原子范数来稀疏表征。

通过定义原子集合 $A=\{\boldsymbol{a}(f,\phi):f\in[0,1],\phi\in[0,2\pi)\}$ 和原子$[\boldsymbol{a}(f,\phi)]_n=\exp(\mathrm{j}2\pi fn+\mathrm{j}\phi)$，$n\in[N]$，向量 $\boldsymbol{g}$ 的原子范数为

$$\|\boldsymbol{g}\|_A = \inf\{t > 0 : g \in t\operatorname{conv}(A)\}$$
$$= \inf\{\sum_{p=1}^{N_p} |c_p| : g = \sum_{p=1}^{I} |c_p| a(f_p, \varphi_p)\} \tag{3.2.19}$$

式中，conv(A)是原子集合 A 的凸包。

原子范数是由凸包的尺度函数所定义的范数，它包含了很多种常用函数，如核范数和 ℓ_1 范数。

在有噪声的不完备观测下，$\boldsymbol{g}_{[M]}$是 $\boldsymbol{g}$ 中以[M]为索引的子集，可以借助原子范数最小化算法(Tang et al.，2012；Bhaskar et al.，2013；Yang Z et al.，2014)恢复完备原始信号向量：

$$\hat{\boldsymbol{g}} = \min_{\boldsymbol{g}} \left\{ \frac{1}{2} \| \boldsymbol{z}_{[M]} - \boldsymbol{g}_{[M]} \|_2^2 + \lambda \| \boldsymbol{g} \|_A \right\} \tag{3.2.20}$$

式中，λ 表示正则化参数。

式(3.2.20)通过以下的半正定规划(semidefinite programming，SDP)方法求解：

$$\min_{\boldsymbol{u},\boldsymbol{g},x} \left\{ \lambda \left[\frac{1}{2N} \operatorname{tr}(\boldsymbol{T}(\boldsymbol{u})) + \frac{1}{2} x \right] + \frac{1}{2} \| \boldsymbol{z}_{[M]} - \boldsymbol{g}_{[M]} \|_2^2 \right\}$$
$$\text{s. t.} \begin{bmatrix} x & \boldsymbol{g} \\ \boldsymbol{g}^{\mathrm{H}} & \boldsymbol{T}(\boldsymbol{u}) \end{bmatrix} \geq 0 \tag{3.2.21}$$

式中，$\boldsymbol{T}(\boldsymbol{u})$为 Toeplitz 矩阵，$\boldsymbol{u}$ 为它的第一行；tr(·)为迹函数；$(\cdot)^{\mathrm{H}}$ 为共轭转置操作；$\geq$表示半正定矩阵。

原子范数最小化算法在连续空间恢复稀疏信号，避免了网格偏离问题，但是原子范数最小化算法准确恢复出谐波分量频率的前提是频率之间有良好的间隔，这导致原子范数最小化算法的分辨能力受限。权重原子范数最小化(reweighted atomic norm minimization，RANM)算法利用对数行列式函数替代式(3.2.21)中的迹函数，可以进一步提高分辨能力，从而提高重构效果。式(3.2.21)的输出值可以通过权重原子范数最小化算法(Yang & Xie，2016)进行迭代优化：

$$\min_{\boldsymbol{u},\boldsymbol{g},x} \left\{ \frac{\lambda}{\sqrt{M}} \left[\frac{1}{2} \operatorname{tr}(\boldsymbol{F}_k \boldsymbol{T}(\boldsymbol{u})) + \frac{1}{2} x \right] + \frac{1}{2} \| \boldsymbol{z}_{[M]} - \boldsymbol{g}_{[M]} \|_2^2 \right\}$$
$$\text{s. t.} \begin{bmatrix} x & \boldsymbol{g} \\ \boldsymbol{g}^{\mathrm{H}} & \boldsymbol{T}(\boldsymbol{u}) \end{bmatrix} \geq 0 \tag{3.2.22}$$

式中，$\boldsymbol{F}_k = (\boldsymbol{T}(\boldsymbol{u}_{k-1}) + \delta \boldsymbol{I})^{-1}$为权重因子，它的值由上次迭代输出值来确定，

δ 为常数。

通过式(3.2.21)和式(3.2.22)获得 $\boldsymbol{g}$ 和 $\boldsymbol{u}$ 的估计值,然后根据范德蒙德分解

$$\boldsymbol{T}(\boldsymbol{u}) = \sum_{p=1}^{N_p} |c_p| \boldsymbol{a}(f_p,0)\boldsymbol{a}(f_p,0)^{\mathrm{H}} \tag{3.2.23}$$

即可获得 f_p 的估计值。伪极坐标系下目标 β 方向的位置 β_p 可以通过关系式 $f_p = \left\lfloor \beta_p d + \frac{1}{2} \right\rfloor$ 获得,后向散射系数 $\hat{\sigma}(\beta_i) = c_i$ 通过最小二乘算法获得(Tang et al.,2012;Bhaskar et al.,2013;Yang Z et al.,2014)。

对所有 (α,γ) 像素单元都执行上述目标重构处理,成像处理完成后获得 (α,β,γ) 坐标系下的三维图像,利用直角坐标系与伪极坐标系的转换关系式(3.2.12),在三维直角坐标系下将图像进行插值。

2. 基于伪极坐标变换和(权重)无网格稀疏参数化方法的阵列下视三维 SAR 成像算法

基于原子范数最小化算法能够避免网格偏离问题,但是其优化过程需要噪声方差来确定正则化参数,不准确的正则化参数会影响重构效果,在实际工程应用中,尤其是在稀疏采样情况下噪声方差难以准确估计。无网格稀疏参数化方法(Yang Z et al.,2014;Yang Z & Xie,2015)是一种结合了稀疏重构和参数化谱估计方法的稀疏信号处理方法,它既能避免网格偏离问题又不需要估计噪声方差。

对于经过伪极坐标变换和模型归一化后的每一个 (α,γ) 像素单元的观测模型(3.2.18),假设原始信号和噪声互不相关,并且加性噪声是独立同方差高斯白噪声。当等效相位中心均匀满采样时,令导向矢量和导向矩阵分别为 $\boldsymbol{a}_p = [\mathrm{e}^{\mathrm{j}2\pi f_p} \quad \mathrm{e}^{\mathrm{j}4\pi f_p} \quad \cdots \quad \mathrm{e}^{\mathrm{j}2\pi f_p N}]^{\mathrm{T}}$ 和 $\boldsymbol{A} = [\boldsymbol{a}_1 \quad \boldsymbol{a}_2 \quad \cdots \quad \boldsymbol{a}_{N_p}]$。对于稀疏非均匀分布的等效相位中心,导向矩阵为 $\boldsymbol{A}_{[M]} = \boldsymbol{\Gamma}_{[M]}\boldsymbol{A}$,其中 $\boldsymbol{\Gamma}_{[M]} \in \{0,1\}^{M\times N}$ 代表采样矩阵,它的元素只在 $(q,[M]_q)$,$q \in [M]$ 位置取值为 1,其余元素为 0。

因此,有噪的不完备观测向量 $\boldsymbol{z}_{[M]}$ 的协方差矩阵为 $\boldsymbol{R} = \mathrm{E}[\boldsymbol{z}_{[M]}\boldsymbol{z}_{[M]}^{\mathrm{H}}] = \boldsymbol{\Gamma}_{[M]}\boldsymbol{A}\mathrm{diag}(\boldsymbol{p})\boldsymbol{A}^{\mathrm{H}}\boldsymbol{\Gamma}_{[M]}^{\mathrm{H}} + \mathrm{diag}(\boldsymbol{v})$,其中 $\mathrm{diag}(\boldsymbol{p}) = \mathrm{diag}(|c_i|^2)$,$\mathrm{diag}(\boldsymbol{v}) = \mathrm{E}[\boldsymbol{w}_{[M]}\boldsymbol{w}_{[M]}^{\mathrm{H}}]$。

无网格稀疏参数化方法借助协方差拟合准则(Stoica et al.,2011;Stoica & Babu,2012)来估计协方差矩阵:

$$\min_{\boldsymbol{R},\boldsymbol{v}\geq 0}\{\operatorname{tr}(\boldsymbol{R})+\|\boldsymbol{z}_{[M]}\|_2^2\boldsymbol{z}_{[M]}^{\mathrm{H}}\boldsymbol{R}^{-1}\boldsymbol{z}_{[M]}\} \tag{3.2.24}$$

将协方差矩阵表示为 $\boldsymbol{R}=\boldsymbol{\Gamma}_{[M]}\boldsymbol{T}(\boldsymbol{u})\boldsymbol{\Gamma}_{[M]}^{\mathrm{H}}+\operatorname{diag}(\boldsymbol{v})$，其中，$\boldsymbol{T}(\boldsymbol{u})=\boldsymbol{A}\operatorname{diag}(\boldsymbol{p})\boldsymbol{A}^{\mathrm{H}}$，则式(3.2.24)的优化问题转换为 SDP 问题：

$$\begin{gathered}\min_{\boldsymbol{u},x,\boldsymbol{v}\geq 0}\{\operatorname{tr}(\boldsymbol{R})+\|\boldsymbol{z}_{[M]}\|_2^2 x\}\\ \text{s.t.}\quad\begin{bmatrix} x & \boldsymbol{z}_{[M]}^{\mathrm{H}}\\ \boldsymbol{z}_{[M]} & \boldsymbol{R}\end{bmatrix}\geq 0,\boldsymbol{T}(\boldsymbol{u})\geq 0\end{gathered} \tag{3.2.25}$$

通过求解式(3.2.25)获得优化解($\boldsymbol{u}^*,\boldsymbol{v}^*$)，定义 Toeplitz 矩阵 $\boldsymbol{T}(\boldsymbol{u}^*)$ 的最小本征值为 ϑ，通过范德蒙德分解 $\boldsymbol{T}(\hat{u})=\boldsymbol{T}(\boldsymbol{u}^*)-\vartheta\boldsymbol{I}$ 估计出归一化频率 f_p，其中 $\boldsymbol{I}$ 是单位矩阵。获得 f_p 的估计值后，目标的 β 方向位置 β_p 通过关系式 $f_p=\left\lfloor\beta_p d+\frac{1}{2}\right\rfloor$ 获得，后向散射系数 $\hat{\sigma}(\beta_i)=c_i$ 通过最小二乘算法获得(Tang et al.，2012；Yang Z & Xie，2015)。

式(3.2.18)中阵列下视三维 SAR 跨航向模型可看作线性谱估计问题，无网格稀疏参数化方法由于快拍数不足，在信噪比较低的情况下统计特性较弱，重构结果会出现虚假目标。由于最大似然准则比协方差拟合准则具有更稳定的统计特性，基于最大似然准则的权重无网格稀疏参数化(reweighted gridless sparse and parametric approach，RGLS)算法通过式(3.2.26)的优化准则可以获得更稳健的统计特性：

$$\min_{\boldsymbol{R},\boldsymbol{v}\geq 0}\{\ln|\boldsymbol{R}|+\|\boldsymbol{z}_{[M]}\|_2^2\boldsymbol{z}_{[M]}^{\mathrm{H}}\boldsymbol{R}^{-1}\boldsymbol{z}_{[M]}\} \tag{3.2.26}$$

式中，$\ln|\cdot|$ 为对数行列式函数。

因此，式(3.2.25)的输出值可以通过权重迭代方程进行优化：

$$\begin{gathered}\min_{\boldsymbol{u},x,\boldsymbol{v}\geq 0}\{\operatorname{tr}(\boldsymbol{W}_k\boldsymbol{R})+\|\boldsymbol{z}_{[M]}\|_2^2 x\}\\ \text{s.t.}\quad\begin{bmatrix} x & \boldsymbol{z}_{[M]}^{\mathrm{H}}\\ \boldsymbol{z}_{[M]} & \boldsymbol{R}\end{bmatrix}\geq 0,\boldsymbol{T}(\boldsymbol{u})\geq 0\end{gathered} \tag{3.2.27}$$

式中，$\boldsymbol{W}_k=\boldsymbol{R}_k^{-1}$ 是迭代的权重因子。

通过式(3.2.27)的迭代方程更新参数，迭代收敛后可获得优化的($\boldsymbol{u}^*$，$\boldsymbol{v}^*$)，进而获得目标的位置坐标和后向散射系数。

3.2.4　仿真实验

本小节通过仿真实验对 SPICE(sparse iterative covariance-based estimation)算法(Stoica et al.，2011，2012)、原子范数最小化算法(Tang et al.，

2012；Bhaskar et al.，2013；Yang Z et al.，2014）、权重原子范数最小化算法（Yang Z & Xie，2016）、无网格稀疏参数化算法（Yang Z et al.，2014；Yang Z & Xie，2016）以及权重无网格稀疏参数化算法（Stoica & Babu，2012）的重构性能进行比较和分析，实验首先对比不同算法的跨航向分辨能力，然后对三维分布式场景进行成像处理，实验仿真参数如表3.2.1所示（Bao et al.，2016b，2016d）。

表3.2.1　阵列三维SAR实验仿真参数

仿真参数	数值	仿真参数	数值
中心频率/GHz	37.5	信号带宽/MHz	360
频率采样点总数	1600	平台高度/m	1000
航迹向采样间隔/m	0.01	等效相位中心间隔/m	0.01
满采样等效相位中心总数目	256	航迹向/跨航向波束宽度/(°)	14

1. 跨航向分辨能力分析

为分析各种算法的跨航向分辨能力，仿真四个具有相同的高程向和航迹向坐标、不同的跨航向坐标的点目标，它们的跨航向位置分别为17.2m、18.5m、21.9m以及25.7m，跨航向的瑞利分辨率$\rho_c \approx 1.6$m。因此，前两个目标的跨航向间隔小于瑞利分辨率。仿真实验加入信噪比为15dB的高斯白噪声，从满采样的跨航向等效相位中心随机选取50%采样，SPICE算法是一种离散的稀疏重构算法，它与GLS算法采用相同的稀疏准则，但是需要对成像区域划分离散网格，在成像处理中跨航向成像网格的间隔设定为$\frac{1}{2}\rho_c$。对于需要正则化的ANM算法和RANM算法，正则化参数λ设为0.1，对于RANM算法和RGLS算法，迭代最大次数为5次。图3.2.2(a)～(e)给出了不同算法重构目标的跨航向切片图，图3.2.2(f)～(j)给出了成像结果在航迹向和跨航向二维投影图。从成像结果可见，网格偏离问题使得离散化的SPICE算法重构性能较差，ANM算法对间隔较近的目标分辨能力较差，而RANM算法的分辨能力有所提高，由于正则化参数的选择可能不准确，ANM算法和RANM算法都出现了虚假重构目标。不需要正则化参数的GLS算法由于统计性能较弱，会出现一些不准确的重构目标，而RGLS算法通过借助统计特性更强的稀疏准则能够准确地重构出仿真的目标。

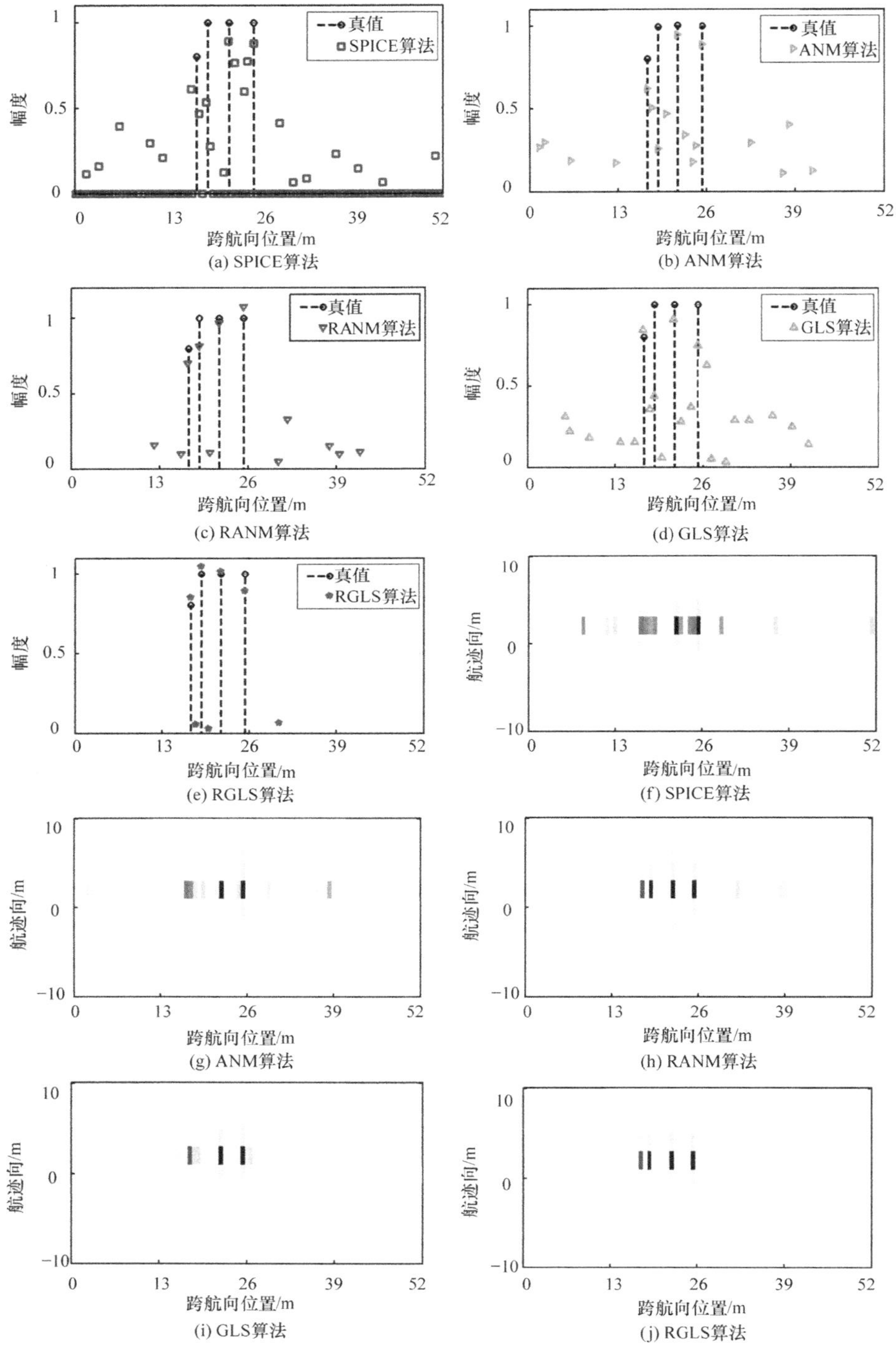

图 3.2.2　不同算法重构目标的跨航向切片图和成像结果在航迹向和跨航向二维投影图

仿真两个不在成像网格上的点目标，它们有相同的航迹向坐标、高程向坐标和散射强度，两者的归一化距离定义为跨航向间隔与 ρ_c 的比值，仿真中加入信噪比为 15dB 的高斯白噪声，跨航向等效相位中心的采样率为 0.5。图 3.2.3(a)给出不同算法的跨航向重构概率 P_R 随着两个目标之间归一化距离的变化曲线，实验进行了蒙特卡罗仿真，由于会存在虚假重构点，以重构结果中幅度最大的两个点作为重构目标。跨航向重构的相对误差定义为 $\frac{1}{I}\sum_{i=1}^{I}\frac{\|\hat{x}_i - x_i\|_2}{\|x_i\|_2}$，其中 x_i 和 $\hat{x}_i$ 分别代表第 i 个目标的跨航向真实位置和重构位置，当相对误差小于阈值时，认为算法能够成功重构。从图中可知，当目标之间间隔小于 $0.5\rho_c$ 时，RGLS 算法仍然能够较好地分辨目标，具有较高的重构概率。

图 3.2.3(b)和(c)分别给出重构概率与信噪比以及等效相位中心采样率 M/N 的关系。可见，两个目标距离越近，成功分辨它们对信噪比和采样数目的要求就越高。尽管如此，RGLS 算法在中等水平的信噪比和采样率条件下，就可以较好地重构出距离适中的两个偏离网格的点目标。

2. 三维分布式仿真场景的重构

借助三维分布式仿真场景验证成像算法对大场景的成像效果，如图 3.2.4(a)和(b)所示，场景中散射点的高程向位置和后向散射系数来自于中国科学院电子学研究所 2011 年获取的 P 波段圆迹 SAR 数据，散射点在

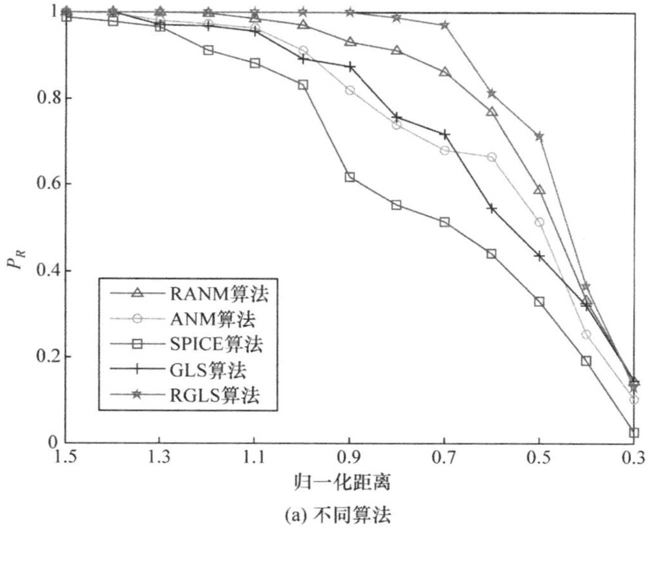

(a) 不同算法

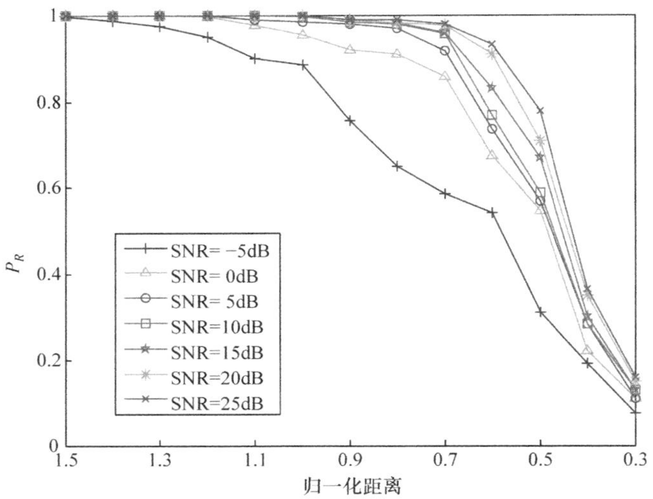

(b) 不同信噪比下的RGLS算法

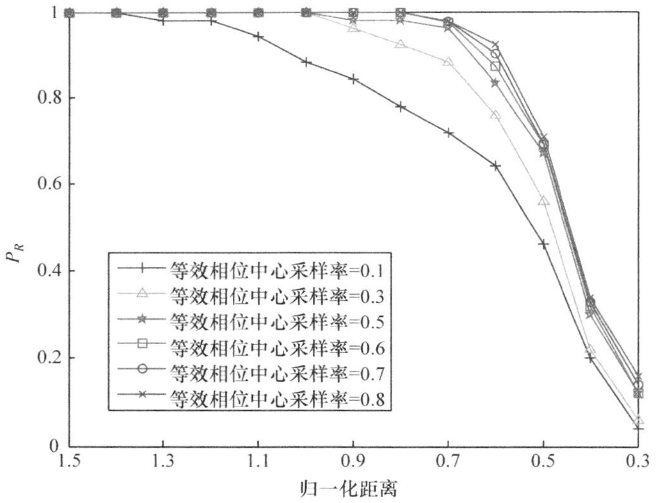

(c) 不同的等效相位中心采样率下的RGLS算法

图 3.2.3 重构概率随偏离网格的两个目标距离变化曲线

航迹向以 1.5m 的间隔均匀分布在[−150m,150m]范围内,散射点在跨航向有相同的分布范围,但是散射点与网格之间有随机±15%以内的距离偏差以仿真网格偏离效果。仿真中加入 15dB 高斯白噪声,从满采样阵列中随机选取 50%等效相位中心,图 3.2.4(c)和(e)给出 SPICE 算法和 RGLS 算法直角坐标系下的三维成像结果,图 3.2.4(d)和(f)分别给出相应的跨航向和航迹向二维投影图像。从图中成像结果可见，未考虑网格偏离问题的 SPICE 算法的重构结果与原始输入图像相比，成像结果看起来更稀疏，这表明重构图像丢失了原图像的很多细节，而无网格的 RGLS 算法的重构结果具有更好的对比度并且保留了原图像中更多细节。

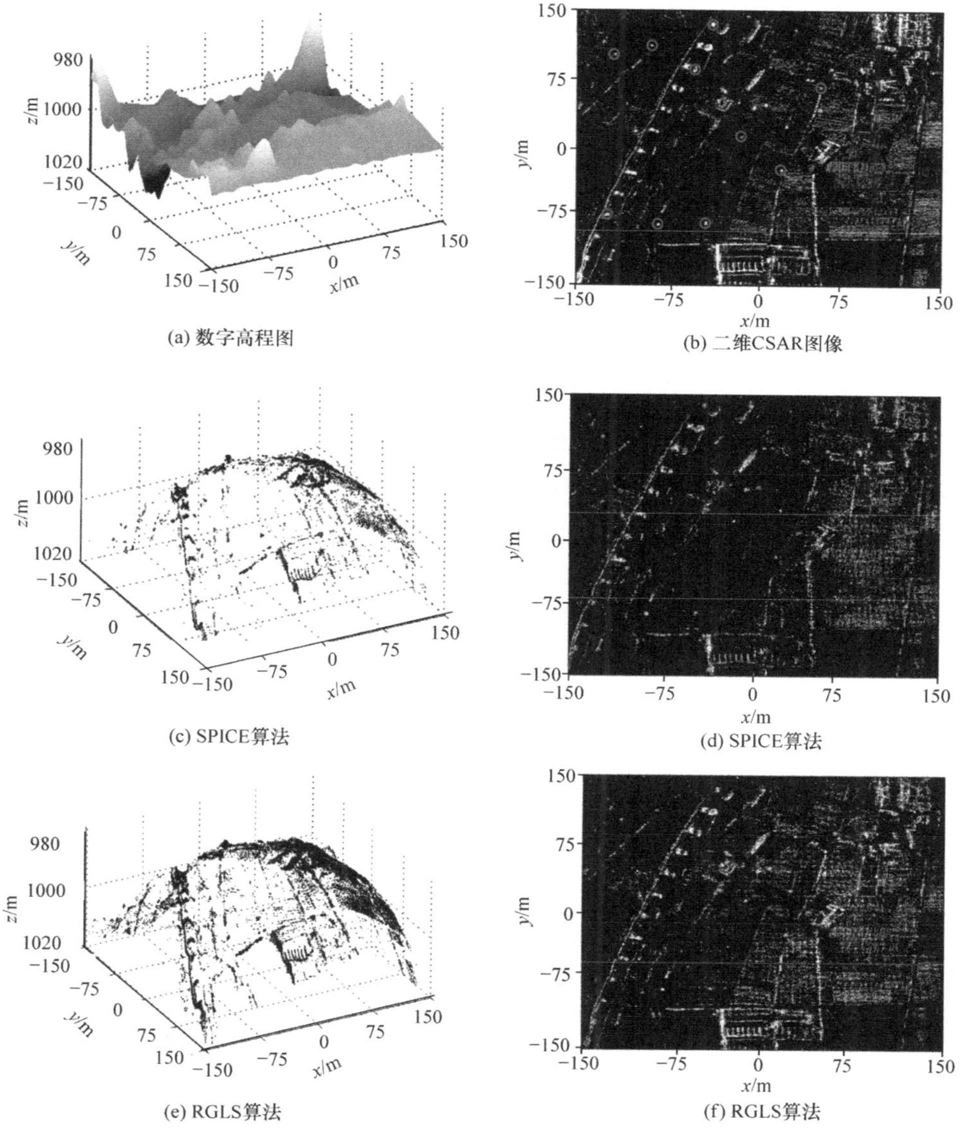

图 3.2.4　三维分布式仿真场景 SPICE 算法和 RGLS 算法的重构结果

为量化评估各算法,用跨航向的重构相对误差来评估重构目标和真实目标的差距,图 3.2.4(b)中被标记圆圈的十个点目标用作评估对象。表 3.2.2 给出了不同算法的阵列三维 SAR 跨航向重构相对误差,可以看出无网格的稀疏信号处理方法,尤其是迭代处理的 RANM 算法和 RGLS 算法,能够获得更准确的重构结果。

表 3.2.2　不同算法的阵列三维 SAR 跨航向重构相对误差

算法	SPICE 算法	ANM 算法	RANM 算法	GLS 算法	RGLS 算法
相对误差	0.36	0.21	0.11	0.19	0.07

3.2.5　小结

本节将稀疏信号处理理论应用于阵列下视三维 SAR 成像,针对阵列下视三维 SAR 跨航向的等效相位中心稀疏非均匀分布问题,研究了基于稀疏信号处理方法的跨航向重构算法。首先给出基于离散压缩感知算法的阵列下视三维 SAR 成像算法的表达式,然后针对三维成像场景及目标处于连续空间、网格离散化对稀疏重构带来的网格偏离问题,提出了将伪极坐标变换方法和无网格的稀疏信号处理方法结合的阵列下视三维 SAR 成像算法。该算法不仅具有伪极坐标变换方法的高成像精度、低运算和低存储负担的优点,并且能够获得跨航向高分辨率、无网格偏离问题的重构结果。

3.3　圆迹 SAR/多基线圆迹 SAR 成像

3.3.1　引言

CSAR 通过雷达平台围绕观测区域做(近似)圆周运动,获取被观测场景的全方位信息,以满足越来越高的精细化对地观测需求(Soumekh, 1996)。与直线轨迹 SAR 相比,CSAR 主要具有以下优势:拓展了波数域有效带宽,理论分辨率可达 1/4 波长;所形成的(近似)圆形合成孔径能够获取目标的三维信息,有效减小甚至消除叠掩、透视缩短和阴影等现象;全方位观测获取更加丰富的目标信息,如更完整的几何信息、随方位角度变化的散射信息等。

美国佐治亚技术研究院的雷达小组利用转台开展了T-72坦克的360°成像实验,通过对不同高度平面成像,观测到了立体目标成像对成像平面参考高度的敏感性,证实了CSAR的三维信息获取能力(Soumekh,1996)。中国科学院电子学研究所开展了人体转台成像实验,获得了轮廓完整清晰的360°人体图像,相比于小角度成像,目标信息显著丰富,展示了CSAR成像对目标的精细刻画能力(Tan et al.,2007)。法国宇航局(Office National d' Etudes et de Recherches Aerospatiales,ONERA)、瑞典国防研究所(FOrskningsInstitut,FOI)、德国宇航中心(Deutsches Zentrum für Luft- und Raumfahrt,DLR)以及中国科学院电子学研究所等研究机构相继利用机载实验平台开展了CSAR飞行实验(Oriot & Cantalloube,2008;Frölind et al.,2012;Ponce et al.,2011;Lin Y et al.,2012;洪文,2012)。2011年德国宇航中心与中国科学院电子学研究所先后分别获得了L波段和P波段的360°全方位高分辨CSAR分布式场景图像(Ponce et al.,2011;Lin Y et al.,2012),验证了CSAR在高分辨率、高信噪比、相干斑抑制、阴影抑制、几何轮廓完整描述等方面的应用潜力,表明其在图像判读解译、目标分类识别等方面具有重要的应用前景。

CSAR的高旁瓣抑制是CSAR成像的难点。CSAR点目标的频谱呈以中心频率为半径,宽度为发射信号带宽的圆环形,由中心频率决定,但频谱是中空的,导致基于频谱平滑加权原理的方法不再适用,造成点目标冲击响应的旁瓣高。频谱中空比例越大,即带宽与中心频率的比值越小,则旁瓣越高。因为ℓ_1正则化稀疏重构方法可有效抑制噪声、旁瓣和模糊,提升SAR图像质量,因此基于ℓ_1优化的稀疏成像方法,可有效解决CSAR成像的高旁瓣问题。

MCSAR借助不同高度的多次圆迹观测在高程向形成合成孔径,使其既具有CSAR的应用优势又能够获得高程向的高分辨率(Ertin et al.,2007;Ponce et al.,2016)。MCSAR成像处理中一方面需要考虑目标的各向异性,另一方面需要考虑实际系统(尤其是机载系统)的圆形轨迹不易精确控制、多个基线难以均匀分布、基线数目受限的问题。MCSAR成像处理通常利用"2D+1D"的成像模式,即首先获得各条圆迹基线的二维CSAR聚焦图像,然后进行高程向目标重构。固定孔径中心角和孔径大小的CSAR子孔径成像算法通常用来对各向异性的目标进行二维成像处理,而对于有复杂结构的人造目标,目标各部分可能具有不同的散射特性,在固定的子孔径内成像不能完整地提取各部分信息。而高程向由于基线稀疏非均匀分布，基于傅里叶变换成像方法的成像效果较差，将 CS 算法用于高程向目标重构可以获得较好的高程向分辨能力，而 CS 算法将连续空间划分成像网格并假设目标位于网格上，在实际目标的成像处理中会出现网格偏离问题，造成稀疏重构质量降低，影响高分辨率、高精度成像。

针对稀疏非均匀多基线分布情况下 MCSAR 对人造目标等各向异性目标的成像问题，提出一种将 CSAR 自适应孔径成像算法和网格偏离稀疏贝叶斯压缩感知(off-grid sparse Bayesian inference，OGSBI)算法(Yang et al.，2013)结合的 MCSAR 成像算法。与固定子孔径的 CSAR 二维成像相比，自适应孔径成像算法能够更好地获得复杂人造目标各个结构的信息；与基于匹配滤波的 chirp scaling 算法(Raney et al.，1994)相比，OGSBI 算法考虑了实际目标位置与成像网格之间的偏差，借助目标的稀疏先验和网格偏离误差的先验信息对目标和网格偏离误差进行联合稀疏估计，从而实现高程向目标的精细化重构。借助可控平台的实验数据和机载平台的实验数据，对成像算法进行验证和分析。

3.3.2 圆迹 SAR 成像

1. CSAR 成像模型

CSAR 的成像几何模型如图 3.3.1 所示，地面场景中心为原点 o，构建直角坐标系 $oxyz$。雷达平台在距地面 H 高度处围绕场景区做半径为 R_0 的圆轨迹运动，波束中心始终指向场景区域中心。设 $\theta\in[0,2\pi)$ 为方位角，ϕ 为入射角，场景区中任意点目标 P 的后向散射系数设为 σ_p。

假设雷达发射信号的中心频率为 f_c，信号带宽 B_r，则雷达接收的来自点目标 P 的回波信号，经脉冲压缩后的方位角域-距离频域的表达式为

$$s_r(\phi,f)=\sigma_p \mathrm{rect}\left[\frac{f-f_c}{B_r}\right]\exp\left[-\mathrm{j}\frac{4\pi f}{c}R(\phi)\right] \tag{3.3.1}$$

式中，c 为光速；f 为频率；$R(\phi)$ 为雷达到目标的距离，它是关于方位角 ϕ 的函数。

CSAR 的信号模型可以用线性模型表达。式(3.3.1)给出了 CSAR 回波点目标信号模型。将三维成像区域划分成均匀的三维网格，网格上的后向散射系数设为 $\sigma(x_i,y_j,z_k)(i=1,2,\cdots,I,j=1,2,\cdots,J,k=1,2,\cdots,K)$。

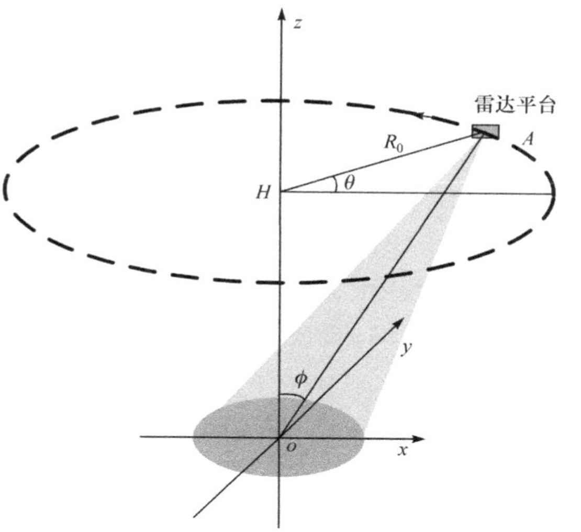

图 3.3.1　CSAR 的成像几何模型

设 $\boldsymbol{X}$ 为三维后向散射系数矩阵 $\sigma(x_i, y_j, z_k)$ 一维向量化后的结果，即

$$\boldsymbol{X}=\boldsymbol{\sigma}(:) \tag{3.3.2}$$

则 $\boldsymbol{X}$ 的维度 $Q=IJK$，$\boldsymbol{X}$ 是未知量，可以通过 ℓ_1 正则化方法进行重建。

设 $\boldsymbol{Y}$ 为回波信号 $s_{\mathrm{r}}(\phi_m, f_l)(m=1,2,\cdots,M; l=1,2,\cdots,L)$ 的一维向量化：

$$\boldsymbol{Y}=\boldsymbol{s}_{\mathrm{r}}(:) \tag{3.3.3}$$

则 $\boldsymbol{Y}$ 的维度 $N=UV$，$\boldsymbol{Y}$ 是已知量。

观测矩阵 $\boldsymbol{\Phi}$ 由 CSAR 的数据采集方式决定，其尺寸为 $Q\times N$。观测矩阵 $\boldsymbol{\Phi}$ 的第 q 列为 $\boldsymbol{X}$ 的第 q 个像素的观测向量，$\boldsymbol{\Phi}$ 的第 n 行对应第 n 条回波的观测向量，则观测矩阵 $\boldsymbol{\Phi}$ 的第 (n,q) 个元素为

$$\boldsymbol{\Phi}_{mn}=\exp\left(-\mathrm{j}\frac{4\pi f_{l(n)}}{c}R(x_{i(q)}, y_{j(q)}, z_{k(q)}, \phi_{m(n)})\right) \tag{3.3.4}$$

式中，$(f_{l(n)}, \phi_{u(n)})$ 为 $\boldsymbol{Y}$ 的第 n 个元素对应的频率和方位角参数；$(x_{i(q)}, y_{j(q)}, z_{k(q)})$ 为 $\boldsymbol{X}$ 的第 q 个元素对应的像素点坐标，由此可以得

$$\boldsymbol{Y}=\boldsymbol{\Phi X} \tag{3.3.5}$$

基于 ℓ_1 正则化方法求解式(3.3.5)可以获得观测场景后向散射系数，可有效降低旁瓣。

2. 仿真实验

CSAR 主要仿真参数如下：中心频率 f_c 为 9GHz；发射信号带宽 B_r 为 6 GHz；频点间隔 Δf 为 110MHz；方位采样间隔 $\Delta\phi$ 为 0.74°；轨迹半径 R_0 为 2m；平台高度 H 为 4m。点目标仿真的场景为分布于三维空间的 4 个点目标，三维坐标分别为(0.8,0,0)，(−0.8,0,0)，(0,−0.8,0.3)，(0,0.8,−0.3)。图 3.3.2 为 CSAR BP 算法与稀疏微波成像结果，其中图 3.3.2(a)为 BP 算法的三维重建结果，图 3.3.2(c)为其在 $z=0$ 平面的切片图，两幅图中都可以看到明显的旁瓣，其中上下两个圆环是位于其他高度目标在该平面的旁瓣；图 3.3.2(b)为逐高度平面采用稀疏微波成像得到的三维图像，图 3.3.2(d)为其在 $z=0$ 平面的切片图，可以看出旁瓣得到了有效抑制。

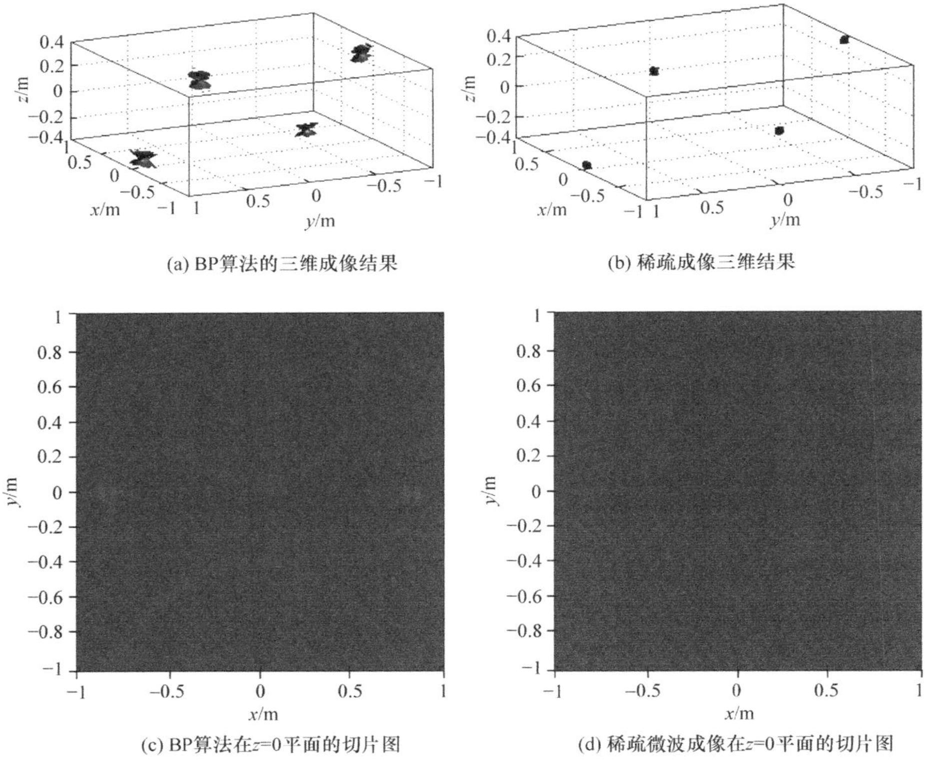

(a) BP算法的三维成像结果　　(b) 稀疏成像三维结果

(c) BP算法在z=0平面的切片图　　(d) 稀疏微波成像在z=0平面的切片图

图 3.3.2　CSAR BP 算法与稀疏微波成像结果

3.3.3　多基线圆迹 SAR 成像

1. MCSAR 成像模型

MCSAR 成像示意图如图 3.3.3 所示，以成像场景中心为坐标原点 o，地平面为 xoy 平面，高程向垂直于 xoy 平面。雷达平台在不同高度上做平行的 N 次等半径圆轨迹观测，获得 N 组圆孔径观测数据，圆周半径为 R_0，方位角 $\phi_m\in[0,2\pi)$，$m=1,2,\cdots,M$，M 是方位向采样数目，第 n 个圆迹基线的高程角为 θ_n，$n=1,2,\cdots,N$。

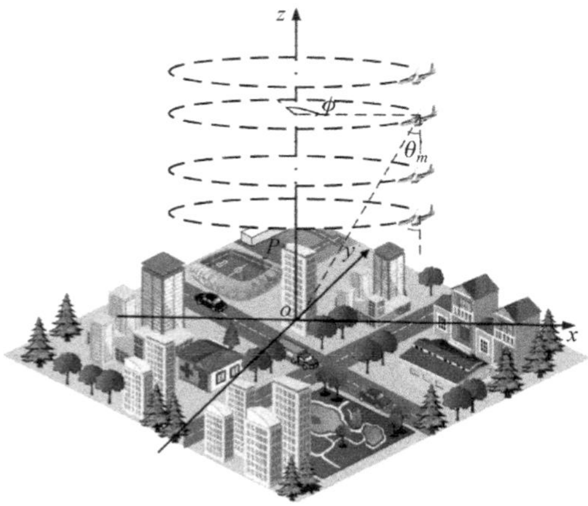

图 3.3.3　MCSAR 成像示意图

对于三维成像场景内的散射点，其后向散射系数函数 $f(x,y,z;\phi,\theta)$ 的三维傅里叶变换为

$$F(k_x,k_y,k_z)=\iiint f(x,y,z;\phi,\theta)\exp[-\mathrm{j}(k_x x+k_y y+k_z z)]\mathrm{d}x\mathrm{d}y\mathrm{d}z \tag{3.3.6}$$

根据三维投影切片定理(Thompson et al.,1996)，当雷达位于方位角 ϕ_m 和高程角 θ_n 时，雷达的频域观测信号为 $F(k_x,k_y,k_z)$ 在采样点($k_x^{m,n,l}$，$k_y^{m,n,l}$，$k_z^{m,n,l}$)采样(Ferrara et al.,2009;Zhu & Bamler,2012a)：

$$\begin{cases} k_x^{m,n,l}=\dfrac{4\pi f_l}{c}\sin\theta_n\cos\phi_m \\ k_y^{m,n,l}=\dfrac{4\pi f_l}{c}\sin\theta_n\sin\phi_m \\ k_z^{m,n,l}=\dfrac{4\pi f_l}{c}\cos\theta_n \end{cases} \tag{3.3.7}$$

式中，f_l 为频域采样点；c 为光速。

对于人造目标等散射特性具有强方向性的目标，后向散射系数 $f(x,y,z;\phi,\theta)$ 随观测角度的变化需要考虑，但在这里假设高程向基线的长度远小于雷达观测距离，各基线的高程角 θ_n 变化较小，因此 $f(x,y,z;\phi,\theta)$ 可看作不随 θ_n 发生变化，即 $f(x,y,z;\phi,\theta)\rightarrow f(x,y,z;\phi)$。假设雷达天线发射脉冲信号，载频为 f_c，调频率为 K_r，脉冲宽度为 T_p，发射信号为

$$s(t)=\mathrm{rect}\left(\frac{t}{T_p}\right)\exp(\mathrm{j}2\pi f_c t+\mathrm{j}\pi K_r t^2) \tag{3.3.8}$$

经去载频处理以及距离向脉冲压缩后，在第 n 个圆孔径上、方位角为 ϕ_m 的位置处雷达信号为

$$\begin{aligned}s_r(\phi_m,\theta_n,t)=&\iiint_{P\in\Omega} f_p(x,y,z;\phi)\operatorname{sinc}\left[B_r\left(t-\frac{2R(\phi,\theta;P)}{c}\right)\right]\\&\cdot\exp\left(-\mathrm{j}\frac{4\pi R(\phi_m,\theta_n;P)}{\lambda}\right)\mathrm{d}x_p\mathrm{d}y_p\mathrm{d}z_p\end{aligned} \tag{3.3.9}$$

式中，目标 P 的坐标位置为(x_p,y_p,z_p)；Ω 为成像区域；$f_p(x,y,z;\phi)$ 为后向散射系数；$R(\phi_m,\theta_n;P)$ 为雷达到目标的距离；B_r 为发射信号带宽。

对于散射特性持续角度较小的目标，尤其是人造目标，CSAR 全孔径相干累加二维成像处理会降低成像质量，而固定孔径的子孔径成像处理常常不能准确地提取目标散射特性。

2. MCSAR 稀疏重构方法

自适应孔径成像方法可以自适应地确定二维成像平面上各个成像单元对应的最佳成像孔径中心方位角和孔径宽度，从而可以在最佳成像孔径内完成成像处理（Moses et al.，2004）。以地平面（$z=0$）为每条基线的二维成像平面，借助数据逆方法（data inversion method）获得二维成像区域中每一个成像像素单元(x_g,y_g)对应的有效成像方位角，其中心方位角和方位角宽度分别表示为 $\phi_{\bar{m}}$ 和 Δ_m。自适应孔径成像方法在每个像素单元对应的有效成像方位角内完成成像处理：

$$I(x_g,y_g;\phi_{\bar{m}})=\sum_{\phi_v}s_r(\phi_m,\theta_n,t)\exp\left(\mathrm{j}\frac{4\pi R(\phi_m,\theta_n;G)}{\lambda}\right) \tag{3.3.10}$$

式中，$\phi_v\in\left[\phi_{\bar{m}}-\frac{\Delta_m}{2},\phi_{\bar{m}}+\frac{\Delta_m}{2}\right]$，为相干积累的有效方位角，$R(\phi_m,\theta_n;G)$ 为雷

达到成像像素单元(x_g, y_g)的距离。

假设各基线对应的高程角变化范围很小，在不同基线的同一方位角观测情况下，目标$P(x_p, y_p, z_p)$二维成像后落在相同的地平面成像像素单元(x_g, y_g)上。有效子孔径内的成像结果可以调制到基带以降低系统采样率，因此第n条基线的基带二维图像为

$$I_n(x_g, y_g) = w(x_p, y_p) * \sum_p f(x_p, y_p, z_p)\exp[-\mathrm{j}(x_p k_x^o + y_p k_y^o)] \tag{3.3.11}$$

式中，$*$表示卷积；$w(x_p, y_p)$为二维成像窗函数；k_x^o和k_y^o为中心波数。

$$k_x^o = \frac{4\pi f_c}{c}\sin\bar{\theta}\cos\phi_{\bar{m}g} \tag{3.3.12}$$

$$k_y^o = \frac{4\pi f_c}{c}\sin\bar{\theta}\sin\phi_{\bar{m}g} \tag{3.3.13}$$

式中，$\bar{\theta}$代表全部基线的平均高程角。

根据几何关系，有

$$x_g = x_p + z_p\cot\theta_n\cos\phi_{\bar{m}g} \tag{3.3.14}$$

$$y_g = y_p + z_p\cot\theta_n\sin\phi_{\bar{m}g} \tag{3.3.15}$$

式(3.3.11)表示的第n条基线的基带二维地平面成像结果为

$$I_n(x_g, y_g) = \sum_p^{N_p}\sigma_p(x_g, y_g)\exp(-\mathrm{j}\bar{k}z_p\cot\theta_n) \tag{3.3.16}$$

式中，$\bar{k} = \dfrac{4\pi f_c}{c}\sin\bar{\theta}$；$\sigma_p(x_g, y_g)$为第$p$个目标的后向散射系数；$N_p$为像素单元$(x_g, y_g)$内的目标数目。

N条基线获得N幅二维图像，通过这N幅图像估计目标的后向散射系数和高程向坐标，从而获得目标的散射强度和空间分布。

假设目标的高程向真实坐标为$\boldsymbol{z}_{\text{true}} = [z_1 \quad z_2 \quad \cdots \quad z_{N_p}]$，划分高程向成像的均匀离散网格为$\tilde{\boldsymbol{z}} = [\tilde{z}_1 \quad \tilde{z}_2 \quad \cdots \quad \tilde{z}_Q]$，$Q > N_p$，当目标准确位于成像网格上时，式(3.3.16)对应的二维聚焦图像矩阵表达式为

$$\boldsymbol{I} = \boldsymbol{A}\hat{\boldsymbol{\sigma}} + \boldsymbol{w} \tag{3.3.17}$$

式中，$\boldsymbol{I} = [I_1(x_g, y_g) \quad I_2(x_g, y_g) \quad \cdots \quad I_N(x_g, y_g)]^{\mathrm{T}}$为由所有基线获得的观测向量；$\boldsymbol{w}$为观测噪声向量；$\hat{\boldsymbol{\sigma}} = [\sigma_1(x_g, y_g) \quad \sigma_2(x_g, y_g) \quad \cdots \quad \sigma_N(x_g, y_g)]$为后向散射系数在成像网格上的向量；$\boldsymbol{A} = [\boldsymbol{a}_1 \quad \boldsymbol{a}_2 \quad \cdots \quad \boldsymbol{a}_Q] \in \mathbb{R}^{N\times Q}$为观测矩阵，它的第$n$行第$q$列的元素为$a_{nq} = \exp(-\mathrm{j}\bar{k}\tilde{z}_q\cot\theta_n)$。

当目标位于离散网格上，即 $z_{\text{true}}\subset\tilde{z}$，并且观测矩阵满足一定条件时，离散的稀疏重构算法可以以较高概率重构目标。而实际的 MCSAR 成像场景及目标通常是连续的，目标位置与成像网格总会出现偏差，网格偏离问题会使高程向重构不准确，从式(3.3.14)和式(3.3.15)中三维坐标之间的几何关系可知，不准确的高程向坐标会使得重构目标的三维坐标都出现偏差，从而影响三维重构图像的质量。

定义目标 P 的高程向网格偏离误差为 $\Delta z_p=z_p-\tilde{z}_p$，$z_p$ 是目标的高程向真实位置，$\tilde{z}_p$ 是离目标最近的成像网格，$\Delta z_p\in[-\zeta/2,\zeta/2]$，$\zeta$ 是成像网格的间隔。在考虑网格偏离误差的情况下，修正的观测模型变为

$$\boldsymbol{I}=\boldsymbol{\Psi}(\boldsymbol{\Lambda})\hat{\boldsymbol{\sigma}}+\boldsymbol{w} \tag{3.3.18}$$

式中，修正的观测矩阵 $\boldsymbol{\Psi}(\boldsymbol{\Lambda})=\boldsymbol{A}+\boldsymbol{V}\text{diag}(\boldsymbol{\Lambda})$；$\boldsymbol{V}=[\boldsymbol{v}_1\quad \boldsymbol{v}_2\quad \cdots\quad \boldsymbol{v}_Q]$，其中 $\boldsymbol{v}_q=\boldsymbol{a}'_q$ 代表 $\boldsymbol{A}$ 的列向量 $\boldsymbol{a}_q$ 的一阶导数；$\boldsymbol{\Lambda}=[\Delta_1\quad \Delta_2\quad \cdots\quad \Delta_Q]^{\text{T}}$。

通过联合估计 $\hat{\boldsymbol{\sigma}}$ 和 $\boldsymbol{\Lambda}$，可以获得目标的后向散射系数和高程向坐标。假设观测模型式(3.3.18)中各信号的概率模型满足以下条件：

(1) 噪声服从复高斯分布 $CN(0,\alpha_0^{-1}\boldsymbol{I})$，参数 α_0 服从伽马分布 $p(\alpha_0)=\Gamma(\alpha_0\,|\,a,b)$，$a>0$ 和 $b>0$，$\Gamma(\cdot)$ 为伽马函数。

(2) 网格偏离误差服从均匀分布 $\boldsymbol{\Lambda}\sim U\left(\left[-\frac{1}{2}\xi,\frac{1}{2}\xi\right]^Q\right)$。

(3) 稀疏信号 $\hat{\boldsymbol{\sigma}}$ 服从两步级联先验模型

$$\begin{cases} p(\hat{\boldsymbol{\sigma}}\mid\varepsilon)=\prod\limits_{i=1}^{Q}(2\pi\varepsilon_i)^{-\frac{1}{2}}\exp\left(-\dfrac{|x_i|^2}{2\varepsilon_i}\right) \\ p(\boldsymbol{\varepsilon}\mid d,e)=\prod\limits_{i=1}^{Q}\Gamma(\varepsilon_i\mid d,e),\quad d>0,e>0 \end{cases} \tag{3.3.19}$$

根据 OGSBI 算法原理，信号 $\hat{\boldsymbol{\sigma}}$ 的后验概率密度函数服从复高斯分布，$p(\hat{\boldsymbol{\sigma}}|\boldsymbol{I},\boldsymbol{\Lambda},\alpha_0,\boldsymbol{\varepsilon})\sim CN(\boldsymbol{\mu},\boldsymbol{\Sigma})$，并且

$$\boldsymbol{\mu}=\alpha_0\boldsymbol{\Sigma}\boldsymbol{\Psi}(\boldsymbol{\Lambda})^{\text{H}}\boldsymbol{I} \tag{3.3.20}$$

$$\boldsymbol{\Sigma}=\left[\alpha_0\boldsymbol{\Psi}(\boldsymbol{\Lambda})^{\text{H}}\boldsymbol{\Psi}(\boldsymbol{\Lambda})+\text{diag}\left(\frac{1}{\varepsilon_i}\right)\right]^{-1} \tag{3.3.21}$$

为获得 $\boldsymbol{\mu}$ 和 $\boldsymbol{\Sigma}$，需要参数 α_0、$\boldsymbol{\varepsilon}$ 和 $\boldsymbol{\Lambda}$ 的估计值。一般的求解过程是通过迭代方法，首先固定 $\boldsymbol{\Lambda}$，优化求解 α_0 和 $\boldsymbol{\varepsilon}$；再固定 α_0 和 $\boldsymbol{\varepsilon}$，优化求解 $\boldsymbol{\Lambda}$；迭代重复该过程，直到达到收敛条件。根据 OGSBI 算法原理(Yang et al.，2013)：

若给定 $\boldsymbol{\Lambda}$，式(3.3.18)中 α_0 和 ε 的更新方程为

$$\alpha_0^{\text{new}}=\frac{N+a-1}{\text{E}\{\|\boldsymbol{I}-\boldsymbol{\Psi}(\boldsymbol{\Lambda})\hat{\boldsymbol{\sigma}}\|_2^2\}+b} \tag{3.3.22}$$

$$\varepsilon_i^{\text{new}}=\frac{\sqrt{1+4e\mathrm{E}\{|\hat{\sigma}_i|^2\}}-1}{2e},\quad i=1,2,\cdots,Q \tag{3.3.23}$$

式中，$\mathrm{E}\{|\hat{\sigma}_i|^2\}=|\mu_i|^2+\Sigma_{ii}$；$\mu_i$ 为 $\boldsymbol{\mu}$ 的第 i 个元素；Σ_{ii} 为 $\boldsymbol{\Sigma}$ 的第 i 个对角线元素；$\mathrm{E}\{\|\boldsymbol{I}-\boldsymbol{\Psi}(\boldsymbol{\Lambda})\hat{\boldsymbol{\sigma}}\|_2^2\}=\|\boldsymbol{I}-\boldsymbol{\Psi}(\boldsymbol{\Lambda})\boldsymbol{\mu}\|_2^2+\alpha_0^{-1}\sum_{i=1}^{Q}\eta_i$，$\eta_i=1-\varepsilon_i^{-1}\Sigma_{ii}$。

若获得 α_0 和 ε 的估计值，网格偏离误差 $\boldsymbol{\Lambda}$ 的更新方程为

$$\boldsymbol{\Lambda}^{\text{new}}=\arg\min_{\boldsymbol{\Lambda}}\{\boldsymbol{\Lambda}^{\mathrm{T}}\boldsymbol{P}\boldsymbol{\Lambda}-2\boldsymbol{D}^{\mathrm{T}}\boldsymbol{\Lambda}+\text{Const}\} \tag{3.3.24}$$

式中，Const 为常数。

$$\boldsymbol{P}=\mathrm{Re}\{(\boldsymbol{V}^{\mathrm{H}}\boldsymbol{V})^*\odot(\boldsymbol{\mu}\boldsymbol{\mu}^{\mathrm{H}}+\boldsymbol{\Sigma})\} \tag{3.3.25}$$

$$\boldsymbol{D}=\mathrm{Re}\{\mathrm{diag}(\boldsymbol{\mu}^*)\boldsymbol{V}^{\mathrm{H}}(\boldsymbol{I}-\boldsymbol{A}\boldsymbol{\mu})\}-\mathrm{Re}\{\mathrm{diag}(\boldsymbol{V}^{\mathrm{H}}\boldsymbol{A}\boldsymbol{\Sigma})\} \tag{3.3.26}$$

式中，$\odot$为向量各元素乘积；$(\cdot)^*$ 和 $\mathrm{Re}(\cdot)$为复数的共轭和实部。

可见，OGSBI 算法通过式(3.3.20)和式(3.3.21)计算($\boldsymbol{\mu},\boldsymbol{\Sigma}$)，通过式(3.3.22)～式(3.3.24)更新参数($\alpha_0,\boldsymbol{\varepsilon},\boldsymbol{\Lambda}$)。迭代执行式(3.3.20)～式(3.3.24)，直到满足迭代收敛条件，获得 $\hat{\boldsymbol{\sigma}}$ 和 $\boldsymbol{\Lambda}$ 相应的参数估计值。

对每一个像素单元(x_g,y_g)都执行上述的高程向重构处理，可以对不同像素单元的稀疏重构进行并行处理。获得 $\boldsymbol{\Lambda}$ 的估计值之后，高程向的真实坐标 z_p 可以通过 $z_p=\Delta z_p+\tilde{z}_p$ 获得。根据 MCSAR 成像目标的三维坐标与二维成像平面像素单元的几何关系，获得重构目标的三维坐标为

$$z_p=\Delta z_p+\tilde{z}_p \tag{3.3.27}$$

$$x_p=x_g-z_p\cot\bar{\theta}\cos\phi_{\overline{m}g} \tag{3.3.28}$$

$$y_p=y_g-z_p\cot\bar{\theta}\sin\phi_{\overline{m}g} \tag{3.3.29}$$

若 $\hat{\boldsymbol{\mu}}$ 和 $\hat{\boldsymbol{\Sigma}}$ 是 $\boldsymbol{\mu}$ 和 $\boldsymbol{\Sigma}$ 的最终输出估计值，则目标 $P(x_p,y_p,z_p)$的散射强度(功率)估计值为

$$|\hat{\sigma}_p|^2=\mathrm{E}\{P_p\}=|\hat{\mu}_p|^2+\hat{\Sigma}_{pp} \tag{3.3.30}$$

式中，$\hat{\mu}_p$ 是 $\hat{\boldsymbol{\mu}}$ 的第 p 个元素；$\hat{\Sigma}_{pp}$是 $\hat{\boldsymbol{\Sigma}}$ 的第 p 个对角线元素。

基于自适应孔径成像方法和 OGSBI 算法的 MCSAR 成像算法流程图如图 3.3.4 所示。

3. 仿真实验

下面通过点目标仿真对 MCSAR 算法的性能进行比较和分析，未考虑网格偏离问题的基追踪去噪(basis pursuit de-noising，BPDN)算法(Chen et al.，1998)和正交匹配追踪(orthogonal matching pursuit，OMP)算法(Tropp & Gil-

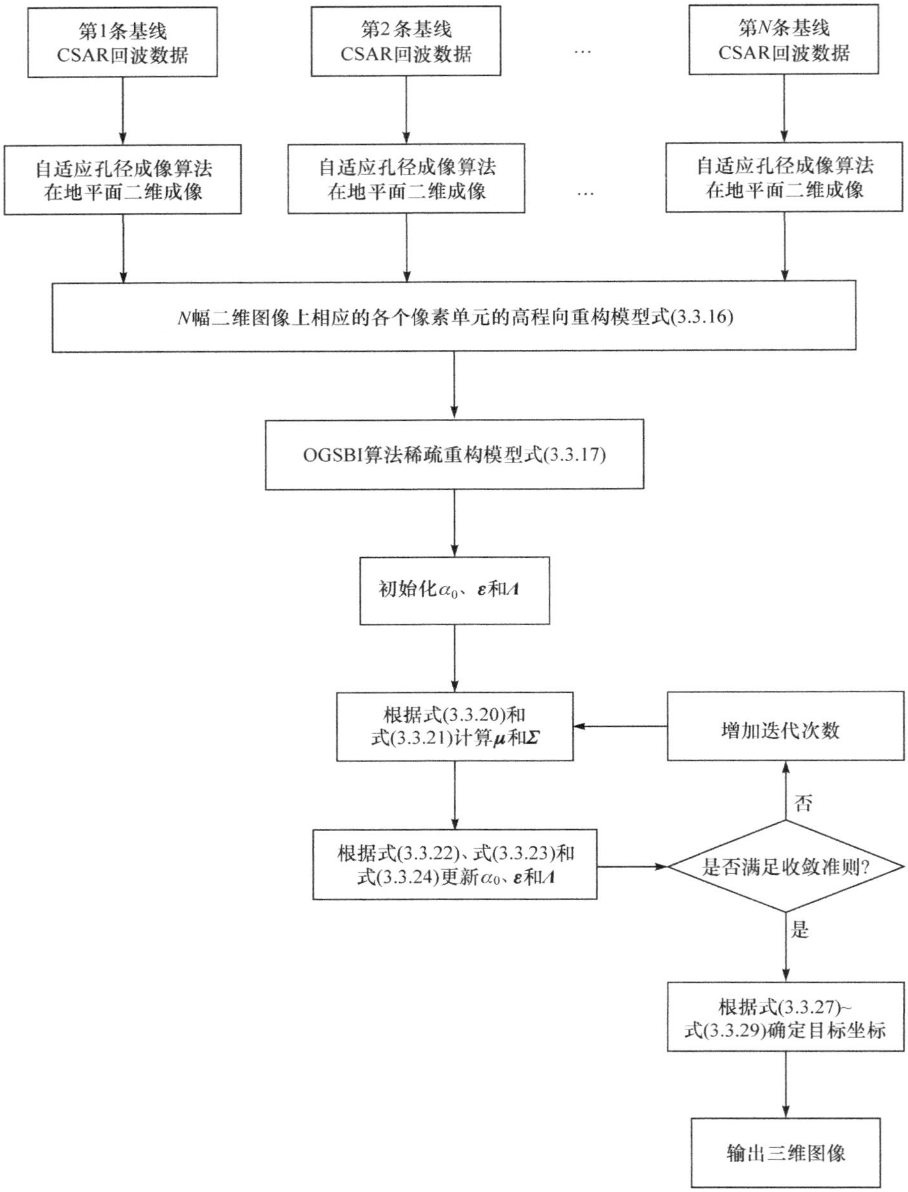

图 3.3.4 基于自适应孔径成像方法和 OGSBI 算法的 MCSAR 成像算法流程图

bert，2007)在 SAR 成像中广泛使用，因此本节将这两种算法与 OGSBI 算法进行重构性能比较。

MCSAR 仿真参数如表 3.3.1 所示，仿真五个具有相同散射强度、不同高程向坐标的点目标，目标在高程向位置随机分布在无模糊成像范围内，高程向重构时的网格间隔设定为 $\rho_h/5$，其中 ρ_h 是高程向瑞利分辨率。图 3.3.5(a)给出不同信噪比情况下的目标重构相对误差，可以看出，在低信噪比条件下噪声是影响重构效果的主要因素，三种算法都有很大的重构误差；随着信噪比提高，OGSBI 算法的重构误差明显低于另外两种算法，这是因为目标与重构网格存在偏差，在较高信噪比的条件下，网格偏离问题是影响重构的主要因素。图 3.3.5(b) 给出信噪比 25dB 情况下的目标高程向重构切片图，可见 OGSBI 算法能够将目标很准确地重构，而 BPDN 算法和 OMP 算法都出现了一些虚假的重构目标，BPDN 算法的重构效果好于 OMP 算法。考虑到算法的计算复杂度，对于观测采样数目为 N，成像网格数目为 Q，非零目标个数为 N_p 的算法实现，BPDN 的每次迭代计算复杂度约为 $O(Q^3)$，OMP 算法的计算复杂度为 $O(NQN_p)$，OGSBI 算法的主要计算量在于更新方程(3.3.21)，因此每次迭代的计算复杂度约为 $O(QN^2)$。OGSBI 算法在重构性能和计算复杂度方面都有较好的性能，能够用来对本章后续的实际实验数据进行成像处理。

表 3.3.1　MCSAR 仿真参数

仿真参数	数值
中心频率/GHz	15
信号带宽/GHz	6
步进频间隔/MHz	10
高程向基线数目	20
相邻基线的高程角间隔/(°)	0.2
基线最小高程角/(°)	78.2
基线最大高程角/(°)	82
基线平均高度/m	1.78
等效的 CSAR 圆周轨迹半径/m	8.54

4. 微波暗室实验

下面通过微波暗室采集的坦克模型实验数据对成像算法进行验证。金属坦克模型放置在微波暗室的转台上，转台做匀速圆周运动。MCSAR 微波暗室实验成像原理示意图如图 3.3.6 所示，雷达平台和转台的相对运动关系使得该实验系统的成像几何等效于图 3.3.3 所示的 MCSAR 成像几

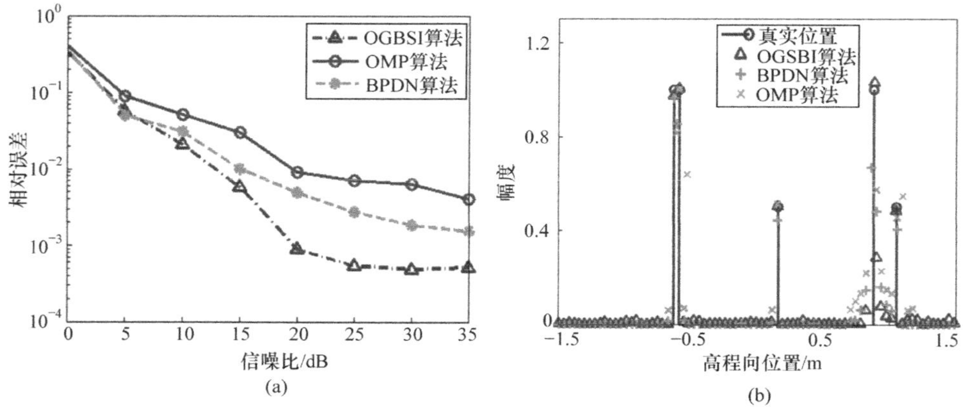

图 3.3.5　三种算法高程向重构的性能比较

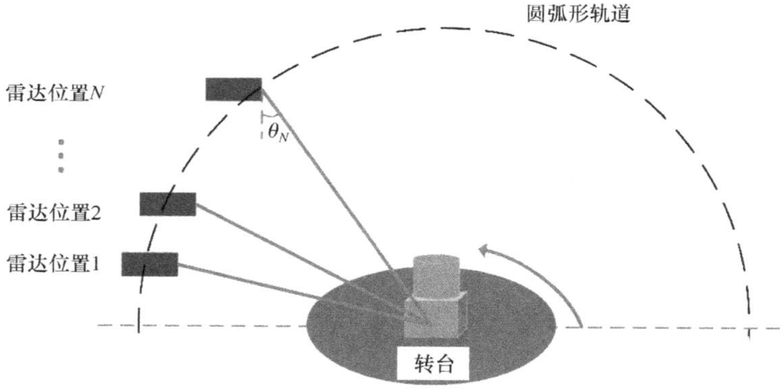

图 3.3.6　MCSAR 微波暗室实验成像原理示意图

何，将转台所在平面和转台中心点分别作为成像坐标系的地平面和坐标原点。雷达平台依次放置于 20 个不同的高度位置，基线有等间隔的高程角，雷达发射步进频信号，实验参数同 MCSAR 的仿真参数，如表 3.3.1 所示。

图 3.3.7(a)给出实验场景照片，其中的坦克模型如图 3.3.7(b)所示，坦克模型的材料为金属，模型由多个结构组合而成，表 3.3.2 给出了主要结构的尺寸。根据系统参数，高程向的瑞利分辨率(Ferrara et al.，2009)$\rho_h=\dfrac{c\sin\theta}{2f_c\theta_{ext}}$约为 0.149m，式中 θ_{ext} 是高程角的范围。高程向稀疏重构时将未考虑网格偏离问题的 BPDN 算法与 OGSBI 算法进行比较，高程向成像网格的间隔设置为 $\rho_h/10$。实验中 OGSBI 算法的参数设置为：$a=b=10^{-4}$，$d=1$，

$e=10^{-2}$，参数更新的迭代初始值 $\boldsymbol{\Lambda}^{(0)}=0$，$\alpha_0^{(0)}=100/\mathrm{var}(\boldsymbol{I})$，$\boldsymbol{\varepsilon}^{(0)}=|\boldsymbol{A}^{\mathrm{H}}\boldsymbol{I}|$，其中 var(•)表示方差。

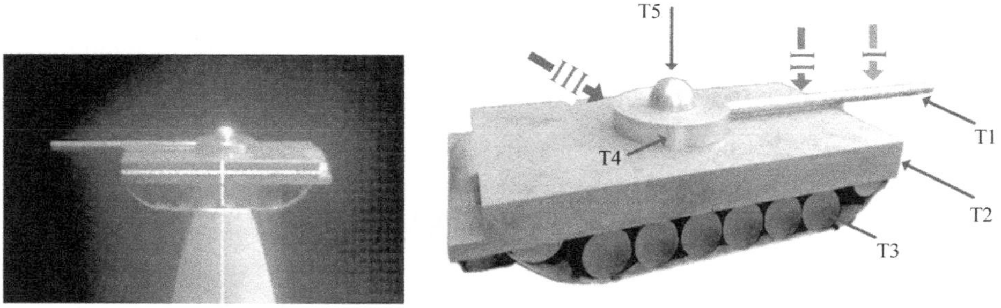

(a) 实验场景　(b) 坦克模型

图 3.3.7　实验场景及实验的坦克模型

表 3.3.2　坦克模型的主要结构尺寸

结构	尺寸/cm
T1 圆柱	直径 5.5，长度 125
T2 长方体	长度 175，宽度 89，高度 15
T3 圆柱	直径 20，长度 37
T4 圆柱	直径 50，长度 8.5
T5 半球	直径 20

从 20 条圆迹基线数据中随机选取 14 条基线数据获得非均匀的高程向采样，高程向使用 OGSBI 算法和 BPDN 算法分别进行成像处理。图 3.3.8(a)和(b)分别给出基于 OGSBI 算法和 BPDN 算法的坦克模型三维成像重构结果，图 3.3.9 为 BPDN 算法的成像结果在 xy、xz 和 yz 平面的二维投影，图 3.3.10 给出 OGSBI 算法的成像结果在 xy、xz 和 yz 平面的二维投影。成像结果经过幅度归一化处理，−35dB 以上幅度予以显示。从三维成像结果可以看出，两种算法均能清晰地重构出坦克模型的轮廓，形状与实际模型相匹配。从二维投影图可看出两种算法的重构效果存在差异，将图 3.3.9(a)和图 3.3.10(b)的成像结果与图 3.3.7(b)的坦克模型进行比较，可以发现两种算法都能够很好地重构出坦克车身外部的炮筒部分，但是 BPDN 算法不能够分辨出炮筒在坦克车身上方的部分。

同样，从图 3.3.9 和图 3.3.10 中的区域 III 可以看出，OGSBI 算法能够将坦克车身上方的圆柱形炮台以及炮台上方的半球清晰地重构，而在

BPDN 算法的成像结果中这两部分结构被重构在错误的高程位置并且丢失了很多细节。为了更直观地展示重构效果，图 3.3.7(b)和图 3.3.10(b)中区域 I 和区域 II 重构结果的高程向切片如图 3.3.11 所示，与图 3.3.7(b)中坦克模型的结构尺寸相比较可以看出，BPDN 算法在区域 II 的重构中丢失了炮筒的细节，而 OGSBI 算法能够很准确地重构出区域 I 和区域 II。

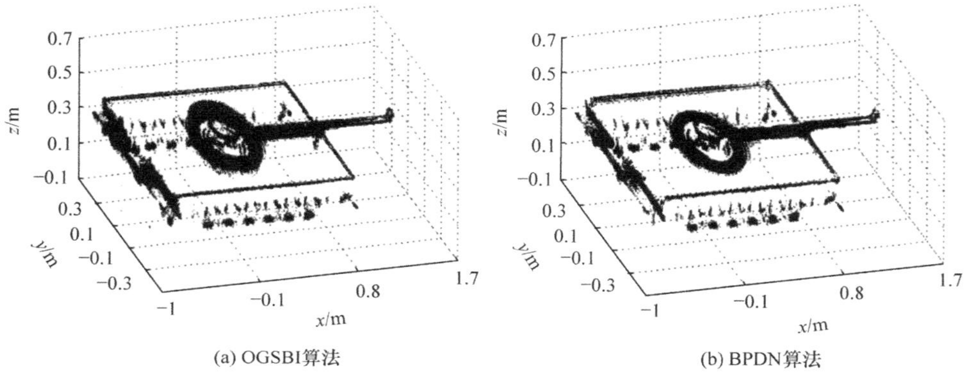

图 3.3.8　基于 OGSBI 算法和 BPDN 算法的坦克模型三维成像重构结果

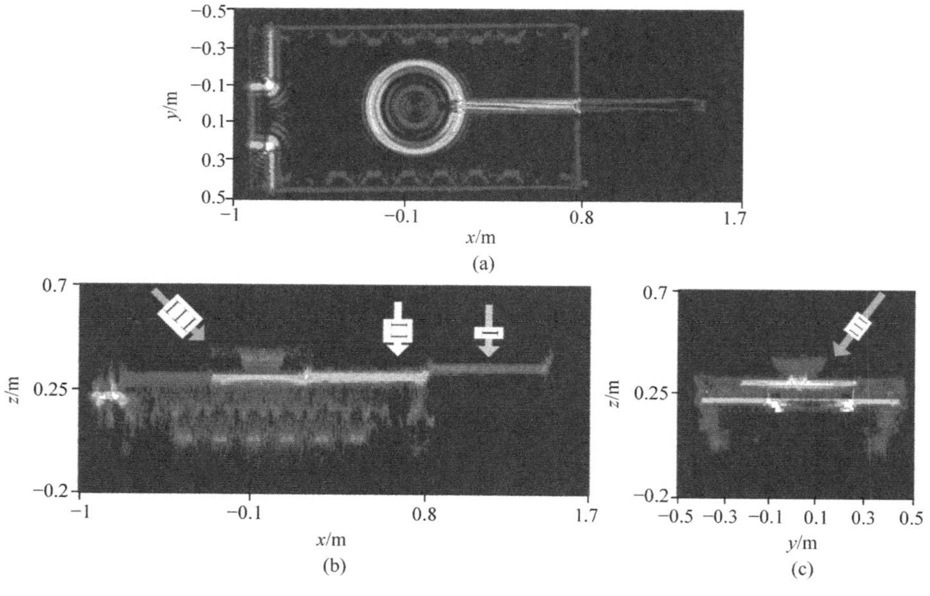

图 3.3.9　基于 BPDN 算法的坦克模型三维成像重构结果二维投影图

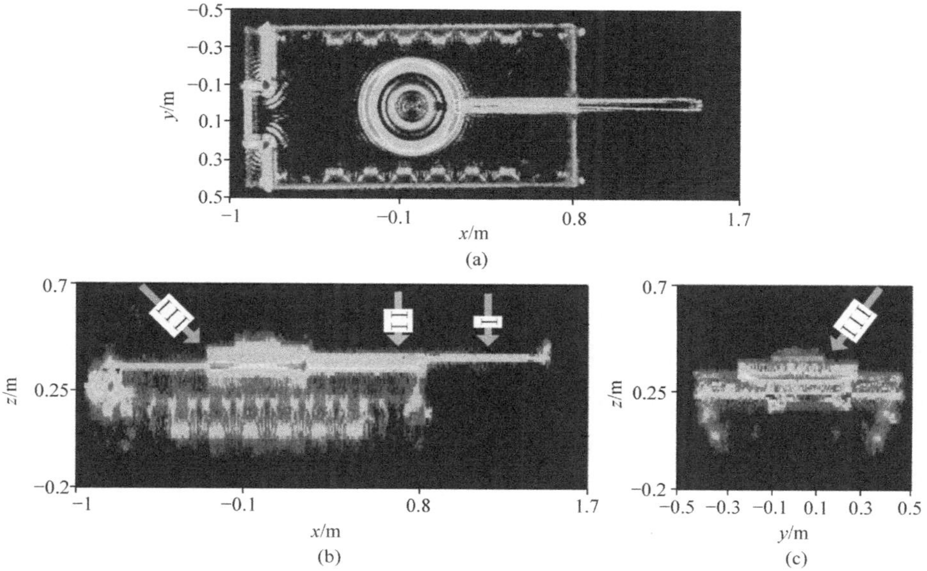

图 3.3.10　基于 OGSBI 算法的坦克模型三维成像重构结果二维投影图

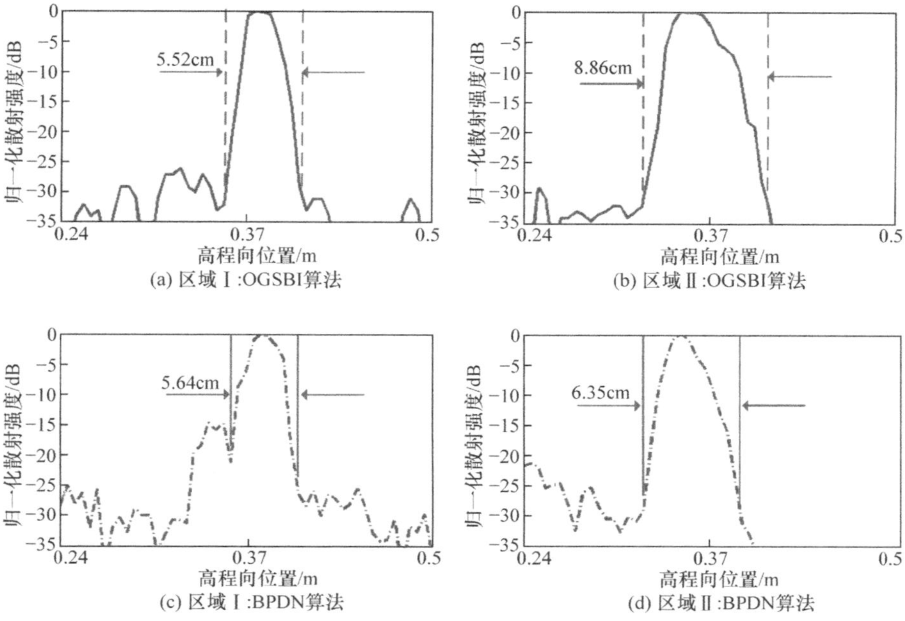

图 3.3.11　区域Ⅰ和区域Ⅱ重构结果的高程向切片图

5. 机载 Gotcha 实验数据

本节采用美国空军实验室(The Air Force Research Laboratory, AFRL)发布的 Gotcha Volumetric SAR Data Set, Version 1.0 数据(Pinheiro et al., 2009)(简称为 Gotcha 数据)对本章提出的 MCSAR 成像算法进行实验验证。Gotcha 数据包含 8 个不同飞行高度的 X 波段机载全极化 CSAR 回波数据,雷达信号载频 9.6GHz,信号带宽 640MHz,每条圆迹基线进行 360°观测,每 1°进行一次采样记录,1°内方位向的平均采样点数约为 120 个,波传播方向的平均采样点数约为 424 个。8 次飞行的高程角范围为 44°~48°,理论上每次飞行在高程向应当等间隔分布,然而实际飞行中雷达平台无法做到在恒定高度飞行,因此实际的高程向基线是非均匀分布的。实验场景是一个停车场,场景中包含民用车辆和定标物,Gotcha 数据的实验场景光学图像如图 3.3.12 所示。为验证成像算法的实验效果,对 HH 极化的 8 条数据进行成像处理,选取场景中位于坐标(12.4m, −18.1m)处的一辆 Ford Taurus 汽车进行三维成像,汽车的光学照片如图 3.3.13 所示。

图 3.3.12　Gotcha 数据的实验场景光学图像

图 3.3.13　Ford Taurus 汽车光学图像

图 3.3.14 给出了中间基线的回波数据以地平面为成像平面的 CSAR 二维成像结果,成像算法为二维 BP 算法,二维成像结果中汽车有内外两个轮廓,经过分析可知,内轮廓为汽车的底部,外轮廓为汽车的顶部,对于汽车底部,其成像高度准确,因此能够较好地聚焦;而对于顶部,因为成像高度不准确,图像在地平面上散焦,这与 CSAR 的成像理论吻合。

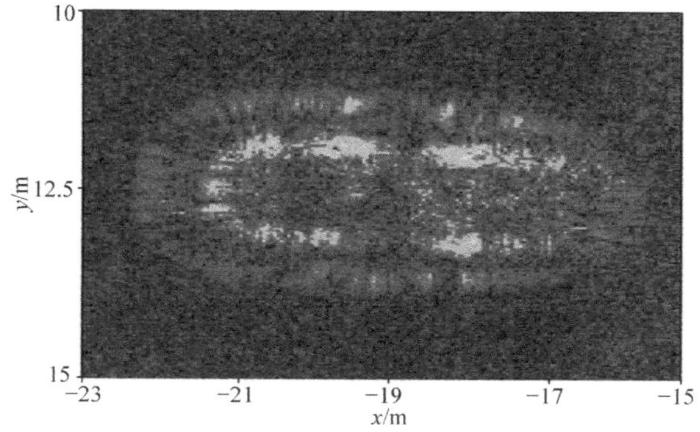

图 3.3.14　单基线 CSAR 二维成像结果

对 8 条回波数据进行处理,图 3.3.15 给出了 Ford Taurus 汽车的三维成像重构结果点云图,三维成像重构结果二维投影图如图 3.3.16 所示,从 xy 地平面的正投影可以看出,成像结果在正投影平面上只有一个外轮廓,表明 MCSAR 成像结果不再有 CSAR 的散焦情况;从车门所在的投影方向(即 xz 平面)可以看出,重构的汽车高度与实际基本吻合,可以较清晰看出车体的轮廓。由于机载实验中噪声和干扰的影响,成像结果中存在虚假目标,利用图像处理等方法进行后处理,可以获得更好的视觉显示效果。

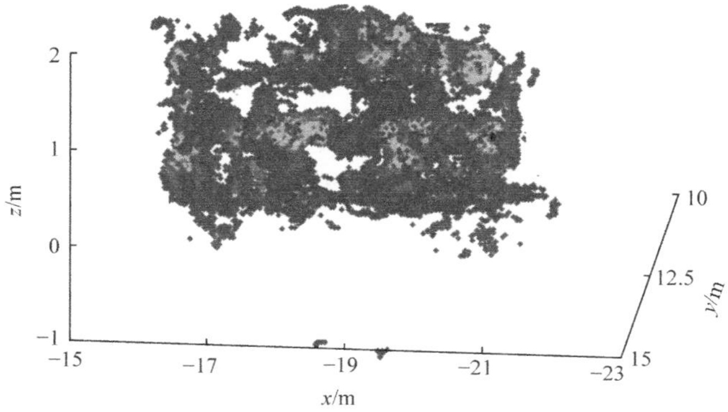

图 3.3.15　Gotcha 数据 Ford Taurus 汽车的三维成像重构结果点云图

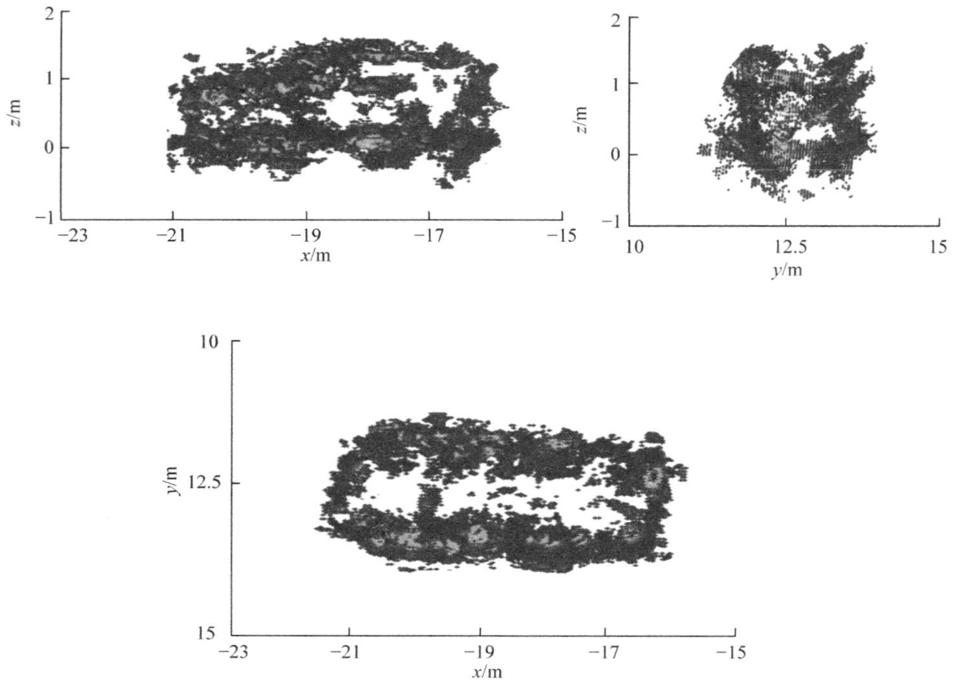

图 3.3.16　Gotcha 数据 Ford Taurus 汽车三维成像重构结果二维投影图

3.3.4　小结

CSAR 的高旁瓣源于其频谱的中空特性，与基于匹配滤波算法的 SAR 旁瓣产生机理并不相同，基于频谱平滑原理的加窗方法不适用于 CSAR。本节引入了稀疏重构方法，稀疏重构方法是一种优化求解方法，可有效抑制 CSAR 旁瓣，并通过仿真实验证明了方法的有效性。针对 MCSAR 成像处理中存在的两个问题：各向异性目标的散射特性与方位角有关，以及高程向基线稀疏非均匀分布，提出了一种将自适应孔径算法和 OGSBI 算法结合的 MCSAR 三维成像算法。该算法首先通过自适应孔径算法获得各条基线的二维成像结果，自适应孔径算法能够较好地提取各向异性目标的散射特性，尤其是具有复杂结构的人造目标；利用各条基线的二维成像数据，借助 OGSBI 算法完成高程向成像处理，OGSBI 算法在稀疏重构算法的基础上，将目标与成像网格的偏离误差加入稀疏重构模型中，在贝叶斯理论框架下通过迭代优化算法获得目标的散射强度和三维坐标。仿真实验表明，OGSBI 算法相比于未考虑网格偏离问题的稀疏重构算法重构精度更高。通过微波暗室采集的实验数据对金属坦克模型以及 Gotcha 机载数据对真实汽车进行成像处理，验证了该算法对实际的典型人造目标成像处理的可行性和有效性。

第 4 章　联合稀疏在微波成像中的应用

结构稀疏是指信号表示过程中由信号之间相关性带来满足一定结构特征的稀疏性。联合稀疏是结构稀疏中的一种特殊形式，它的模型与被观测对象共同分量和更新分量的差异有关。在成像雷达中联合稀疏可用于方位模糊抑制、宽角 SAR 成像、多通道运动目标检测和多时相场景变化检测等应用的建模及求解。SAR 方位向模糊由欠采样引起，主区和模糊区元素的信号幅度及相位不同，但是支撑集一致，因此可以构建基于联合稀疏的方位模糊抑制模型结合回波模拟算子和组迭代收缩阈值(group iterative shrinkage thresholding，GIST)算法进行雷达图像重构；宽角 SAR 观测目标散射特性与角度有关，观测目标支撑集在不同角度大概率重合，由此可以建立基于联合稀疏的宽角 SAR 成像模型，然后利用 GCAMP 算法进行求解；在多通道运动目标检测中，各通道的运动目标背景可能是不稀疏的，但是其杂波背景是相同的，运动目标分量是稀疏的；在多时相场景变化检测中，多次观测场景之间具有很大的相关性，场景中的变化部分往往是稀疏的。相比基于各通道独立处理，采用联合稀疏方法可以用更少的观测数据进行多通道运动目标检测和变化检测。

4.1　基于稀疏信号处理的 SAR 模糊抑制方法

4.1.1　引言

SAR 工作在脉冲状态下会存在方位模糊和距离模糊问题(Curlander & McDonough，1991)。方位模糊产生的原因是天线方向图存在旁瓣，使回波信号带宽大于 PRF，导致采样频率之外的能量混叠进入成像区域。距离模糊是由测绘带内回波与来自前面和后面的脉冲回波同时到达接收天线造成的。较强的模糊信号会导致雷达图像中出现虚假目标，影响 SAR 图像判读。在系统设计时可以通过系统硬件设备和参数优化减少模糊的影响，对已有 SAR 系统而言，可以通过信号处理进行模糊抑制。

针对星载 SAR 方位模糊问题，研究者提出了多种信号处理方法进行抑制。基于理想滤波器的方位模糊抑制方法通过产生二维参考函数，实现对信号无混叠部分的匹配滤波和方位模糊解卷积（Moreira，1993），但是该方法只对类似于点目标的场景有效，并不适用于分布式目标。选择滤波（selective filtering）的方位模糊抑制方法利用带通滤波器选择方位频谱中混叠影响较小的部分，达到抑制方位模糊的目的（Guarnieri，2005），但是滤波后信号带宽减少，导致分辨率和信噪比下降。

方位模糊由观测量少于未知量引起，因此稀疏信号处理可应用于方位模糊抑制。本节构建包含方位模糊信号的 SAR 观测模型，利用稀疏约束求解方法（Tibshirani，1996）、组稀疏约束求解方法（Yuan & Lin，2006）、层次稀疏（hierarchical sparsity）约束求解方法（Sprechmann et al. ，2011）进行包含方位模糊抑制的雷达图像重构；在迭代求解过程中，结合第 2 章介绍的回波模拟算子替代观测矩阵及其共轭转置，减少了计算量和内存要求（Zhang B C et al. ，2012a，2012b，2013；张冰尘等，2013；Fang et al. ，2013）。距离模糊信号来自成像区域外目标的反射回波，若将模糊区域和成像区域回波综合建模，利用稀疏信号处理的方法，则可以在场景稀疏条件下实现距离模糊抑制（Fang et al. ，2012）。

4.1.2　基于稀疏处理的方位模糊模型

简单起见，考虑正侧视条件下第一模糊区的一维观测模型，如图 4.1.1 所示，图中 0 表示成像区域，+1 和 −1 分别对应于前后第一模糊区域。

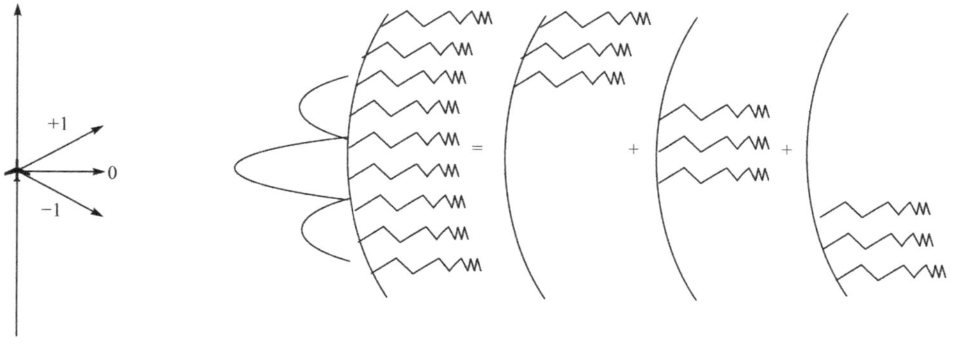

图 4.1.1　方位模糊模型示意图

假设 $\boldsymbol{x}_0 \in \mathbb{C}^{L\times 1}$ 对应成像区域的无模糊图像，$\boldsymbol{x}_{-1} \in \mathbb{C}^{L\times 1}$ 和 $\boldsymbol{x}_{+1} \in \mathbb{C}^{L\times 1}$ 分

别对应于前后第一模糊区域的图像，L 为场景网格点数，则包含方位模糊的SAR 观测模型为

$$\boldsymbol{y}=[\boldsymbol{\Phi}_{-1} \quad \boldsymbol{\Phi}_0 \quad \boldsymbol{\Phi}_{+1}]\begin{bmatrix}\boldsymbol{x}_{-1}\\ \boldsymbol{x}_0\\ \boldsymbol{x}_{+1}\end{bmatrix}+\boldsymbol{n}=\boldsymbol{\Phi x}+\boldsymbol{n} \tag{4.1.1}$$

$$\boldsymbol{\Phi}=[\boldsymbol{\Phi}_{-1} \quad \boldsymbol{\Phi}_0 \quad \boldsymbol{\Phi}_{+1}] \tag{4.1.2}$$

$$\boldsymbol{x}=\begin{bmatrix}\boldsymbol{x}_{-1}\\ \boldsymbol{x}_0\\ \boldsymbol{x}_{+1}\end{bmatrix} \tag{4.1.3}$$

式中，$\boldsymbol{y}\in\mathbb{C}^{K\times1}$为回波向量；$K$ 为方位向采样点数；$\boldsymbol{\Phi}_i\in\mathbb{C}^{K\times L}(i=-1,0,1)$对应主成像区和第一模糊区与成像雷达平台相对应的观测矩阵；$\boldsymbol{n}\in\mathbb{C}^{K\times1}$为加性噪声。

主成像区域与模糊区域对应的方位向频率相差 PRF，因此矩阵 $\boldsymbol{\Phi}_i$ 中(k,l)处的元素对应于第 k 个方位向采样位置和第 l 个网格，为

$$\phi_i(k,l)=\omega_a\left(t_k+i\frac{\text{PRF}}{K_a}\right)\exp\left(-\text{j}4\pi f_c\frac{R(t_k+i\text{PRF}/K_a)}{c}\right) \tag{4.1.4}$$

式中，$\omega_a(\cdot)$方位向天线方向图；t_k 为方位向时间；K_a 为方位向调频率；f_c为载频；c 为光速；瞬时斜距为

$$R\left(t_k+i\frac{\text{PRF}}{K_a}\right)=\sqrt{R_0^2+\left[v\left(t_k+i\frac{\text{PRF}}{K_a}\right)-x_l\right]^2} \tag{4.1.5}$$

式中，v 为平台运动速度；x_l 为场景第 l 个网格的位置。

对于如式(4.1.1)所示的欠定方程组重构问题，可以利用稀疏重构方法进行求解。考虑到 SAR 方位模糊信号的特殊性，可以采用以下三种约束的稀疏重构方法：稀疏约束、组稀疏约束(Mishali & Eldar，2008；Baron et al.，2009)、层次稀疏约束(Sprechmann et al.，2011)。

对于式(4.1.1)，在场景稀疏的条件下，基于稀疏约束的 LASSO 模型为

$$\hat{\boldsymbol{x}}=\arg\min_{\boldsymbol{x}}\{\|\boldsymbol{y}-\boldsymbol{\Phi x}\|_2^2+\lambda\|\boldsymbol{x}\|_1\} \tag{4.1.6}$$

式中，λ 为正则化参数。

如果重构向量具有一定的结构，在重构模型中利用结构稀疏约束可以提高重构的精度和鲁棒性。一种特殊的结构稀疏约束是重构向量中的元素分组出现，它们的支撑集一致，称为组稀疏约束。由于 SAR 方位模糊信

号是由欠采样引起的，因此 $\boldsymbol{x}_i(i=\cdots,-1,0,1,\cdots)$元素之间虽然幅度和相位不同，但是支撑集是一致的，将 $\boldsymbol{x}_i$ 中相同位置的点作为一组，它们将同时为零或者不为零，如图 4.1.2 所示。

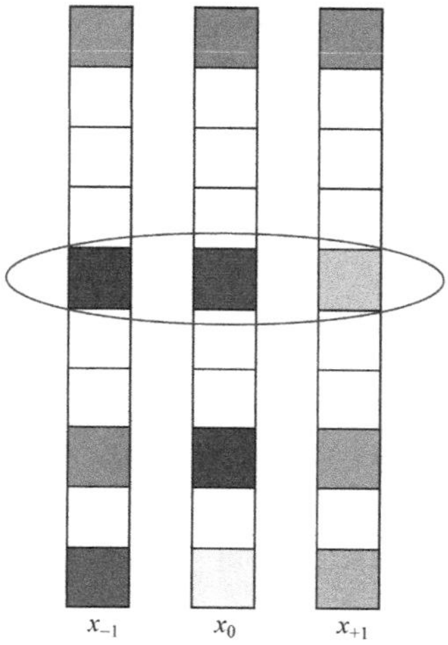

图 4.1.2　成像区域与方位模糊区域组稀疏示意图

Group LASSO 模型(Yuan et al.，2013)是 LASSO 模型的扩展，LASSO 模型可以看成在向量元素层面上进行稀疏求解，而 Group LASSO 模型可以看成在组的层面上进行稀疏求解。对于式(4.1.1)，可以利用 Group LASSO 模型进行求解：

$$\hat{\boldsymbol{x}}=\arg\min_{\boldsymbol{x}}\{\|\boldsymbol{y}-\boldsymbol{\Phi x}\|_2^2+\lambda\|\boldsymbol{x}\|_{2,1}^1\} \tag{4.1.7}$$

式中，$\ell_{2,1}$混合范数体现了组稀疏特性，其定义为

$$\|\boldsymbol{x}\|_{2,1}=\sum_{l=1}^{L}\left(\sum_{i=-1}^{1}|(\boldsymbol{x}_i)_l|^2\right)^{1/2} \tag{4.1.8}$$

式中，$(\boldsymbol{x}_i)_l$ 表示 $\boldsymbol{x}_i$ 中的第 l 个元素；L 为向量 $\boldsymbol{x}_i$ 的长度。

Group LASSO 模型的结果保证了组间稀疏的约束条件，对于同一组的元素，并非都为非零，因此可以对同一组内元素进一步进行稀疏约束。组间采用组稀疏约束、组内采用稀疏约束的约束方式称为层次稀疏约束(Sprechmann et al.，2011)。对方位模糊抑制而言，采用层次稀疏约束可以进一步抑制主成像区残余模糊能量，提高方位模糊抑制效果。Sparse Group LASSO 模型(Friedman et al.，2010)可以用于求解层次稀疏问题，达到组间与组内同时进行稀疏约束的目的：

$$\hat{\boldsymbol{x}}=\arg\min_{\boldsymbol{x}}\{\|\boldsymbol{y}-\boldsymbol{\Phi x}\|_2^2+\lambda_1\|\boldsymbol{x}\|_{2,1}^1+\lambda_2\|\boldsymbol{x}\|_1\} \tag{4.1.9}$$

式中，λ_1 和 λ_2 为正则化参数；第一个惩罚项为 $\ell_{2,1}$ 混合范数惩罚项，用于表征组稀疏特性；第二个惩罚项为 ℓ_1 范数，用于约束成像区域的稀疏度，抑制残余模糊能量。

当 $\lambda_1=0$ 时，式(4.1.9)退化成 LASSO 模型，当 $\lambda_2=0$ 时，式(4.1.9)退化成 Group LASSO 模型。当向量中的元素在组层面有相同的稀疏结构，同一组的元素并非都为非零时，相对于 LASSO 模型和 Group LASSO (Friedman et al. ,2010)，Sparse Group LASSO 模型可以获得更精准的重构结果(Sprechmann et al. 2011；Rao et al. 2013)。

4.1.3 基于稀疏信号处理的方位模糊抑制方法

对于式(4.1.6)，可以利用迭代阈值(Daubechies et al. ,2004)等算法求解；对于式(4.1.7)，可以利用 GIST 算法(Yuan & Lin，2006；Mairal et al. ，2011)进行求解，对于式(4.1.9)，Sprechmann 等(2011)基于 Proximal Method，针对 Sparse Group LASSO 提出了一种层次迭代收缩阈值算法，并且理论推导了其能收敛于全局最优值，该算法可以看成 SpaRSA(Sparse reconstruction by separable approximation)(Wright et al. ,2009)的一种特殊情况。由于在 Sparse Group LASSO 模型中，组与组之间是相互独立的，因此整个优化问题可以划分为求解每一个组的子问题。由于子问题的求解相对简单，可以在线性时间完成求解，因此，Sprechmann 等(2011)所提算法可以求解 Sparse Group LASSO 模型。

式(4.1.9)可通过如下迭代公式求解，其第 k 次迭代公式为

$$\begin{aligned}\boldsymbol{x}^{(k+1)}&=\arg\min\{\|\boldsymbol{x}_i^{(k)}-\boldsymbol{u}_i^{(k)}\|_2+\lambda_1\|\boldsymbol{x}\|_{2,1}^1+\lambda_2\|\boldsymbol{x}\|_1^1\}\\&=H_{2|1,\lambda_1\mu}([\bar{\boldsymbol{u}}_{-1}^{(k)},\bar{\boldsymbol{u}}_0^{(k)},\bar{\boldsymbol{u}}_{+1}^{(k)}])\end{aligned} \tag{4.1.10}$$

式中，μ 为步长；λ_1 和 λ_2 为正则化参数。

估计残差：

$$\Delta^{(k)}=\boldsymbol{y}-\sum_{i=-1}^{1}\boldsymbol{\Phi}_i\boldsymbol{x}_i^{(k)} \tag{4.1.11}$$

梯度方向更新：

$$\boldsymbol{u}_i^{(k)}=\boldsymbol{x}_i^{(k)}+\mu\boldsymbol{\Phi}_i^H\Delta^{(k)},\quad i=-1,0,1 \tag{4.1.12}$$

$$\bar{\boldsymbol{u}}_i^{(k)}=\eta_{1|\lambda_2\mu}(\boldsymbol{u}_i^{(k)}),\quad i=-1,0,1 \tag{4.1.13}$$

式(4.1.13)阈值函数的公式为

$$\eta_{1|\lambda_2\mu}(\boldsymbol{u}_i^{(k)})=\begin{cases}\operatorname{sgn}(\boldsymbol{u}_i^{(k)})(|\boldsymbol{u}_i^{(k)}|-\lambda_2\mu), & |\boldsymbol{u}_i^{(k)}|\geqslant\lambda_2\mu\\ 0, & |\boldsymbol{u}_i^{(k)}|<\lambda_2\mu\end{cases}\tag{4.1.14}$$

式中，sgn(•)为符号函数。

如果场景的稀疏度为 K，在实际迭代中 $\eta(\cdot)$ 函数的阈值选择方式为

$$\lambda_2\mu=|\boldsymbol{u}_0^{(k)}|_{K+1}\tag{4.1.15}$$

式中，$|\boldsymbol{u}_0^{(k)}|_{K+1}$ 表示取 $\boldsymbol{u}_0^{(k)}$ 中幅值第 $K+1$ 个最大值。

定义组向量 $\boldsymbol{u}_g^{(k)}$，它与 $\bar{\boldsymbol{u}}_i^{(k)}$ 等长，其第 j 个元素为

$$(\boldsymbol{u}_g^{(k)})_j=(|(\bar{\boldsymbol{u}}_{-1}^{(k)})_j|^2+|(\bar{\boldsymbol{u}}_0^{(k)})_j|^2+|(\bar{\boldsymbol{u}}_1^{(k)})_j|^2)^{1/2}\tag{4.1.16}$$

式(4.1.10)混合范数阈值函数为

$$H_{2|1,\lambda_1\mu}([\bar{\boldsymbol{u}}_{-1}^{(k)}\quad \bar{\boldsymbol{u}}_0^{(k)}\quad \bar{\boldsymbol{u}}_{+1}^{(k)}])=[\bar{\boldsymbol{u}}_{-1}^{(k)}\quad \bar{\boldsymbol{u}}_0^{(k)}\quad \bar{\boldsymbol{u}}_{+1}^{(k)}]\max\left(1-\frac{\lambda_1\mu}{\|\boldsymbol{u}_g^{(k)}\|_2},0\right)\tag{4.1.17}$$

式中，组阈值选择方式为

$$\lambda_1\mu=|\boldsymbol{u}_g^{(k)}|_{K+1}\tag{4.1.18}$$

在实际数据处理中，直接利用观测矩阵对回波数据进行成像，会占用巨大的内存空间，同时运算效率较低，可以利用回波模拟算子替代 $\boldsymbol{\Phi}_i(i=-1,0,1)$ 及其共轭转置，减小内存损耗，提高计算效率(Zhang B C et al.，2012a；Fang et al.，2013，2014；Jiang et al.，2014)。

包含方位模糊的二维观测模型，其回波模拟算子构建为

$$\boldsymbol{Y}=\sum_{i=-1}^{1}\mathcal{G}_i(\boldsymbol{X}_i)\tag{4.1.19}$$

式中，$\boldsymbol{Y}$ 为二维回波信号；$\mathcal{G}(\cdot)$ 为对应成像区域的回波模拟算子；$\mathcal{G}_{-1}$ 和 $\mathcal{G}_1$ 为第一模糊图像的回波模拟算子；$\boldsymbol{X}=[\boldsymbol{X}_{-1}\quad \boldsymbol{X}_0\quad \boldsymbol{X}_1]^{\mathrm{T}}$，$\boldsymbol{X}_0$ 对应二维无模糊图像，$\boldsymbol{X}_{-1}$ 和 $\boldsymbol{X}_1$ 对应二维第一模糊图像。

图 4.1.3 为成像区域与方位模糊区域距离徙动示意图。可以看出，信号分布在 $\left[-\frac{\mathrm{PRF}}{2},\frac{\mathrm{PRF}}{2}\right]$，而超出上述范围的频谱折叠到该范围中。

基于 chirp scaling 算法的回波模拟算子表达式如下：

$$\mathcal{G}_i(\boldsymbol{X}_i)=\boldsymbol{F}_{\mathrm{a}}^{-1}(\boldsymbol{F}_{\mathrm{a}}\boldsymbol{X}_i\odot\boldsymbol{\Theta}_{i,\mathrm{ac}}^{*}\boldsymbol{F}_{\mathrm{r}}\odot\boldsymbol{\Theta}_{i,\mathrm{rc}}^{*}\boldsymbol{F}_{\mathrm{r}}^{-1}\odot\boldsymbol{\Theta}_{i,\mathrm{sc}}^{*})\tag{4.1.20}$$

式中，$\boldsymbol{F}_{\mathrm{r}}$ 为距离向傅里叶变换；$\boldsymbol{F}_{\mathrm{a}}$ 为方位向傅里叶变换；$\boldsymbol{F}_{\mathrm{r}}^{-1}$ 为距离向傅里叶逆变换；$\boldsymbol{F}_{\mathrm{a}}^{-1}$ 为方位向傅里叶逆变换；$\odot$ 为 Hadamard 算子；$(\cdot)^*$ 为相位的共轭；$\boldsymbol{\Theta}_{i,\mathrm{sc}}$ 为补余距离徙动校正的相位，其元素为

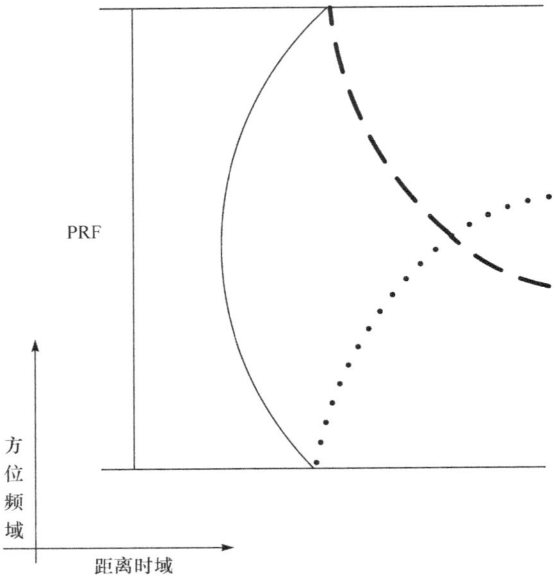

图 4.1.3　成像区域与方位模糊区域距离徙动示意图

$$\Theta_{i,\mathrm{sc}}(f_t,\tau)=\exp\left[\mathrm{j}\pi K_m(f_t+i\mathrm{PRF})\left(\frac{D(f_{t_{\mathrm{ref}}}+i\mathrm{PRF},v_{\mathrm{ref}})}{D(f_t+i\mathrm{PRF},v_{\mathrm{ref}})}-1\right)\cdot\left(\tau-\frac{2R_{\mathrm{ref}}}{cD(f_t+i\mathrm{PRF},v_{\mathrm{ref}})}\right)^2\right] \tag{4.1.21}$$

$\boldsymbol{\Theta}_{i,\mathrm{rc}}$为距离向脉冲压缩和一致距离徙动校正相位，其元素为

$$\Theta_{i,\mathrm{rc}}(f_t,f_\tau)=\exp\left[\mathrm{j}\pi\frac{D(f_t+i\mathrm{PRF},v_{\mathrm{ref}})}{D(f_{t_{\mathrm{ref}}}+i\mathrm{PRF},v_{\mathrm{ref}})}\frac{f_\tau^2}{K_m(f_t+i\mathrm{PRF})}\right]\cdot\exp\left[\mathrm{j}4\pi\left(\frac{1}{D(f_t+i\mathrm{PRF},v_{\mathrm{ref}})}-\frac{1}{D(f_{t_{\mathrm{ref}}}+i\mathrm{PRF},v_{\mathrm{ref}})}\right)\frac{R_{\mathrm{ref}}f_\tau}{c}\right] \tag{4.1.22}$$

$\boldsymbol{\Theta}_{i,\mathrm{ac}}$为方位向压缩和相位补偿相位，其元素为

$$\Theta_{i,\mathrm{ac}}(f_t,\tau)=\exp\left(\mathrm{j}4\pi D(f_t+i\mathrm{PRF},v_{\mathrm{ref}})\frac{R_0f_c}{c}\right)\exp\left[\mathrm{j}4\pi\frac{1}{(D(f_t+i\mathrm{PRF},v_{\mathrm{ref}}))^2}\cdot\left(\frac{D(f_t+i\mathrm{PRF},v_{\mathrm{ref}})}{D(f_{t_{\mathrm{ref}}}+i\mathrm{PRF},v_{\mathrm{ref}})}-1\right)\frac{K_m(f_t+i\mathrm{PRF})(R_0-R_{\mathrm{ref}})^2}{c^2}\right] \tag{4.1.23}$$

式中，τ 为距离频率 f_τ 所对应的距离时间；t 为方位频率 f_t 所对应的方位时

间；v_{ref} 为对应参考目标所在距离 R_{ref} 的雷达等效速度；f_{c} 为中心频率；c 为光速；K_{r} 为距离向调频率。

$$D(f_t,v)=\sqrt{1-\frac{c^2}{4f_{\mathrm{c}}^2}\frac{f_t^2}{v^2}} \tag{4.1.24}$$

$$K_m(f_t)=\frac{K_{\mathrm{r}}}{1-K_{\mathrm{r}}\dfrac{cR_{\mathrm{ref}}f_t^2}{2v_{\mathrm{ref}}^2f_{\mathrm{c}}^3\left(D(f_t,v_{\mathrm{ref}})\right)^3}} \tag{4.1.25}$$

回波模拟算子如式(4.1.20)所示，其对应的成像算子 $\mathcal{I}_i(\cdot)$ 的形式为

$$\mathcal{I}_i(\boldsymbol{Y})=\boldsymbol{F}_{\mathrm{a}}^{-1}(\boldsymbol{F}_{\mathrm{a}}\boldsymbol{Y}\odot\boldsymbol{\Theta}_{i,\mathrm{sc}}\boldsymbol{F}_{\mathrm{r}}\odot\boldsymbol{\Theta}_{i,\mathrm{rc}}\boldsymbol{F}_{\mathrm{r}}^{-1}\odot\boldsymbol{\Theta}_{i,\mathrm{ac}}) \tag{4.1.26}$$

基于回波模拟算子的层次迭代收缩阈值方位模糊抑制方法伪代码如表 4.1.1 所示，流程图如图 4.1.4 所示。

表 4.1.1　基于回波模拟算子的层次迭代收缩阈值方位模糊抑制方法伪代码

输入	SAR 二维原始回波 $\boldsymbol{Y}$，场景稀疏度 K，回波模拟算子 $\mathcal{G}_i(\cdot)(i=-1,0,1)$ 和 $\mathcal{I}_i(\cdot)(i=-1,0,1)$
初始化	$\boldsymbol{X}_i^{(0)}=0(i=-1,0,1)$，$\boldsymbol{U}_i^{(1)}=0(i=-1,0,1)$，$\boldsymbol{U}_g^{(0)}=\boldsymbol{U}_0^{(0)}$，$0<\mu<\Vert\boldsymbol{\Phi}\Vert_2^{-2}$
迭代过程	**for** $k=0$ to $k_{\max}$ **do** 估计残差： $\boldsymbol{\Delta}^{(k+1)}=\boldsymbol{Y}-\sum_{i=-1}^{1}\mathcal{G}_i(\boldsymbol{X}_i^{(k)})$ 更新梯度方向： $\boldsymbol{U}_{\mathrm{i}}^{(k+1)}=\boldsymbol{X}_{\mathrm{i}}^{(k+1)}+\mu\mathcal{I}_i(\boldsymbol{\Delta}^{(k+1)}),\quad i=-1,0,1$ 成像区域阈值更新： $t_0=\vert\boldsymbol{U}_0^{(k+1)}\vert_{K+1}$ 成像区域软阈值迭代： $\bar{\boldsymbol{U}}_i^{(k+1)}=\eta_{1\vert t_0}(\boldsymbol{U}_i^{(k+1)}),\quad i=-1,0,1$ 组向量更新： $(\boldsymbol{U}_g^{(k+1)})_j=\left(\sum_{i=-1}^{1}\vert(\bar{\boldsymbol{U}}_i^{(k+1)})_j\vert^2\right)^{1/2},\quad j=1,2,\cdots,J$ 组阈值更新： $t_g=\vert\boldsymbol{U}_{\mathrm{g}}^{(k+1)}\vert_{K+1}$ 组迭代收缩阈值： $[\boldsymbol{X}_{-1}^{(k+1)}\quad\boldsymbol{X}_0^{(k+1)}\quad\boldsymbol{X}_1^{(k+1)}]=H_{2\vert 1,t_g}([\bar{\boldsymbol{U}}_{-1}^{(k+1)}\quad\bar{\boldsymbol{U}}_0^{(k+1)}\quad\bar{\boldsymbol{U}}_{+1}^{(k+1)}])$ **end**
输出	$\boldsymbol{X}_0^{(k+1)}$

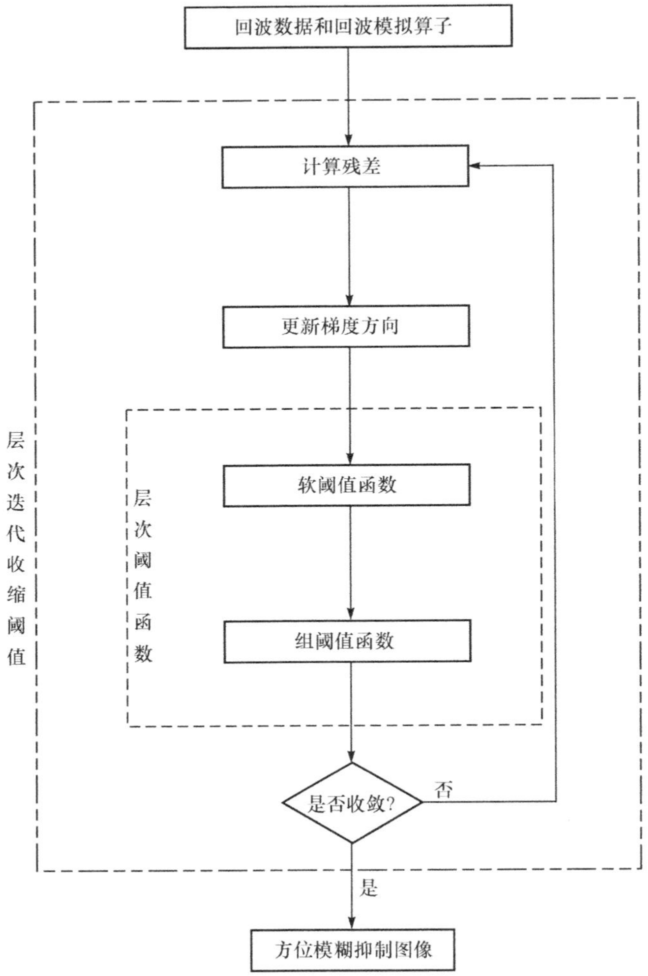

图 4.1.4　基于回波模拟算子的层次迭代收缩阈值方位模糊抑制方法流程图

这里通过仿真实验验证所提方法的有效性，不同稀疏约束求解方法对点目标方位模糊抑制重构结果如图 4.1.5 所示。可以看出，与匹配滤波算法相比，稀疏信号处理方法均能实现方位模糊抑制，稀疏约束求解方法仅将方位模糊降低了 8dB，组稀疏约束求解方法将方位模糊降低了 18dB，而层次稀疏约束求解方法将方位模糊降低了 24dB。因此，利用层次稀疏约束求解方法可以有效实现方位模糊抑制。

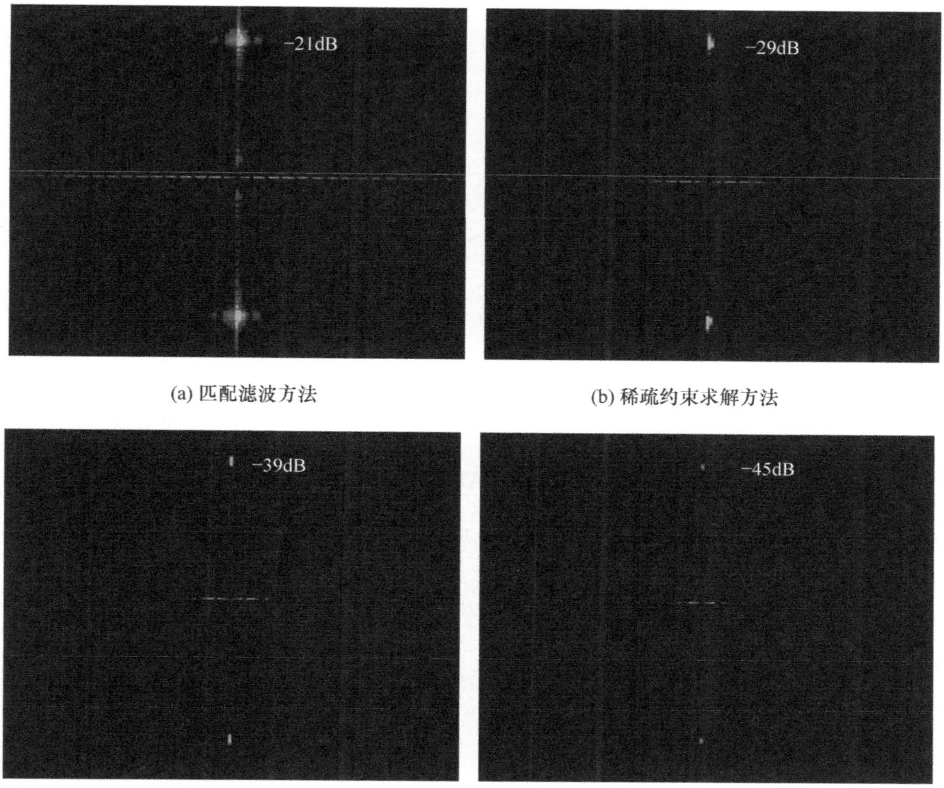

(a) 匹配滤波方法

(b) 稀疏约束求解方法

(c) 组稀疏约束求解方法

(d) 层次稀疏约束求解方法

图 4.1.5 不同稀疏约束求解方法对点目标方位模糊抑制重构结果

4.1.4 基于稀疏信号处理的距离模糊抑制方法

测绘带内的回波与来自前面和后面脉冲的回波同时到达接收天线会造成距离模糊。星载 SAR 距离模糊示意图如图 4.1.6 所示。

包含距离模糊的 SAR 观测模型可以写为

$$\boldsymbol{y}=\sum_{m=-M}^{M}\boldsymbol{\Phi}_m\boldsymbol{x}_m \tag{4.1.27}$$

式中，$\boldsymbol{y}\in\mathbb{C}^{L\times 1}$ 为回波信号；L 为回波点数；m 表示距离模糊区序号，m 为正数时表示在观测脉冲之前的距离模糊信号，m 为负数时表示在观测脉冲之后的距离模糊信号；M 为距离模糊区数目；$\boldsymbol{x}_m\in\mathbb{C}^{K\times 1}$ 为第 m 个距离模糊区图像，K 为场景网格点数；$\boldsymbol{\Phi}_m\in\mathbb{C}^{L\times K}$ 为 SAR 第 m 个距离模糊区所对应的观测矩阵。

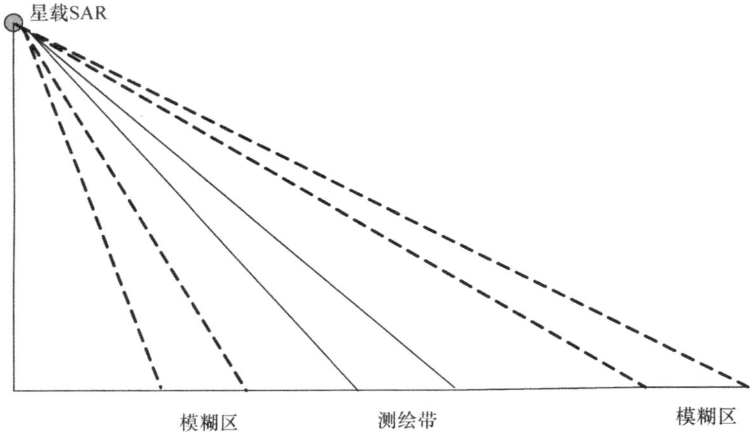

图 4.1.6　星载 SAR 距离模糊示意图

对于一个给定的 R_0，距离模糊信号来自于如下距离处：

$$R_m = R_0 + \frac{cm}{2\text{PRF}}, \quad m = \pm 1, \pm 2, \cdots, \pm M \tag{4.1.28}$$

式中，c 为光速；PRF 为脉冲重复频率。

$\boldsymbol{\Phi}_m$ 中的第(k,l)元素为

$$\phi(k,l) = p\left(\tau_l - \frac{2R_{m_k}}{c}\right)\omega_{\mathrm{r}}^m(R_{m_k}) \tag{4.1.29}$$

式中，τ_l 为距离向时间；R_{m_k} 为第 m 距离模糊区第 k 个距离门；$p(\cdot)$为发射信号；$\omega_{\mathrm{r}}^m(\cdot)$为距离向天线方向图。

在 SAR 回波中，由于待重构场景同时包含测绘带区域和距离模糊区域，因此基于式(4.1.27)构建的观测方程是欠定的，当场景稀疏时可利用稀疏约束重构测绘带区域图像(Fang et al.，2012)，在仅考虑第一距离模糊区的情况下，式(4.1.27)可以写为

$$\boldsymbol{y} = [\boldsymbol{\Phi}_{-1} \quad \boldsymbol{\Phi}_0 \quad \boldsymbol{\Phi}_{+1}]\begin{bmatrix} \boldsymbol{x}_{-1} \\ \boldsymbol{x}_0 \\ \boldsymbol{x}_{+1} \end{bmatrix} = \boldsymbol{\Phi}\boldsymbol{x} \tag{4.1.30}$$

$$\boldsymbol{\Phi} = [\boldsymbol{\Phi}_{-1} \quad \boldsymbol{\Phi}_0 \quad \boldsymbol{\Phi}_{+1}] \tag{4.1.31}$$

$$\boldsymbol{x} = \begin{bmatrix} \boldsymbol{x}_{-1} \\ \boldsymbol{x}_0 \\ \boldsymbol{x}_{+1} \end{bmatrix} \tag{4.1.32}$$

利用 LASSO 模型，可以完成对式(4.1.30)的求解。

需要注意的是，虽然式(4.1.1)与式(4.1.30)形式相似，但是对于式(4.1.1)，$\boldsymbol{x}_{-1}$、$\boldsymbol{x}_0$ 和 $\boldsymbol{x}_{+1}$代表相同区域，对于式(4.1.30)，$\boldsymbol{x}_{-1}$、$\boldsymbol{x}_0$ 和 $\boldsymbol{x}_{+1}$代表不同区域。

4.1.5 小结

本节介绍了基于稀疏信号处理的 SAR 方位模糊和距离模糊抑制方法。针对方位模糊抑制，首先构造包含方位模糊信号的 SAR 观测模型，然后给出基于稀疏约束、组稀疏约束、层次稀疏约束结合的重构方法，最后给出了基于回波模拟算子阈值迭代的方位模糊抑制算法。针对距离模糊抑制，构建了包含距离模糊信号的 SAR 观测模型，指出利用稀疏约束可重构测绘带区域图像。

4.2 宽角 SAR 成像

4.2.1 引言

宽角 SAR 从较大角度范围内获取回波，在大合成孔径角度范围内，目标的后向散射系数不再是常数，它还与方位角度有关，即各向异性。对于建筑等人造目标，强散射特性只在全部观测孔径中的某一部分出现，并且峰值出现在视线与目标的宽面垂直位置(Allen & Hoff，1994)。Dudgeon 等(1994)认为强点目标的后向散射是一系列 2°～5°窄角度反射函数响应的混合体，角反射器等强点目标能够在 10°～20°范围内保持相对稳定。

由于宽角 SAR 目标散射特性在方位向上呈现各向异性，因此对整个孔径回波数据进行匹配滤波的方法不再适用。针对宽角 SAR 各向异性成像，从信号处理方式出发，可以将成像方法分为匹配滤波算法和稀疏信号处理方法。匹配滤波算法包括：①采用矩形窗函数作为卷积核，并设定门限对各向异性目标采用自适应方法成像，对其他目标采用全孔径方法成像(Chaney et al.，1994)；②针对依赖角度的散射行为，利用沿航迹向对子孔径数据进行匹配滤波获得子图像，并依据广义似然比检测(generalized likelihood ratio test，GLRT)原则或非相干累加得到宽角 SAR 成像结果(Moses et al.，2004)。稀疏信号处理方法包括：①利用稀疏正则化处理方法子孔径数据，弥补使用部分孔径带来的分辨率降低的缺陷(Moses et al.，2004)；②对各向异性建立过完备字典模型，利用稀疏信号处理算法求解字典系数获得宽角 SAR 图像(Varshney et al.，2008)；③利用各向异性目标之间存在的相关性，对于散射特性与角度相关的目标，通过一定的稀疏正则化约束建模并求解(Stojanovic et al.，2008)；④将目标各向异性建模为以角度为自变量的 SAR 视频，利用贝叶斯方法进行求解(Ash et al.，2014)。

在稀疏信号处理中，如果重构向量中的元素之间存在一定的结构，那么在重构时利用这些结构先验信息，可以提高重构精度。当重构向量中的元素成组出现，同一组的元素同时为零或者同时不为零时，可以用组稀疏(Baron et al.，2009)来刻画。在宽角 SAR 中，场景中的目标可以由若干理想散射中心描述，这些散射中心通过其后向散射系数和在场景中的位置来刻画(Trintinalia et al.，1997)。虽然散射中心的后向散射系数随方位角度变化而变化，但是其位置在不同的方位角度大概率重合，因此在宽角 SAR 各向异性成像中可以引入组稀疏约束提高重构性能。

本节提出一种基于组稀疏的宽角 SAR 成像方法，该方法根据宽角 SAR 的观测模型及观测目标在不同方位角度位置重合的特点，建立基于组稀疏的宽角 SAR 成像模型，对于此模型利用 GCAMP(Jiang et al.，2015)算法进行求解。与匹配滤波算法相比，该方法可以有效抑制旁瓣；与稀疏约束的方法相比，该方法可以有效重构各向异性目标方位后向散射信息；相对于 GIST 算法(Yuan & Lin，2006；Mairal et al.，2011)，该方法在精确重构目标方位后向散射信息的同时有更快的收敛速度(蒋成龙等，2015；Wei et al.，2016a)，仿真实验验证了方法的有效性。

4.2.2 宽角 SAR 成像模型

1. 宽角 SAR 观测几何模型

宽角 SAR 成像示意图如图 4.2.1 所示，在远场、单极化、窄带信号条件下，宽角 SAR 回波信号的基带形式可以表示为

$$\begin{aligned}y(\tau,\theta_i) = &\int_{r\in\mathcal{A}} x(\boldsymbol{r},\theta_i)\omega_{\mathrm{a}}(\boldsymbol{r},\theta_i)\exp\left[-\mathrm{j}4\pi f_{\mathrm{c}}\frac{R(\boldsymbol{r},\theta_i)}{c}\right]\\ &\cdot s\left[\tau-\frac{2R(\boldsymbol{r},\theta_i)}{c}\right]\mathrm{d}\boldsymbol{r}+n(\tau,\theta_i)\end{aligned} \tag{4.2.1}$$

式中，τ 为距离向时间；c 为光速；$\boldsymbol{r}$ 为目标位置矢量；$x(\boldsymbol{r},\theta_i)$为在雷达平台位于观测角度 θ_i 时，所观测到的位于 $\boldsymbol{r}$ 目标的后向散射系数，当且仅当目标各向同性时，x 是关于 θ_i 的常量；$\mathcal{A}$ 表示观测场景的区域范围，$\boldsymbol{r}\in\mathcal{A}$ 表示遍历观测场景中的所有目标；i 为观测角度的序号，$i=1,2,\cdots,I$，I 为观测角度总数；$\omega_{\mathrm{a}}(\cdot)$为天线加权函数；$f_{\mathrm{c}}$ 为发射信号载频；$R(\cdot)$为平台与目标的瞬时斜距；c 为光速；$s(\cdot)$为基带形式的发射信号；$n(\cdot)$为热噪声。

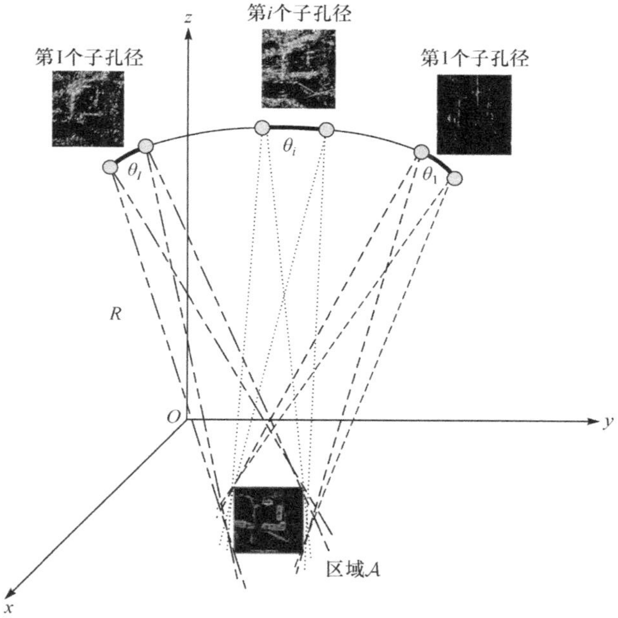

图 4.2.1　宽角 SAR 成像示意图

离散化式(4.2.1)，可得

$$\boldsymbol{y}_{\theta_i}=\begin{bmatrix}y(\tau_1,\theta_i)\\y(\tau_2,\theta_i)\\\vdots\\y(\tau_M,\theta_i)\end{bmatrix}_{M\times1},\quad \boldsymbol{x}_{\theta_i}=\begin{bmatrix}x(\boldsymbol{r}_1,\theta_i)\\x(\boldsymbol{r}_2,\theta_i)\\\vdots\\x(\boldsymbol{r}_N,\theta_i)\end{bmatrix}_{N\times1} \tag{4.2.2}$$

式中，τ_m 为距离向时间，m 为距离向采样时刻序号，$m=1,2,\cdots,M$，M 为采样点总数；$x(\boldsymbol{r}_n,\theta_i)$表示在雷达平台位于观测角度 θ_i 时，所观测到的位于$\boldsymbol{r}_n$ 目标的后向散射系数，n 表示场景中目标的序号，$n=1,2,\cdots,N$，N 为场景中目标总数。

对于沿航迹向的每一次观测，都有如下观测模型：

$$\boldsymbol{y}_{\theta_i}=\boldsymbol{\Phi}_{\theta_i}\boldsymbol{x}_{\theta_i}+\boldsymbol{n}_{\theta_i} \tag{4.2.3}$$

式中，$\boldsymbol{\Phi}_{\theta_i}\in\mathbb{C}^{M\times N}$为观测角度$\theta_i$时的观测矩阵；$\boldsymbol{n}_{\theta_i}\in\mathbb{C}^{M\times 1}$为热噪声矢量。

假如目标的散射特性不随观测角度变化而改变，即$\boldsymbol{x}_{\theta_i}\equiv\bar{\boldsymbol{x}}$，则

$$\boldsymbol{y}=[\boldsymbol{\Phi}_{\theta_1}\quad\boldsymbol{\Phi}_{\theta_2}\quad\cdots\quad\boldsymbol{\Phi}_{\theta_I}]\bar{\boldsymbol{x}}+\boldsymbol{n} \tag{4.2.4}$$

式中，各个角度的回波和噪声为

$$\boldsymbol{y}=\begin{bmatrix}\boldsymbol{y}_{\theta_1}\\ \boldsymbol{y}_{\theta_2}\\ \vdots\\ \boldsymbol{y}_{\theta_I}\end{bmatrix}_{MI\times 1},\quad \boldsymbol{n}=\begin{bmatrix}\boldsymbol{n}_{\theta_1}\\ \boldsymbol{n}_{\theta_2}\\ \vdots\\ \boldsymbol{n}_{\theta_I}\end{bmatrix}_{MI\times 1} \tag{4.2.5}$$

由于目标的散射特性随观测角度变化而改变，则综合所有观测角度回波可以得到各向异性的宽角 SAR 观测模型：

$$\boldsymbol{y}=\begin{bmatrix}\boldsymbol{\Phi}_{\theta_1} & \boldsymbol{0} & \cdots & \boldsymbol{0}\\ \boldsymbol{0} & \boldsymbol{\Phi}_{\theta_2} & \cdots & \boldsymbol{0}\\ \vdots & \vdots & & \vdots\\ \boldsymbol{0} & \boldsymbol{0} & \cdots & \boldsymbol{\Phi}_{\theta_I}\end{bmatrix}\begin{bmatrix}\boldsymbol{x}_{\theta_1}\\ \boldsymbol{x}_{\theta_2}\\ \vdots\\ \boldsymbol{x}_{\theta_I}\end{bmatrix}+\boldsymbol{n} \tag{4.2.6}$$

基于各向同性假设的匹配滤波算法，如 BP 算法，主要针对式(4.2.4)展开。对于宽角 SAR 各向异性成像的问题，成像方法可分为子孔径方法和全孔径方法。子孔径方法主要针对式(4.2.3)，将整个合成孔径按照一定的角度划分为若干子孔径，假设子孔径之内，目标散射在方位向上呈现各向同性，利用一些基于各向同性假设的重构算法，如 BP 算法和正则化方法，对子孔径图像分别进行求解。直接求解式(4.2.6)的成像方法称为全孔径方法，主要是利用一些不同子孔径图像之间的先验信息，对子孔径图像进行联合重构。

比较式(4.2.4)和式(4.2.6)可知，目标各向异性时，宽角 SAR 观测 $\boldsymbol{y}$ 的维度保持不变，然而未知量 $\boldsymbol{x}$ 的维数增加了 I 倍。需要注意的是，求解式(4.2.4)得到各向同性目标后向散射系数 $\bar{\boldsymbol{x}}$ 与式(4.2.6)中各向异性目标后向散射系数的平均值 $\frac{1}{I}\sum_i \boldsymbol{x}_{\theta_i}\in\mathbb{C}^{NI\times 1}$ 有一定联系，但两者不一定相等。

从宽角 SAR 成像中目标的散射特性出发寻找解决方法，结合稀疏信号处理方法进行宽角 SAR 成像，为其各向异性成像提供了思路。下面介绍组稀疏以及适合处理组稀疏问题的信息传递算法。

2. 基于组稀疏的宽角SAR成像模型

1）组稀疏

结构稀疏指的是信息的表示过程中存在结构特征的稀疏性(Duarte & Eldar,2011),组稀疏(Baron et al.,2009)是一种特殊的结构稀疏,其概念出现于稀疏编码中。组稀疏针对的对象是组,使得组内元素同时取零值或者同时取非零值。用于刻画组稀疏的正则化惩罚项可以通过$\ell_{2,1}$等混合范数实现,此处表示为

$$\|\boldsymbol{x}\|_{2,1}^{1}=\Big(\sum_{G_k}\sum_{n}\omega_k\,|x_{G_k,n}|^2\Big)^{1/2} \tag{4.2.7}$$

式中,$k=1,2,\cdots,K$,K为所划分组的总数;$\boldsymbol{x}\in\mathbb{C}^{n\times 1}$的第$k$个分组$\boldsymbol{x}_{G_k}$的索引集合$G_k\subset\{1,2,\cdots,n\}$,并且$\bigcup_{k=1}^{K}G_k=\{1,2,\cdots,n\}$;$\omega_k$为加权系数,这里可以取为1。

Group LASSO模型描述了变量间相互依存的稀疏性:

$$\hat{\boldsymbol{x}}=\arg\min_{x}\left\{\frac{1}{2}\|\boldsymbol{y}-\boldsymbol{\Phi x}\|_2^2+\lambda\|\boldsymbol{x}\|_{2,1}^{1}\right\} \tag{4.2.8}$$

2）基于组稀疏的宽角SAR成像模型

式(4.2.6)考虑了场景目标在不同方位散射各向异性的特点,与式(4.2.4)相比有如下不同:首先,目标各向异性散射特征与合成孔径中目标散射呈现各向同性的假设是矛盾的。在宽角SAR中,目标的分辨率等参数不仅由可进行相干处理的合成孔径角度大小决定,同时受到目标后向散射的持续角度、后向散射系数形式等约束;其次,尽管可以划分一定的子孔径范围并假定目标后向散射系数在该范围内保持不变,但是未知量$\boldsymbol{x}(\boldsymbol{r}_n,\theta_i)$的维数基本上还是随着航迹向观测次数的增加而相应增加。一方面由于在某些角度下式(4.2.6)的后向散射系数为零,稀疏度降低,有利于信号的重构;另一方面,回波$\boldsymbol{y}$的数据量不变,采样比降低,求解式(4.2.6)的难度增加。

目标散射特性在相邻观测角度θ内$\boldsymbol{x}(\boldsymbol{r}_n,\theta_i)$变化较小,存在一定相关性,这种信息可以利用结构稀疏性来描述,成像时可利用这种信息提高重构精度。

组稀疏是一种特殊结构稀疏,考虑了组稀疏信息后可以在重构精度和采样率要求等方面有所改善。在宽角SAR中,由于目标在一定角度之内满足各向异性,因此在重构时可以利用结构矩阵$\boldsymbol{B}$,对$\boldsymbol{x}_n$的结构性加以体现,不同的结构性约束对应不同的取值:

$$\hat{\boldsymbol{x}}=\arg\min_{\boldsymbol{x}}\left\{\frac{1}{2}\|\boldsymbol{y}-\boldsymbol{\Phi x}\|_2^2+\lambda\|\boldsymbol{Bx}\|_{2,1}^1\right\} \tag{4.2.9}$$

$$\boldsymbol{B}=\mathrm{diag}(\boldsymbol{B}_1,\boldsymbol{B}_2,\cdots,\boldsymbol{B}_n) \tag{4.2.10}$$

考虑最简单的情况，$\boldsymbol{B}_n$ 是单位阵 $\boldsymbol{I}$，此时对 $\boldsymbol{x}_n$ 内的元素并不具有严格的结构模式约束。当 $x_{n,i}$ 能够在一定角度内不变时，$\boldsymbol{B}_n$ 可以是循环卷积矩阵或 Toeplitz 矩阵，并且加权函数长度与目标各向同性持续角度有关，如式(4.2.11)所示，此时的 $\boldsymbol{B}_n$ 也可以被理解成一种低通滤波过程。当 $x_{n,i}$ 在观测角度内为 sinc 形状时，$\boldsymbol{B}_n$ 可以是离散傅里叶矩阵。

$$\boldsymbol{B}_n=\begin{bmatrix}1 & \cdots & 1 & 0 & & \cdots & & 0\\ 0 & 1 & \cdots & 1 & & \cdots & & 0\\ \vdots & \vdots & \vdots & \vdots & & & & \vdots\\ 0 & \cdots & 0 & 1 & \underbrace{1 \quad \cdots \quad 1}_{I_{\mathrm{sub}}} & & & 1\end{bmatrix} \tag{4.2.11}$$

考虑到实际目标的反射函数可以由在一系列小角度范围内保持不变的理想点目标反射函数构成，在式(4.2.11)中，I_{sub}表示目标的反射系数在所持续的角度范围内的被观测次数。在宽角 SAR 成像处理中，I_{sub}的取值需要考虑实际目标反射特性持续角度的经验值，它也影响了目标的最终分辨能力。

宽角 SAR 成像中的未知量 $\boldsymbol{x}(\boldsymbol{r}_n,\theta_i)$相比于 SAR 成像的未知量多了观测角度这一维度。对 $\boldsymbol{x}(\boldsymbol{r}_n,\theta_i)$按照不同目标分组，则与特定目标相关联的未知量 $\boldsymbol{x}_n(\theta_i)$为同一目标在不同观测角度下的后向散射系数，简单起见，令 $\boldsymbol{B}_n=\boldsymbol{I}$，则基于组稀疏的宽角 SAR 成像求解约束如下：

$$\min_{\boldsymbol{x}}\left\{\sum\nolimits_{\theta_i}\|\boldsymbol{y}_{\theta_i}-\boldsymbol{\Phi}_{\theta_i}\boldsymbol{x}_{\theta_i}\|_2^2+\lambda\|\boldsymbol{x}\|_{2,1}^1\right\} \tag{4.2.12}$$

式中，λ 为正则化参数，列向量 $\boldsymbol{x}=[\boldsymbol{x}_{\theta_1}\quad\boldsymbol{x}_{\theta_2}\quad\cdots\quad\boldsymbol{x}_{\theta_I}]^{\mathrm{T}}$。

对于式(4.2.12)，可以利用组迭代收缩阈值算法进行求解。

4.2.3 宽角 SAR 稀疏重构方法

稀疏信号处理中的信息传递算法(message passing algorithm，MPA)(Donoho et al.，2009)利用贝叶斯统计学中求解概率图模型(probabilistic graphical model，PGM)的置信传播(belief propagation)原理，将稀疏优化问题用因子图(factor graph)表示，将未知量表示成参数化的联合概率分布函数。求解稀疏优化问题的最优解等效于求解所构造概率分布在渐近意义下概率最大时对应的联合概率分布取值。MPA 从贝叶斯方法的角度解决稀疏优化问题，与阈值迭代算法的步骤相近，但是相比于阈值迭代算法在参数更新过程中添加了修正项，使得稀疏优化问题能够获得精确解。根据信息传递原理，提出了一种 GCAMP 算法来求解式(4.2.12)(蒋成龙等，2015；Wei et al.，2016a)。

在基于 GCAMP 算法的宽角 SAR 成像算法中，子孔径观测矩阵 $\boldsymbol{\Phi}_\theta$ 及 $\boldsymbol{\Phi}_\theta^{\mathrm{H}}$ 可以用近似算子 $\mathcal{G}_{\mathrm{BP}}(\cdot)$ 和 $\mathcal{I}_{\mathrm{BP}}(\cdot)$ 替代，从而降低内存使用(Zhang B C et al.，2012a；Fang et al.，2013；Jiang et al.，2015)。基于 GCAMP 算法的宽角 SAR 成像算法伪代码如表 4.2.1 所示。

表 4.2.1　基于 GCAMP 算法的宽角 SAR 成像算法伪代码

输入	回波数据 $\boldsymbol{y}$，$\delta=M/N$，$\mu=\Vert\boldsymbol{\Phi}\Vert_2^{-2}$，正则化参数 λ
初始化	$\boldsymbol{x}=0$，$\boldsymbol{z}^0=\boldsymbol{y}$，$t=0$
迭代过程	$t=t+1$； $\bar{\boldsymbol{x}}=0$； 对于第 $n(n=1,2,\cdots,I)$ 个子孔径，有 $\boldsymbol{x}_n^t=\mathcal{I}(\boldsymbol{z}_n^{t-1})+\boldsymbol{x}_n^{t-1}$ $\bar{\boldsymbol{x}}=\bar{\boldsymbol{x}}+\boldsymbol{x}_n^t$ $\hat{\tau}_n^{(t)}=\mu\lambda$ $\lambda_n^t=\left\langle\dfrac{\partial\eta^R}{\partial x}(\boldsymbol{x}_n^t;\hat{\tau}_n^{(t)})\right\rangle+\left\langle\dfrac{\partial\eta^I}{\partial y}(\boldsymbol{x}_n^t;\hat{\tau}_n^{(t)})\right\rangle$ $\boldsymbol{z}_n^t=\boldsymbol{y}_n-\mathcal{G}(\boldsymbol{x}_n^{t-1})+\boldsymbol{z}_n^{t-1}\dfrac{1}{2\delta}\lambda_n^t$ $\boldsymbol{s}=\max\left(1-\dfrac{\hat{\tau}^{(t)}}{\Vert\bar{\boldsymbol{x}}\Vert},0\right)$ $\boldsymbol{x}_n^{t+1}=\boldsymbol{x}_n^t\odot\boldsymbol{s}$，　$n=1,2,\cdots,I$
输出	当迭代步数 t 小于最大迭代次数，且 $\Vert\boldsymbol{x}^t-\boldsymbol{x}^{t-1}\Vert_2\geqslant\mathrm{tol}$ 时，继续执行迭代运算，否则输出 $\boldsymbol{x}^t$

在得到目标各方位的后向散射系数之后，可以通过广义似然比检测(Moses et al.，2004)方法得到综合图像，定义第 n 个像素的灰度值为

$$I_n^{\mathrm{c}}=\sqrt{\sum_i\Vert s_{n,i}\Vert^2}\tag{4.2.13}$$

式中，$s_{n,i}$ 为第 n 个像素在第 i 个观测角度上的重构数值。

4.2.4　仿真实验

利用 GCAMP 算法可以有效重构宽角 SAR 场景目标方位散射特性，本节将利用仿真实验说明该方法的有效性。

图 4.2.2(a)是场景设置示意图，12m×12m 的场景(网格大小为 0.4m)中摆放了 4 个各向异性目标以及 1 个各向同性目标。各向异性目标

的雷达后向散射系数响应为 sinc 形式，主瓣宽度约为 40°，4 个各向异性目标的朝向分别与右侧水平线成 25°、30°、35°、40°夹角，各向异性目标之间相互间距 8m，构成正方形，中心是各向同性目标，对所有目标的后向散射系数进行归一化处理。发射信号载频 5.3GHz，带宽 100MHz，采样率 150MHz，脉宽 1μs，方位向天线长度 0.9m，脉冲重复频率 92Hz，平台飞行半径 1000m，高度 3000m，平台速度 200m/s，实验观测角度为 60°～90°，重构时假定目标后向散射系数在 2°范围内（其中包含有 16 次观测）不变。独立成像处理过程对每个子孔径的数据单独处理；联合成像处理过程包括 GIST 算法和 GCAMP 算法，利用了所有孔径内的信息。

图 4.2.2(c)～(f)是宽角 SAR 成像仿真结果，为各个观测角度上目标后向散射系数重构结果的综合图像。图 4.2.2(c)是基于匹配滤波 BP 算法的成像结果，利用了全孔径数据；图 4.2.2(d)是利用 IST 算法对子孔径数据成像后利用信噪比最大原则得到的综合图像结果；图 4.2.2(e)是利用 GIST 算法得到的综合图像结果；图 4.2.2(f)是利用 GCAMP 算法得到的综合图像结果，与图 4.2.2(e)结果一致。比较图 4.2.2(c)～(f)可以看出，利用 GCAMP 算法可以提高重构质量，缩短重构时间。

可以看出，图 4.2.2(c)中的旁瓣在稀疏算法中得到显著的抑制。子孔径算法中，各向异性目标的重构结果与各向同性目标相比，其数值相当小，不容易被发现，算法容易将各向同性目标附近的旁瓣识别为虚假目标，从而为重构带来难度。尽管如此，子孔径算法还是有效的，各向异性目标仍然都能识别出来，如图 4.2.2(d)所示。联合重构算法具有更高的重构精度，在本实验中，各向异性目标与各向同性目标均被很好地识别出来。需要注意的是，GIST 算法迭代了 100 次才达到与 GCAMP 算法迭代 33 次(90°)～64 次(60°)相同的重构精度。

图 4.2.3 提供了不同重构算法在不同观测角度下，场景中 5 个目标的后向散射系数曲线。其中图 4.2.3(a)是各向同性目标的后向散射系数曲线；图 4.2.3(b)～(e)分别是中心与右水平线成 25°、30°、35°、40°夹角的各向异性目标的后向散射系数曲线。粗实线代表真实值，三角点线代表利用 IST 算法对子孔径数据的成像结果，圆框虚线代表利用 GIST 算法得到的结果，星形点虚线代表利用 GCAMP 算法得到的结果。可以看出，利用 GCAMP 算法可以同时重构各向同性和各向异性目标的后向散射系数，与

真实值相当吻合。

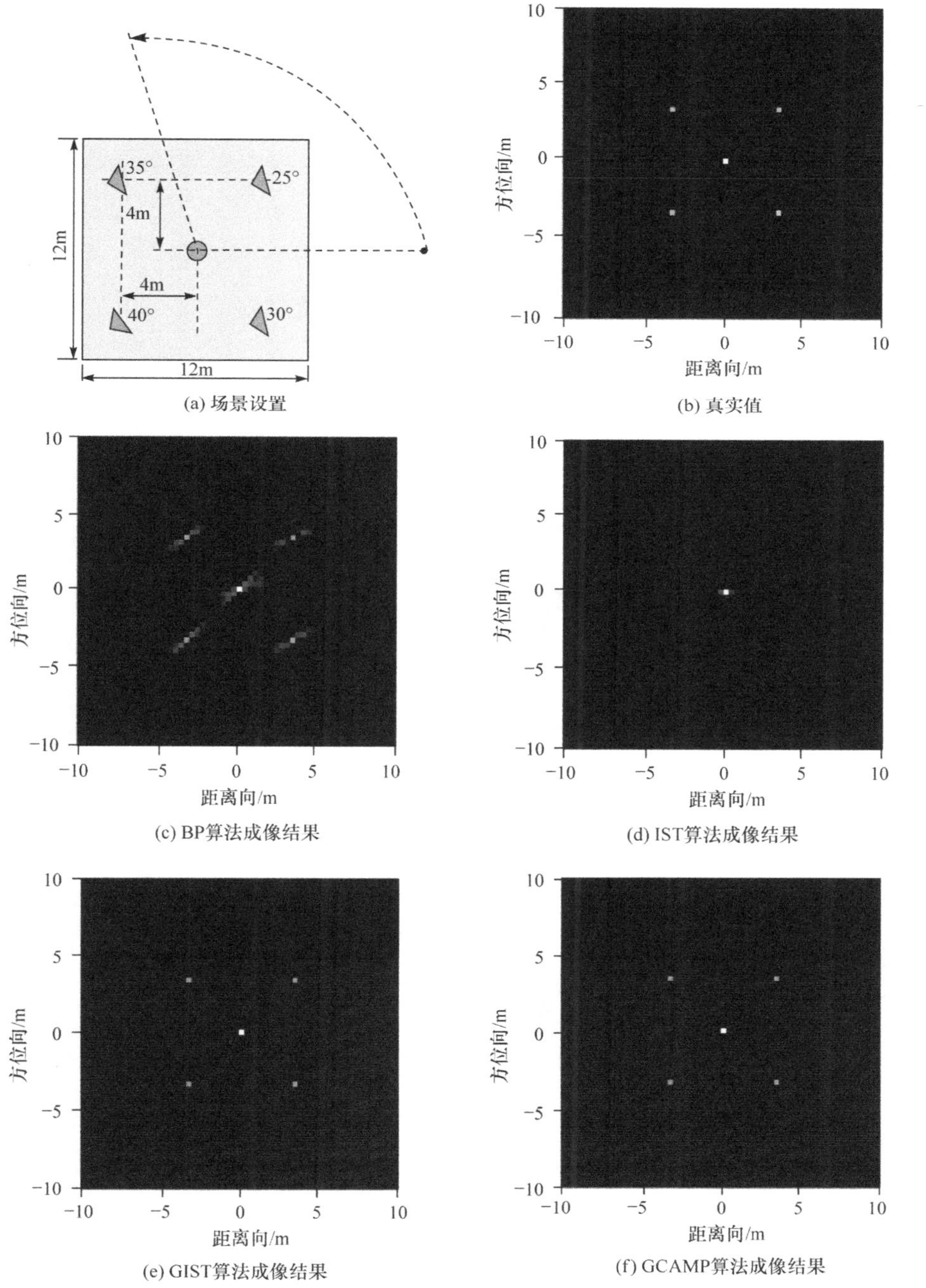

图 4.2.2　宽角 SAR 成像场景设置示意图和成像结果

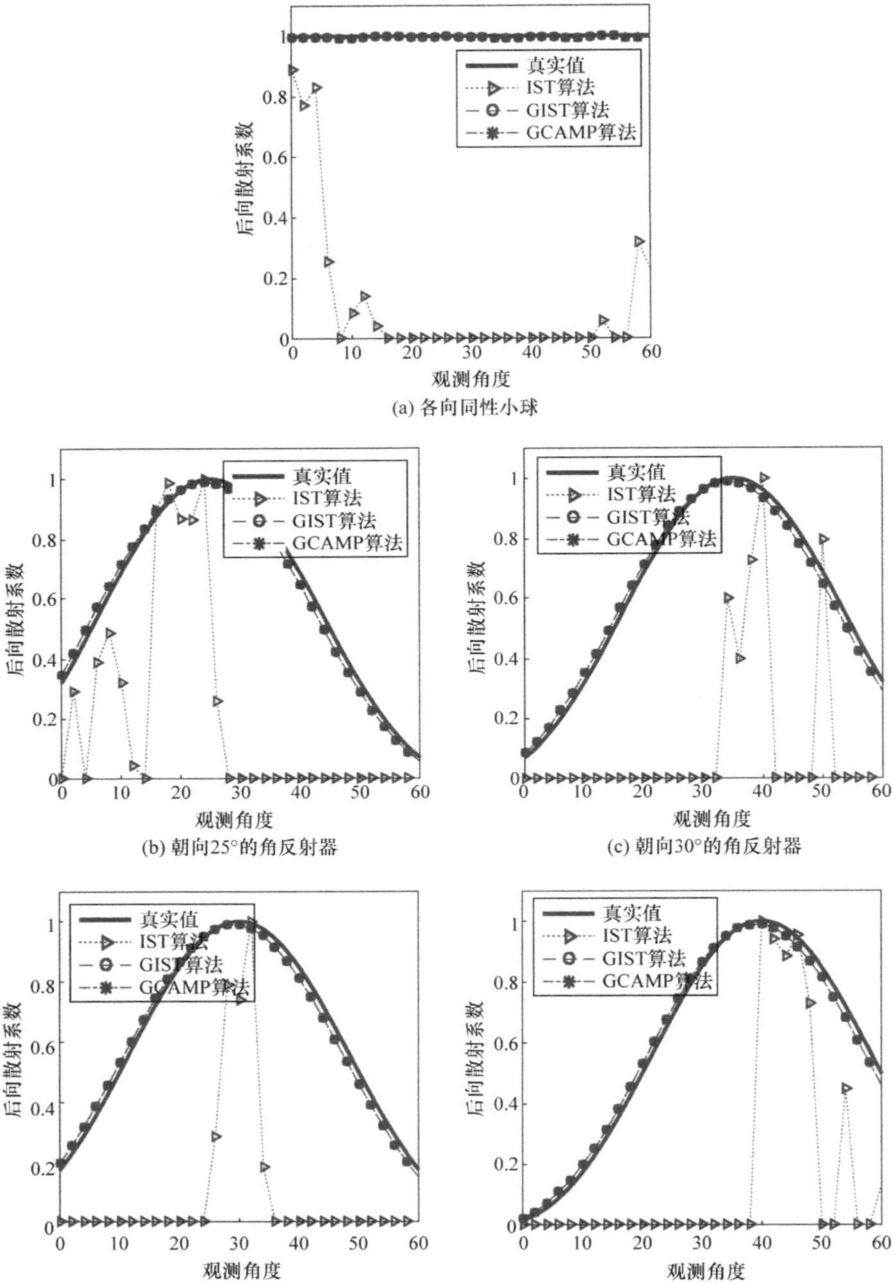

(a) 各向同性小球

(b) 朝向25°的角反射器

(c) 朝向30°的角反射器

(d) 朝向35°的角反射器

(e) 朝向40°的角反射器

图 4.2.3　不同算法重构的后向散射系数随观测角度变化曲线

下面设计实验验证复杂场景下所提的宽角 SAR 成像方法的有效性。场景中包含各向异性目标和各向同性目标。如图 4.2.4(a)所示，实验中设置了方形围框状物体，其厚度为 0.4m，向外呈现出二面角的特点，可以认为是各向异性目标，其幅度为 10，相位满足 0～2π 的随机分布；其中包围着(8m×8m)的分布式目标，幅度为 1，相位同样为 0～2π 的随机分布。各向异性目标的反射函数响应为 sinc 形式。各向异性目标的朝向分别为 0°和 90°。发射信号载频 5.3GHz，带宽 100MHz，采样率 150MHz，脉宽 1μs，方位向天线长度 0.9m，脉冲重复频率 91.6491Hz，平台飞行半径 1000m，高度 3000m，平台速度 200m/s，实验观测角度 90°，重构时假定目标反射系数在 2°范围内，其中包含有 16 次观测不变。独立成像处理过程对每个子孔径的数据单独处理；联合成像处理过程包括 GIST 算法和 GCAMP 算法。

由图 4.2.4 可看出，在存在分布式目标与各向异性目标的情况下，采用组稀疏能构获得更好的成像效果。具体表现在：在 GIST 算法和 GCAMP 算法的结果中，方形框状物体基本得到重构，而且目标的形状轮廓得到保持，BP 算法中存在的强旁瓣在 GIST 算法和 GCAMP 算法中得到了有效抑制。

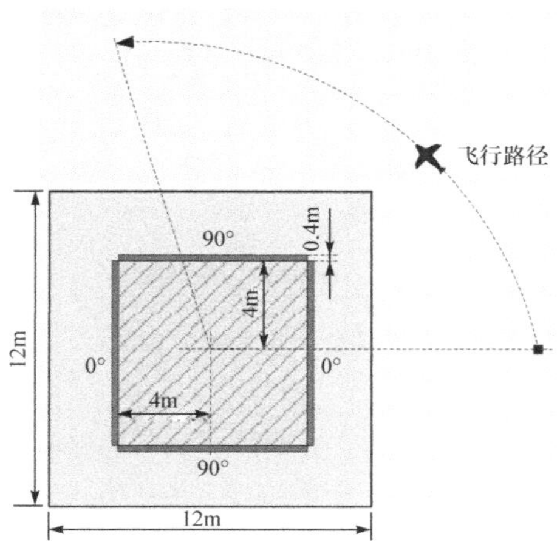

(a) 场景设置

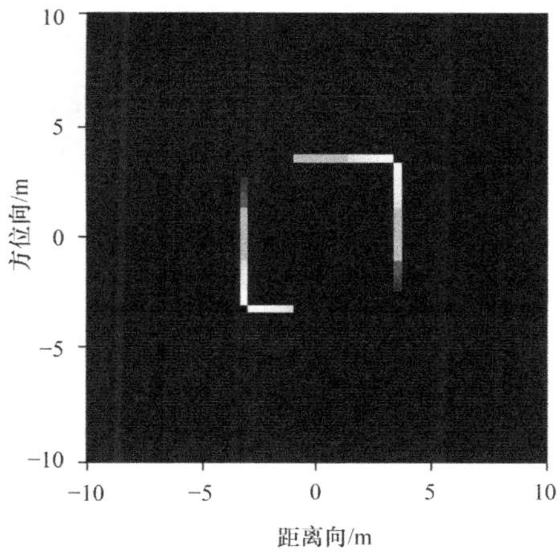

(b) 真实值

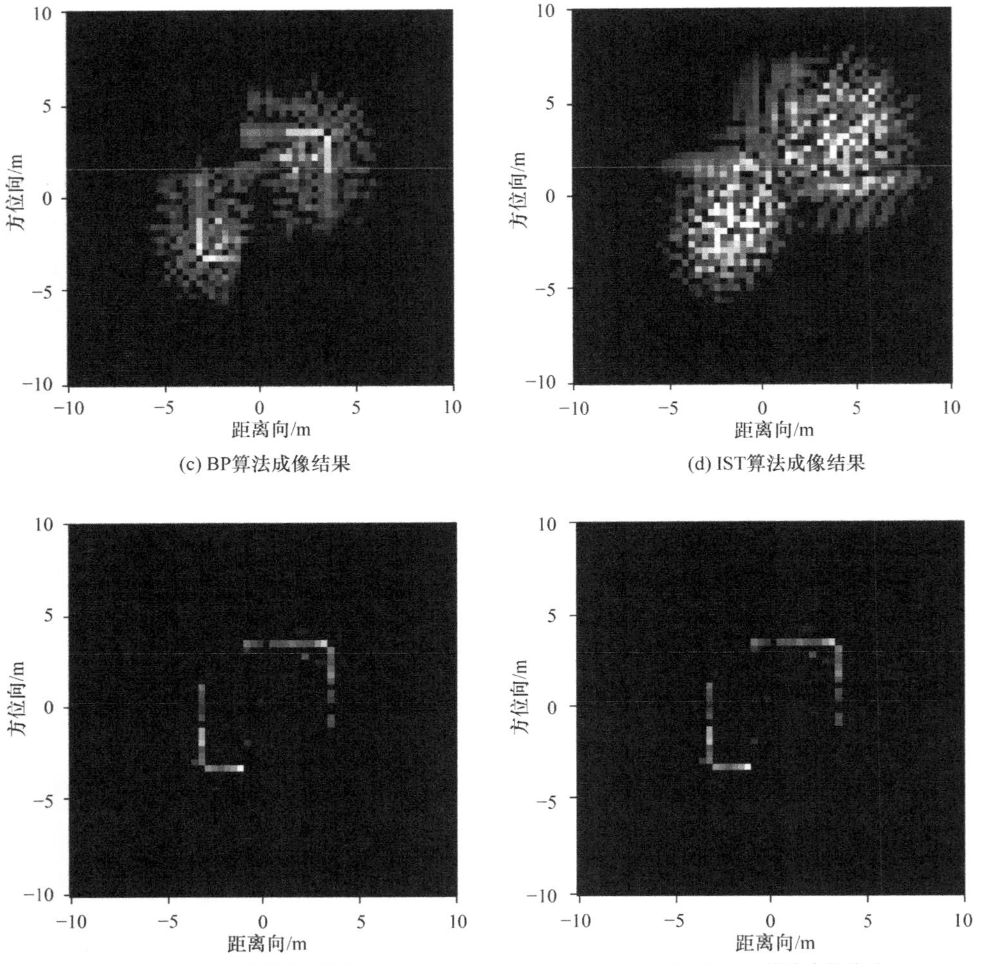

(c) BP算法成像结果　(d) IST算法成像结果

(e) GIST算法成像结果　(f) GCAMP算法成像结果

图 4.2.4　复杂场景下 WASAR 各向异性目标成像场景设置示意图和成像结果

4.2.5　小结

本节结合宽角 SAR 中目标的散射特性呈现各向异性和目标支撑集在不同方位重合的特点，建立了基于结构稀疏的宽角 SAR 成像模型，并且利用基于结构稀疏的 GCAMP 算法求解上述模型。仿真实验表明利用该方法可以有效重构各向异性目标的散射特性。

4.3　GMTI 与变化检测

4.3.1　引言

多通道运动目标检测技术利用一个天线发射雷达信号，多个天线同时接收回波，每个天线相位中心在不同时刻经过相同空间位置时，静止目标和杂波的回波是相同的，但由于运动目标存在速度矢量，其回波在不同通道有所不同，鉴于此，常用的方法有 DPCA（Skolnik，1990）、沿航迹干涉（along-track interferometry，ATI）（Goldstein & Zebker，1987）、空时自适应处理（space-time adaptive processing，STAP）（Klemm，2006）。多时相变化检测是成像雷达系统根据不同时间对同一观测区域成像结果幅度或/和相位变化进行检测，常用的方法有幅度变化检测、相干变化检测（coherent change detection，CCD）（Jakowatz et al.，1996）等。

结构稀疏（Duarte & Eldar，2011）指的是在信号的表示过程中由信号之间的相关性带来的结构特征的稀疏性。分布式压缩感知研究对象具有一种特殊的结构稀疏，它根据观测对象共同分量和更新分量的特性差异建立了三种模型（Baron et al.，2009）。本节根据上述模型研究基于分布式压缩感知的多通道雷达联合成像算法（吴一戎等，2011c），它不仅利用了目标场景自身的稀疏特性，还充分利用了多个通道之间的相关性，相比基于各通道独立处理的压缩感知多通道雷达，它可用更少的观测数据进行重构。本节首先介绍分布式压缩感知原理及基于该原理的 SAR 成像模型，然后在此基础上介绍分布式压缩感知在运动目标检测和场景变化检测中的应用（Lin Y G et al.，2010，2012）。

4.3.2　分布式压缩感知

压缩感知技术只需获取单个稀疏信号少量的线性观测数据，这些观测数据包含足够信息确保该信号的正确恢复。分布式压缩感知（distributed compressed sensing，DCS）（Baron et al.，2009）探索由多个信号集成的信号集里各个信号内部和多个信号之间的相关结构特性。一个典型分布式压缩感知场景为：多个传感器独立观测各自在某个基上的稀疏信号，并且各个传感器之间存在相关性。各个传感器将信号映射到一个基上实现编码，仅将编码系数传到信号采集点。基于多个传感器信号间的相关性，分布式压缩感知利用信号采集点的数据能够同时恢复这些信号。在分布式压缩感知中，多个传感器信号集的联合稀疏度往往低于各个传感器信号稀疏度的叠加，因此可以进一步降低准确恢复观测信号所需的观测数据量。

为描述联合稀疏模型，定义如下符号。用 $\Lambda=\{1,2,\cdots,J\}$ 表示 J 个观测对象的标号。用 $\boldsymbol{x}_j$ 表示第 j 个观测对象，其中 $j\in\Lambda$，并认为每个观测对象 $\boldsymbol{x}_j\in\mathbb{R}^N$。用 $\boldsymbol{x}_j(n)$ 表示第 j 个信号的第 n 个观测值。不失一般性，假设这些信号在单位基 $\boldsymbol{\Psi}=\boldsymbol{I}$ 下可稀疏表示。$\boldsymbol{\Phi}_j$ 表示第 j 个信号的观测矩阵；$\boldsymbol{\Phi}_j$ 是大小为 $M_j\times N$ 的矩阵，通常情况下对于不同的 j，$\boldsymbol{\Phi}_j$ 也不同。因此对于 $\boldsymbol{x}_j$，观测量 $\boldsymbol{y}_j=\boldsymbol{\Phi}_j\boldsymbol{x}_j$ 包含有 $M_j<N$ 个随机的观测量。为了更简洁地表示观测对象和观测数据，定义 $\bar{M}=\sum_{j\in\Lambda}M_j$，$\boldsymbol{X}\in\mathbb{R}^{JN}$，$\boldsymbol{Y}\in\mathbb{R}^{\bar{M}}$和 $\boldsymbol{\Phi}\in\mathbb{R}^{\bar{M}\times JN}$，具体可以表示为

$$\boldsymbol{X}=\begin{bmatrix}\boldsymbol{x}_1\\ \boldsymbol{x}_2\\ \vdots\\ \boldsymbol{x}_J\end{bmatrix},\quad \boldsymbol{Y}=\begin{bmatrix}\boldsymbol{y}_1\\ \boldsymbol{y}_2\\ \vdots\\ \boldsymbol{y}_J\end{bmatrix},\quad \boldsymbol{\Phi}=\begin{bmatrix}\boldsymbol{\Phi}_1 & \boldsymbol{0} & \cdots & \boldsymbol{0}\\ \boldsymbol{0} & \boldsymbol{\Phi}_2 & \cdots & \boldsymbol{0}\\ \vdots & \vdots & & \vdots\\ \boldsymbol{0} & \boldsymbol{0} & \cdots & \boldsymbol{\Phi}_J\end{bmatrix} \tag{4.3.1}$$

式中，$\boldsymbol{0}$ 是所有元素都为 0 的矩阵或向量。

因此，对于整个联合稀疏观测模型，有

$$\boldsymbol{Y}=\boldsymbol{\Phi}\boldsymbol{X} \tag{4.3.2}$$

可以看出整个联合观测矩阵是一个块状对角矩阵。在这里，所有的稀疏观测对象被简单地排列成一列。

下面研究一种用于描述相关稀疏信号集 $\{\boldsymbol{x}_1,\boldsymbol{x}_2,\cdots,\boldsymbol{x}_J\}$ 的稀疏特性的通用框架，它将稀疏信号分解成位置信息和值信息两部分。考虑单个信号 $\boldsymbol{x}\in\mathbb{R}^N$，有 $K\ll N$ 个非零值。将 $\boldsymbol{x}$ 的信息分解为非零值位置和非零值大小两部分，$\boldsymbol{x}=\boldsymbol{P\theta}$。其中 $\boldsymbol{\theta}\in\mathbb{R}^K$，仅包含 $\boldsymbol{x}$ 的非零值，$\boldsymbol{P}$ 是一个单位矩阵的子矩阵，大小为 $N\times K$，包含有 $N\times N$ 单位矩阵的 K 列，任意一个 K 稀疏的信号都可以表示成这种形式。为了对所有可能形式的稀疏信号建模，定义集合 $\mathbb{Q}$ 中包含所有可能的、大小为 $N\times K'(1\leqslant K'\leqslant N)$ 的单位子矩阵，$\mathbb{Q}$ 称为稀疏模型。给定一个信号 $\boldsymbol{x}$，考虑它所有可能的分解 $\boldsymbol{x}=\boldsymbol{P\theta}(\boldsymbol{P}\in\mathbb{Q})$。其中，在 $\boldsymbol{\theta}$ 的维数为最小的情况下，$\boldsymbol{\theta}$ 的维数表示为信号 $\boldsymbol{x}$ 在模型 $\mathbb{Q}$ 下的稀疏度。

考虑一个信号集，$\boldsymbol{X}=\boldsymbol{P\Theta}$，其中 $\boldsymbol{X}\in\mathbb{R}^{JN}$，$\boldsymbol{P}\in\mathbb{R}^{JN\times\delta}$ 和 $\boldsymbol{\Theta}\in\mathbb{R}^{\delta}$。$\boldsymbol{P}$ 和 $\boldsymbol{\Theta}$ 分别是位置矩阵和值向量。联合稀疏模型(joint sparsity model，JSM)是从一个包含所有可能的位置矩阵 $\boldsymbol{P}$ 的集合 $\mathbb{Q}$ 的角度定义的，其中 $\boldsymbol{P}$ 具有不同的列数。对于一个给定的信号 $\boldsymbol{X}$，定义集合 $\mathbb{Q}_F(\boldsymbol{X})\subseteq\mathbb{Q}$，其包含所有可行的位置矩阵 $\boldsymbol{P}\in\mathbb{Q}$ 使得分解 $\boldsymbol{X}=\boldsymbol{P\Theta}$ 存在。

联合信号 $\boldsymbol{X}$ 的联合稀疏度 D 定义为最小矩阵 $\boldsymbol{P}\in\mathbb{Q}_F(\boldsymbol{X})$ 的列数。和单个信号的情况不同，联合稀疏模型 $\mathbb{Q}$ 下的位置矩阵 $\boldsymbol{P}$ 具有几种不同的选择。下面介绍将信号表示成共同分量和更新分量的联合稀疏模型。在这些模型中，每个信号都分成两部分：①共同分量 $\boldsymbol{z}_{\mathrm{c}}$，它出现在所有的信号中；②更新分量 $\boldsymbol{z}_j$，它对于每个信号不同。每个信号都可表示为

$$\boldsymbol{x}_j=\boldsymbol{z}_{\mathrm{c}}+\boldsymbol{z}_j,\quad j\in\Lambda \tag{4.3.3}$$

注意到这些独立的分量也可能都是零。信号的共同分量和更新分量表示为单位子矩阵和列向量的乘积：

$$\begin{cases}\boldsymbol{z}_{\mathrm{c}}=\boldsymbol{P}_{\mathrm{c}}\boldsymbol{\theta}_{\mathrm{c}}\\ \boldsymbol{z}_j=\boldsymbol{P}_j\boldsymbol{\theta}_j,\quad j\in\{1,2,\cdots,J\}\end{cases} \tag{4.3.4}$$

式中，$\boldsymbol{\theta}_{\mathrm{c}}\in\mathbb{R}^{K_{\mathrm{c}}}$ 和 $\boldsymbol{\theta}_j\in\mathbb{R}^{K_j}$，且它们不含非零元素。

每个用于表示信号 $\{\boldsymbol{x}_j\}$ 的矩阵 $\boldsymbol{P}\in\mathbb{Q}$ 具有如下的特性：

$$\boldsymbol{P}=\begin{bmatrix}\boldsymbol{P}_{\mathrm{c}} & \boldsymbol{P}_1 & \boldsymbol{0} & \cdots & \boldsymbol{0}\\ \boldsymbol{P}_{\mathrm{c}} & \boldsymbol{0} & \boldsymbol{P}_2 & \cdots & \boldsymbol{0}\\ \vdots & \vdots & \vdots & & \vdots\\ \boldsymbol{P}_{\mathrm{c}} & \boldsymbol{0} & \boldsymbol{0} & \cdots & \boldsymbol{P}_J\end{bmatrix} \tag{4.3.5}$$

式中，$\boldsymbol{P}_{\mathrm{c}}$ 和 $\{\boldsymbol{P}_j\}_{j\in\{1,2,\cdots,J\}}$ 为单位子矩阵。

定义值向量为

$$\boldsymbol{\Theta}=[\boldsymbol{\theta}_{\mathrm{c}}^{\mathrm{T}}\quad \boldsymbol{\theta}_1^{\mathrm{T}}\quad \boldsymbol{\theta}_2^{\mathrm{T}}\quad \cdots\quad \boldsymbol{\theta}_J^{\mathrm{T}}]^{\mathrm{T}} \tag{4.3.6}$$

则

$$\boldsymbol{X}=\boldsymbol{P\Theta} \tag{4.3.7}$$

如果一个信号集 $\boldsymbol{X}=\boldsymbol{P\Theta}(\boldsymbol{\Theta}\in\mathbb{R}^{\pi})$，而且构成 $\boldsymbol{P}$ 的 $J+1$ 个单位子矩阵 $\boldsymbol{P}_{\mathrm{c}}$ 和 $\{\boldsymbol{P}_j\}_{j\in\Lambda}$ 有一个列向量是一样的，那么矩阵 $\boldsymbol{P}$ 不是满秩的。换言之，向量 $\boldsymbol{\Theta}$ 中可能含值为零的元素；或者说，可能有 $\boldsymbol{\theta}_j(k)=0$(对于某个 $1\leqslant k\leqslant K_j$ 而某个 $j\in\Lambda$)，或者 $\boldsymbol{\theta}_{\mathrm{c}}(k)=0$(对于某个 $1\leqslant k\leqslant K_{\mathrm{c}}$)。在这两种情况下，通过去掉任何一个单位子矩阵中的一个所有子矩阵共有的列向量，就可以获得一个更少列向量的子矩阵 $\boldsymbol{Q}$，而且存在一个 $\boldsymbol{\Theta}'\in\mathbb{R}^{\pi-1}$ 使得 $\boldsymbol{X}=\boldsymbol{Q\Theta}'$。

如果 $\boldsymbol{Q}\in\mathbb{Q}$，那么将这种行为定义为稀疏度降低，它可以减小一个信号集的有效联合稀疏度。

针对实际中多种可能的联合稀疏情形，JSM 分为三种(Baron et al.，2009)："JSM-1：稀疏共同分量＋稀疏更新分量"；"JSM-2：共同稀疏支撑"；"JSM-3：非稀疏共同分量＋稀疏更新分量"。这里只介绍与 GMTI 和变化检测有关的"JSM-1：稀疏共同分量＋稀疏更新分量"。

如图 4.3.1 所示，JSM-1 每个信号都由一个稀疏的共同分量 $\boldsymbol{z}_c$ 和一个稀疏的更新分量 $\boldsymbol{z}_j$ 相加组成。这种联合稀疏模型 $\mathbb{Q}$ 可以用式(4.3.5)的形式表示，K_c 和 K_j 都远小于 N，场景的联合稀疏度为 $D=K_c+\sum_{j\in\Lambda}K_j$。不失一般性，考虑信号集由两个信号组成，采用向量的观测模型可以表示为

$$\boldsymbol{Z}=\begin{bmatrix}\boldsymbol{z}_c\\ \boldsymbol{z}_1\\ \boldsymbol{z}_2\end{bmatrix},\quad \widetilde{\boldsymbol{\Phi}}=\begin{bmatrix}\boldsymbol{\Phi}_1 & \boldsymbol{\Phi}_1 & \boldsymbol{0}\\ \boldsymbol{\Phi}_2 & \boldsymbol{0} & \boldsymbol{\Phi}_2\end{bmatrix} \tag{4.3.8}$$

式中，$\boldsymbol{Z}$ 包含 $K_c+K_1+K_2-K_r$ 个非零元素，K_r 表示在 $\boldsymbol{z}_c$、$\boldsymbol{z}_1$ 和 $\boldsymbol{z}_2$ 中同一位置都不为零的数目，通过将各个信号观测值串联得到观测量 $\boldsymbol{Y}=\widetilde{\boldsymbol{\Phi}}\boldsymbol{Z}$。$\boldsymbol{Z}$ 可以通过求解下面的加权 ℓ_1 范数最小化问题得到：

$$\begin{aligned}&\boldsymbol{Z}=\arg\min\{\gamma_c\|\boldsymbol{z}_c\|+\gamma_1\|\boldsymbol{z}_1\|+\gamma_2\|\boldsymbol{z}_2\|\}\\ &\text{s.t.}\quad \boldsymbol{y}=\widetilde{\boldsymbol{\Phi}}\boldsymbol{Z}\end{aligned} \tag{4.3.9}$$

式中 $\gamma_c,\gamma_1,\gamma_2\geqslant 0$。如果 $K_1=K_2$ 而且 $M_1=M_2$，那么不失一般性，可以令 $\gamma_1=\gamma_2=1$。针对 $K_1=K_2$ 而 $M_1\neq M_2$ 的情况，在简化处理算法时，可以令 $\gamma_c=\gamma_1=\gamma_2=1$(Baron et al.，2009)。

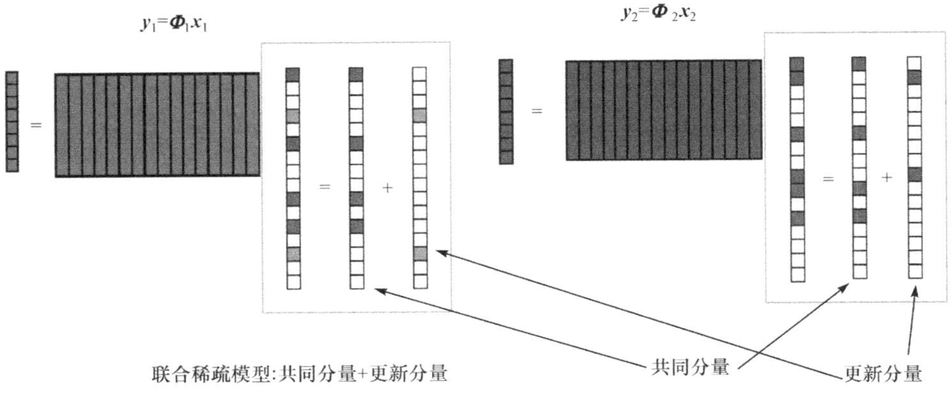

图 4.3.1　JSM-1 示意图

引入观测率分析 DCS 的性能,定义

$$R_j=\lim_{N\to+\infty}\frac{M_j}{N},\quad j\in\Lambda \tag{4.3.10}$$

$$\lim_{N\to+\infty}\frac{K_c}{N}=S_c \tag{4.3.11}$$

$$\lim_{N\to+\infty}\frac{K_j}{N}=S_j,\quad j\in\Lambda \tag{4.3.12}$$

同样可以令 $S_{X_j}=S_c+S_j-S_cS_j$,$j\in\{1,2\}$。

如果 $J=2$,共同分量的稀疏度为 S_c、更新分量的稀疏度为 $S_1=S_2=S_I$,那么要以 1 的概率恢复信号,测量率必须满足下面的条件:

$$R_j\geqslant c'(S_I+S_cS_I-S_cS_I^2),\quad j=1,2 \tag{4.3.13}$$

$$R_1+R_2\geqslant c'(S_I+S_cS_I-S_cS_I^2)+c'(S_I+S_c-S_cS_I) \tag{4.3.14}$$

式中,$c'>1$ 是过采样因子。

4.3.3　基于分布式压缩感知的多通道/多时相 SAR 模型

如图 4.3.2(a)所示,多通道观测采用多天线技术实现信号发射和回波接收。多通道观测 SAR 可以使用顺轨干涉进行运动目标检测(Chiu & Livingstone,2005)、利用交轨干涉估计地形高度并形成三维高程图、在空时自适应处理时抑制杂波、多极化成像提取地物信息等。多时相观测指的是采用星载/机载/地基 SAR 系统在不同时刻获取同一个区域多幅图像,如图 4.3.2(b)所示,它的一个重要应用是对同一个场景检测其随时间的变化情况。

多通道/多时相 SAR 技术提高了系统性能和应用潜力,但同时大幅度增加了观测量,给数据的获取、存储、传输和处理带来了巨大的压力。对于单通道/单时相系统,当观测对象稀疏时,单次引入稀疏微波成像技术可以降低系统观测数据量。随着系统通道数/重访次数的增加,多通道/多时相的成像所需的观测数据量可能依然很大。基于分布式压缩感知的多通道/多时相雷达成像方法,充分利用多通道下场景相关特性和观测数据间的冗余特性,建立多通道/多时相下观测场景联合稀疏模型,以及联合观测模型,可进一步降低无模糊重构所需的数据量。

本节首先将根据多通道/多时相成像雷达的系统参数和平台参数构建观测模型。其次将多通道/多时相的观测场景表示为两部分:观测一致的

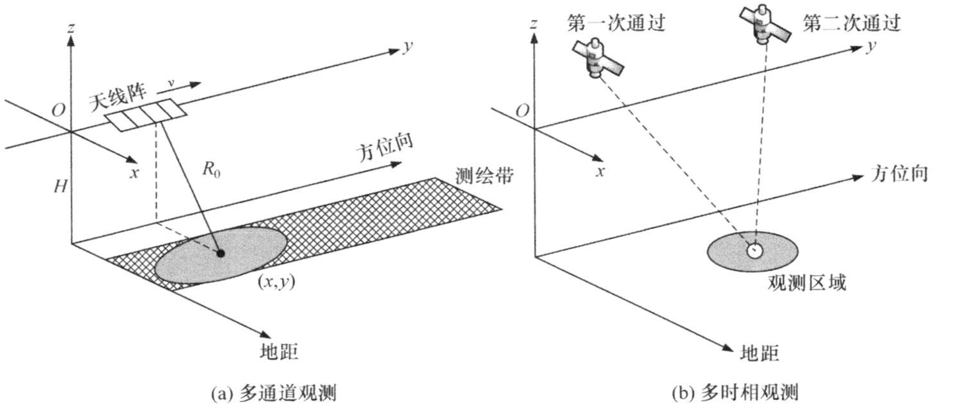

图 4.3.2　多通道/多时相观测示意图

场景部分和观测不一致的场景部分。最后，基于分布式压缩感知原理构建多通道/多时相的联合观测模型，包括联合的观测数据、联合的测量矩阵及联合的观测场景。

1. 多通道/多时相成像雷达观测模型

以地球表面坐标系为参考坐标系，系统有 J 个子天线，原点位于天线的几何中心处，不考虑地球自转，z 轴背向地心，y 轴沿平台的运动方向，x 轴与它们成右手坐标系。平台的飞行速度为 v，平台在 $t=0$ 时刻位于坐标系的原点。观测区域 Ω 内的目标点为 (x,y)。多通道、多时相数据获取可以简化表述为：雷达系统发射脉冲 $s(t)$，系统的 J 个通道独立采样获得观测回波信号 $\xi_j(t)$，其中，t 是时间，$j=1,2,\cdots,J$ 是接收通道的标号；多通道、多时相可以是系统在同一时刻对同一个场景的多通道观测的情况，也可以是系统在不同时刻对同一个场景单通道或者多通道观测的情况。

根据发射信号的形式和信号采样方式建立数据的回波模型：

$$\xi_j(t)=\int_{(x,y)\in\Omega}\sigma_j(x,y)\exp[-\mathrm{j}f_c(t-t_{\mathrm{d}_j}(x,y))]s(t-t_{\mathrm{d}_j}(x,y))\mathrm{d}x\mathrm{d}y \quad (4.3.15)$$

式中，(x,y) 为观测区域 Ω 内的目标点；$\sigma_j(x,y)$ 为 (x,y) 在第 j 个通道下表现出的后向散射系数；f_c 为载波的频率；$t_{\mathrm{d}_j}(x,y)$ 为信号从发射天线到 (x,y) 再返回第 j 个天线的时间延迟，它表示为

$$t_{\mathrm{d}_j}(x,y)=\frac{1}{c}(\|(x_{\mathrm{T}},y_{\mathrm{T}})-(x,y)\|_2+\|(x_j,y_j)-(x,y)\|_2) \quad (4.3.16)$$

式中，(x_T, y_T)为发射天线的空间位置；(x_j, y_j)为第 j 个天线的空间位置，c 为光速，$\|\cdot\|_q$为向量的 q 阶范数；

通过对式(4.3.15)的离散化得到

$$\boldsymbol{y}_j = \sum_{n=1}^{N} \boldsymbol{\phi}_j^n \sigma_j^n = \boldsymbol{\Phi}_j \sigma_j \tag{4.3.17}$$

式中，N 为离散化观测场景的目标位置点数；σ_j^n 为在第 j 个通道下第 n 个目标点的后向散射系数；$\boldsymbol{\phi}_j^n$ 为第 j 个通道下第 n 个目标点(x_n, y_n)在后向散射系数为 1 的情况下离散化的回波向量；$\boldsymbol{\Phi}_j$ 为第 j 个通道的观测矩阵。假如场景 σ_j^n 可稀疏表征，则

$$\boldsymbol{y}_j = \boldsymbol{\Phi}_j \boldsymbol{\Psi}_j \alpha_j \tag{4.3.18}$$

式中，$\boldsymbol{\Psi}_j$ 为稀疏基矩阵；α_j 为稀疏系数，$j=1,2,\cdots,J$。

2. 多通道/多时相观测场景

多通道/多时相的离散化观测模型描述的是所有的观测点都是静止而且都处于平坦地面时的回波情况，如果目标点存在高程变化、位置变化等情况时，必然就会给回波带来额外的相位变化。定义变化相位为 β_j，它描述了目标的变化信息，它在构建回波的模型时是未知量，是需要重构的参数。定义

$$x_j(n) = \sigma_j^n \exp(\mathrm{j}\beta_j(n)) \tag{4.3.19}$$

由分布式压缩感知理论，可将多通道、多时相下的观测场景表示为两部分，即

$$\boldsymbol{x}_j = \boldsymbol{z}_c + \boldsymbol{z}_j \tag{4.3.20}$$

式中，$\boldsymbol{z}_c$ 在所有通道、时相下后向散射特性都相同的场景部分；$\boldsymbol{z}_j$ 为在各个通道、时相下后向散射系数不同的场景部分。$\boldsymbol{z}_c$ 和 $\boldsymbol{z}_j$ 是与 $\boldsymbol{x}_j$ 大小相同的列向量。

由目标场景特性变化带来的多个通道之间的回波相位差为

$$\begin{cases} z_j(n)=0, & \beta_j(n)=0 \\ z_j(n)\neq 0, & \beta_j(n)\neq 0 \end{cases} \tag{4.3.21}$$

相应的观测方程可以表示为

$$\boldsymbol{y}_j = \begin{bmatrix} \boldsymbol{\Phi}_c & \boldsymbol{0} \\ \boldsymbol{0} & \boldsymbol{\Phi}_j \end{bmatrix} \begin{bmatrix} \boldsymbol{z}_c \\ \boldsymbol{z}_j \end{bmatrix}, \quad j=1,2,\cdots,J \tag{4.3.22}$$

3. 多通道/多时相稀疏微波成像模型

结合多通道/多时相的观测模型，建立联合观测模型，包括联合观测数据、联合测量矩阵、联合观测场景。联合观测数据由多通道、多时相的观测数据串联组成：

$$\boldsymbol{Y}=\begin{bmatrix}\boldsymbol{y}_1\\\boldsymbol{y}_2\\\vdots\\\boldsymbol{y}_J\end{bmatrix}\tag{4.3.23}$$

联合观测矩阵为

$$\boldsymbol{\Phi}=\begin{bmatrix}\boldsymbol{\Phi}_1 & \boldsymbol{\Phi}_1 & \boldsymbol{0} & \cdots & \boldsymbol{0}\\\boldsymbol{\Phi}_2 & \boldsymbol{0} & \boldsymbol{\Phi}_2 & \cdots & \boldsymbol{0}\\\vdots & \vdots & \vdots & & \vdots\\\boldsymbol{\Phi}_J & \boldsymbol{0} & \boldsymbol{0} & \cdots & \boldsymbol{\Phi}_J\end{bmatrix}\tag{4.3.24}$$

联合观测场景由多通道、多时相下观测场景的共同分量和不同分量串联组成，共同分量只出现一次，而不同分量各出现一次，因此联合观测场景向量的长度是 $\boldsymbol{x}_i$ 长度的 $I+1$ 倍，为

$$\boldsymbol{Z}=\begin{bmatrix}\boldsymbol{z}_{\mathrm{c}}\\\boldsymbol{z}_1\\\vdots\\\boldsymbol{z}_J\end{bmatrix}\tag{4.3.25}$$

联合观测方程为

$$\boldsymbol{Y}=\boldsymbol{\Phi Z}\tag{4.3.26}$$

至此，在联合稀疏表示的模型下，多通道 SAR 系统总的观测数据量为 $M=\sum\limits_{j\in\Lambda}M_j$，联合观测对象 $\boldsymbol{Z}\in\mathbb{C}^{(J+1)N}$，联合观测量 $\boldsymbol{Y}\in\mathbb{C}^{M}$和 $\boldsymbol{\Phi}\in\mathbb{C}^{M\times(J+1)N}$。$K_j$ 表示 $\boldsymbol{z}_j$ 中非零元素的数目，K_{c} 表示 $\boldsymbol{z}_{\mathrm{c}}$ 中非零元素的数目。根据 ℓ_1 联合优化的方法，构建恢复联合的观测场景成像模型：

$$\begin{aligned}\widetilde{\boldsymbol{Z}}&=\arg\min\left\{\|\boldsymbol{z}_{\mathrm{c}}\|_1+\sum_{j=1}^{J}\|\boldsymbol{z}_j\|_1\right\}\\\text{s.t.}\ \boldsymbol{Y}&=\boldsymbol{\Phi Z}\end{aligned}\tag{4.3.27}$$

$$\widetilde{\boldsymbol{Z}}=\begin{bmatrix}\tilde{\boldsymbol{z}}_{\mathrm{c}}\\ \tilde{\boldsymbol{z}}_1\\ \vdots\\ \tilde{\boldsymbol{z}}_J\end{bmatrix} \tag{4.3.28}$$

4.3.4　基于分布式压缩感知的顺轨干涉运动目标检测

1. 基于分布式压缩感知的顺轨干涉运动目标检测原理(Lin Y G et al.,2010)

SAR 顺轨运动目标检测属于多通道观测,其原理示意图如图 4.3.2(a)所示。运动目标检测可以通过一个天线发射、多个天线接收的方式获得多个通道的图像,再通过对多个配准后的图像进行相减或共轭相乘的方式获得运动目标的信息。根据前面分析可知,采用压缩感知重构观测场景可以降低所需的观测数据量。但系统通道数较多时,采用这种压缩感知方法处理所需的总数据量依然很大。如果将多个通道数据联合采用分布式压缩感知方法进行处理,系统所需观测数据将进一步降低。

假设观测场景中距离向采样点的数目为 K,方位向的有效采样点数为 N。$\sigma_j(x_k,y_n)$表示第 j 个通道观测下场景在距离向第 k 个、方位向第 n 个目标点的后向散射系数,其中 $j\in\Lambda,k=1,2,\cdots,K$ 且 $n=1,2,\cdots,N$。观测场景中各个位置的后向散射系数为 $\sigma_j(x_k,y_n)\in\mathbb{C}^N$。以距离向第 k 条数据为例,令 $\sigma_j(x_k,y_n)=w_j(n)$。$\boldsymbol{\Phi}_j$ 表示第 j 个通道的观测矩阵,大小为 $M_j\times N$。相应的观测方程可以简化表示为

$$\boldsymbol{y}_j=\boldsymbol{\Phi}_j\boldsymbol{w}_j,\quad j=1,2,\cdots,J \tag{4.3.29}$$

对于 $\boldsymbol{w}_j$,观测量 $\boldsymbol{y}_j$ 包含 $M_j<N$ 个随机的观测量。

由式(4.3.20)可知,各个通道独立表示的观测场景可以表示为

$$\boldsymbol{w}_j=\boldsymbol{z}_{\mathrm{c}}+\boldsymbol{z}_j \tag{4.3.30}$$

式中,$\boldsymbol{z}_{\mathrm{c}}$ 为共同分量,表示所有 J 个通道下场景后向散射系数点相同的部分;$\boldsymbol{z}_j$ 为更新分量,表示各个通道下观测对象自有的成分。

利用多个通道的观测数据实现运动目标检测时,场景中静止的目标点在各个通道下表示为共同分量 $\boldsymbol{z}_{\mathrm{c}}$;而存在运动特性的目标点在方位向则存在一个由目标速度和基线长度决定的相位差,可以用更新分量表示,如果两个天线方位向基线长度为 D,雷达平台的速度为 v,目标点的地速为 v_{r}

(以交轨方向速度为例)，则在方位向相应位置处两个通道下的更新分量为

$$\begin{aligned}\boldsymbol{z}_i^*(n)\boldsymbol{z}_j(n) &= |\boldsymbol{z}_j(n)|^2\exp\left(\mathrm{j}\frac{4\pi}{\lambda}\frac{v_x}{v}D\right)\\ &= |\boldsymbol{z}_j(n)|^2\exp\left(\mathrm{j}\frac{4\pi}{\lambda}\frac{v_\mathrm{r}\sin\theta}{v}D\right)\end{aligned}\tag{4.3.31}$$

式中，θ 为下视角；$v_x=v_\mathrm{r}\sin\theta$ 为目标点交轨方向地速在观测斜距平面上的分量。

场景中静止点目标的数目远大于运动目标的数目，即 $\boldsymbol{z}_\mathrm{c}$ 中非零元素数远多于 $\boldsymbol{z}_j$ 中非零元素数。采用独立的压缩感知技术处理时，各个通道的采样数据量必须满足

$$M_j \geqslant c(K_\mathrm{c}+K_j),\quad j=1,2,\cdots,J \tag{4.3.32}$$

式中，c 为常数。

总的采样数据量为

$$M=\sum_{j=1}^{J}M_j \geqslant c\left(IK_\mathrm{c}+\sum_{j=1}^{J}K_j\right) \tag{4.3.33}$$

多通道系统的联合观测模型可以由式(4.3.23)～式(4.3.26)表示。根据 DCS 理论，如果观测的数据量满足下面的条件，则观测场景可以很好地被恢复。

$$M_j \geqslant cK_j,\quad j=1,2,\cdots,J \tag{4.3.34}$$

$$M=\sum_{j=1}^{J}M_j \geqslant c\left(K_\mathrm{c}+\sum_{j=1}^{J}K_j\right) \tag{4.3.35}$$

式(4.3.34)描述了每个子通道必须满足的最少的采样数据量，它取决于场景中更新分量的非零元素数目。式(4.3.35)描述了各通道总共需要的最少采样数据量，由场景中共同分量非零元素数目和更新分量的数据决定。在实际 SAR 系统中，各个通道可以设置同样的方位向数据采样率，即各个通道的采样数据量相同。因此，式(4.3.34)和式(4.3.35)可以表示为

$$M_j \geqslant \frac{c}{J}\left(K_\mathrm{c}+\sum_{j=1}^{J}K_j\right),\quad j=1,2,\cdots,J \tag{4.3.36}$$

场景中运动目标的数量在各个通道是相同的，因此可以认为多通道场景更新分量是一致的，即 $K_j=K_\mathrm{s}$。联合处理下各个通道的数据采样率可以进一步简化为

$$M_j \geqslant c\left(\frac{1}{J}K_{\mathrm{c}}+K_{\mathrm{s}}\right),\quad j=1,2,\cdots,J \tag{4.3.37}$$

此时，联合恢复多个通道下场景的后向散射系数等效于求解式(4.3.38)：

$$\begin{aligned}&\hat{\boldsymbol{Z}} = \arg\min\left\{\|\boldsymbol{z}_{\mathrm{c}}\|_1+\sum_{j=1}^{J}\|\boldsymbol{z}_j\|_1\right\}\\&\text{s. t.}\ \boldsymbol{Y}=\boldsymbol{\Phi Z}\end{aligned} \tag{4.3.38}$$

分布式压缩感知处理后可以得到共同分量 $\tilde{\boldsymbol{z}}_{\mathrm{c}}$ 和更新分量 $\tilde{\boldsymbol{z}}_j$，各个通道下恢复场景为

$$\tilde{\boldsymbol{w}}_j=\tilde{\boldsymbol{z}}_{\mathrm{c}}+\tilde{\boldsymbol{z}}_j \tag{4.3.39}$$

根据式(4.3.36)和式(4.3.37)，在不同通道数下进行运动目标检测时，分布式压缩感知和压缩感知所需数据采样率随场景中运动目标和静止目标数量比值变化曲线如图 4.3.3 所示。可以看出，分布式压缩感知所需的观测数据采样率低于独立处理所需的观测数据采样率。如果场景中不存在运动目标，那么在每个通道上只需独立处理时所需数据量的 $1/J$ 就可以恢复出场景；随着运动目标增多，联合处理所需相对数据量会增大，这是由于联合处理下总更新量增加了。实际处理时运动目标比静止目标的数量要少得多，但是从图中可以看出，即使在运动目标数量和静止目标数量相当的情况下，联合处理数据量的减少量还是十分可观的。

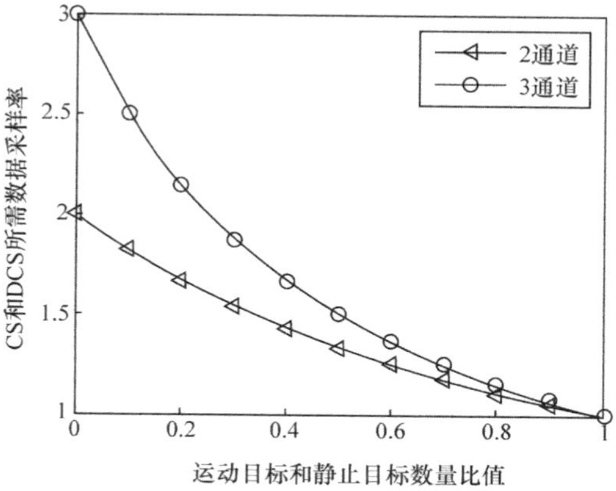

图 4.3.3　分布式压缩感知和压缩感知所需数据采样率随场景中运动目标和静止目标数量比值变化曲线

基于压缩感知的运动目标检测和基于分布式压缩感知的运动目标检

测流程图分别如图 4.3.4 和图 4.3.5 所示。

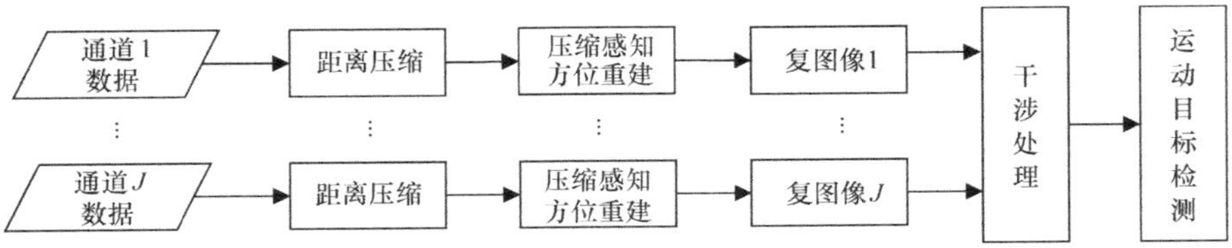

图 4.3.4 基于压缩感知的运动目标检测流程图

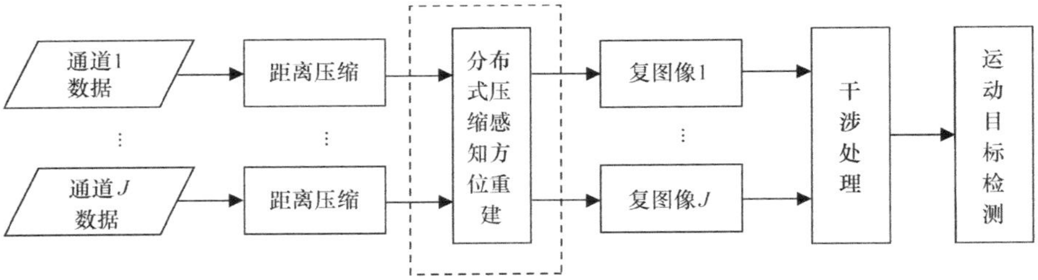

图 4.3.5 基于分布式压缩感知的运动目标检测流程图

2. 基于分布式压缩感知的顺轨干涉运动目标检测仿真实验

根据表 4.3.1 的仿真参数设置点数为 300×300 的观测场景，场景所有的像素点数为 90000，随机分布幅度满足高斯随机分布，相位满足均匀分布的 9000 个静止目标。在场景中随机设置速度不同的 300 个运动目标。为了简化分析，将这些存在交轨方向运动速度的目标真实位置设在方位向为 0 的位置。两个通道均采用满采样数据进行距离多普勒成像，通道 1 的处理结果如图 4.3.6(a)所示，运动目标检测结果如图 4.3.6(b)所示。静止目标在两个通道下的后向散射系数是相同的，而运动目标的后向散射系数存在相位差。对每个通道都只是在方位向随机选取了满采样 10%的观测数据，通过压缩感知方法重构观测场景之后运动目标的检测结果如图 4.3.6(c)所示。对比图 4.3.6(c)和图 4.3.6(b)发现，此时运动目标检测的结果出现了错误，这是由重构观测场景所采用的数据不足，进而使得单个通道的重构结果发生错误引起的。采用相同观测数据应用分布式压缩感知联合重构方法重构场景，进行运动目标检测的结果如图 4.3.6(d)所示。通过对比图 4.3.6(d)和图 4.3.6(b)发现，它可以正确地检测出场景中的运动目标。

表 4.3.1　顺轨干涉运动目标检测仿真参数

参数	取值	参数	取值
信号类型	线性调频信号	脉冲宽度/μs	41.74
天线数目	2	方位向速度/(m/s)	7062
天线长度/m	20	中心斜距/km	1832.5
基线长度/m	10	多普勒带宽/Hz	971.9
波长/cm	5.6	PRF/Hz	1257
信号带宽/MHz	30.1	距离向采样率/MHz	32.3

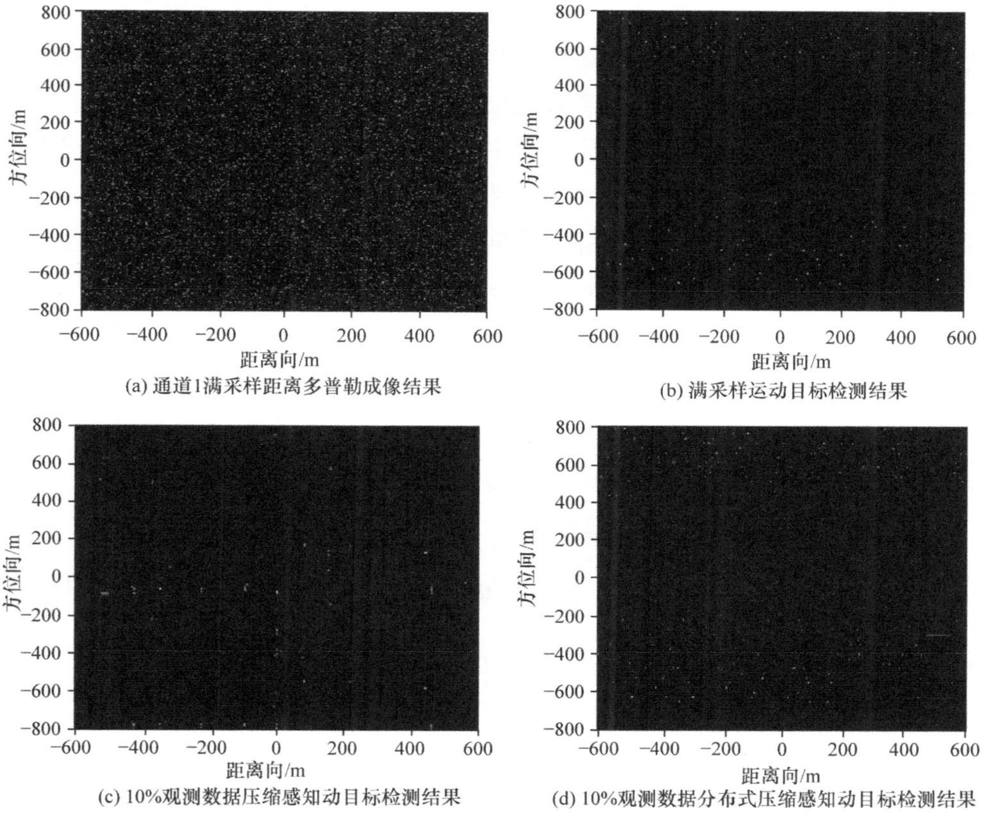

(a) 通道1满采样距离多普勒成像结果
(b) 满采样运动目标检测结果
(c) 10%观测数据压缩感知动目标检测结果
(d) 10%观测数据分布式压缩感知动目标检测结果

图 4.3.6　压缩感知/分布式压缩感知顺轨干涉运动目标检测结果

4.3.5　基于分布式压缩感知的多时相场景变化检测

随着 SAR 技术的发展，通过星载/机载/地基 SAR 技术可以对同一个观测区域多次成像，如图 4.3.2(b)所示。通过对多时相 SAR 图像幅度/相位/特征的比较分析获取观测场景变化信息，可以用来进行变化检测。近年来，SAR 变化检测技术的应用越来越广泛，如对地震、水灾和山体滑坡等自然灾害的评估，对农作物生长情况的评价，对土地资源使用和开发的监测及战场环境的监视等。

1. 基于分布式压缩感知的多时相场景变化检测原理

当前 SAR 变化检测的算法主要有图像差值法、统计假设检验法和预测模型法等，这些算法都是通过多次观测同一场景并独立成像之后在图像域进行处理。如果把压缩感知技术应用到 SAR 成像变化检测中，那么每次观测所需观测数据量由场景稀疏度决定。由于多次观测场景之间具有很大的相关性，场景中变化部分往往很少，多次观测数据间存在冗余性。由此可见，多时相场景变化检测可以利用分布式压缩感知进行建模。将第 1 次观测场景视为共同分量，将其余时刻的观测场景相对于第 1 次观测场景的变化部分视为更新分量(Lin Y G et al.，2012)。

假设观测场景是稀疏的，第 1 个时刻的观测场景为 $\boldsymbol{w}_1$，那么第 j 个时刻的观测场景为

$$\boldsymbol{w}_j=\boldsymbol{w}_1+\boldsymbol{\Delta}_j,\quad j=2,3,\cdots,J \tag{4.3.40}$$

式中，$\boldsymbol{\Delta}_j$ 为 $\boldsymbol{w}_j$ 相对于 $\boldsymbol{w}_1$ 的变化量，其稀疏度要远远高于 $\boldsymbol{w}_1$。

如果第 j 个时刻的观测模型为

$$\boldsymbol{y}_j=\boldsymbol{\Phi}_j\boldsymbol{w}_j \tag{4.3.41}$$

根据压缩感知理论，正确恢复 $\boldsymbol{w}_j$ 所需的观测数据量必须满足

$$M_j\geqslant cK_j,\quad j=1,2,\cdots,J \tag{4.3.42}$$

式中，K_j 为第 j 个时刻观测场景 $\boldsymbol{w}_j$ 中非零目标点的数目；c 为常数。

假设第 1 次观测已经获得足够恢复 $\boldsymbol{w}_1$ 的观测数据，$M_1=cK_1$。第 j 个时刻的观测模型可以表示为

$$\boldsymbol{y}_j=\boldsymbol{\Phi}_j(\boldsymbol{w}_1+\boldsymbol{\Delta}_j) \tag{4.3.43}$$

那么第 1 次和第 j 次观测的观测模型可以联合表示为

$$\begin{bmatrix} \boldsymbol{y}_1 \\ \boldsymbol{y}_j \end{bmatrix} = \begin{bmatrix} \boldsymbol{\Phi}_1 & \boldsymbol{0} \\ \boldsymbol{\Phi}_j & \boldsymbol{\Phi}_j \end{bmatrix} \begin{bmatrix} w_1 \\ \boldsymbol{\Delta}_j \end{bmatrix}, \quad j=2,3,\cdots,J \tag{4.3.44}$$

根据分布式压缩感知，重构式(4.3.44)时对 $\boldsymbol{y}_j$ 的数据量要求为

$$M_j' \geqslant cK_j', \quad j=2,3,\cdots,J \tag{4.3.45}$$

式中，K_j'是$\boldsymbol{\Delta}_j$ 中的非零数目，表示第 j 次观测相对于第 1 次观测的场景变化量，而且 $K_j' \ll K_j$，可得

$$M_j' \ll M_j \tag{4.3.46}$$

因此，基于分布式压缩感知的多时相场景变化检测中，在一次获取足够独立重构观测场景的数据量之后，检测变化所需的数据量只由场景中的变化部分决定，这意味着，在每次检测变化时只需更少的数据量。

2. 基于分布式压缩感知的多时相场景变化检测地基实验

基于分布式压缩感知 SAR 多时相场景变化检测地基实验参数如表 4.3.2 所示。分别观测两个时刻场景，场景一由 10 个直径为 5cm 的金属小球组成，放置于同一个距离门，相邻两个小球之间的间隔为 15cm，如图 4.3.7(a)所示。场景二由场景一中的 9 个金属小球组成，如图 4.3.7(b)所示。

表 4.3.2　多时相场景变化检测地基实验参数

参数	取值	参数	取值
信号带宽/GHz	4	信号频率/GHz	8～12
方位向速度/(m/s)	0.02	方位向跨度/m	−1～1
方位向采样间隔/m	0.02	中心斜距/m	2.1

(a) 场景一(变化前)　　(b) 场景二(变化后)

图 4.3.7　多时相变化检测暗室目标场景

在随机选取满采样数据 25%、50%、75%和 100%的情况下分别用压缩感知算法重构观测场景。场景一和场景二的重构结果如图 4.3.8 和图 4.3.9 所示。由图可知，当采样点数大于满采样的 50%时，采用压缩感知方

法能够重构观测场景。当采样点数小于满采样的 50%时两个场景都不能被正确重构。

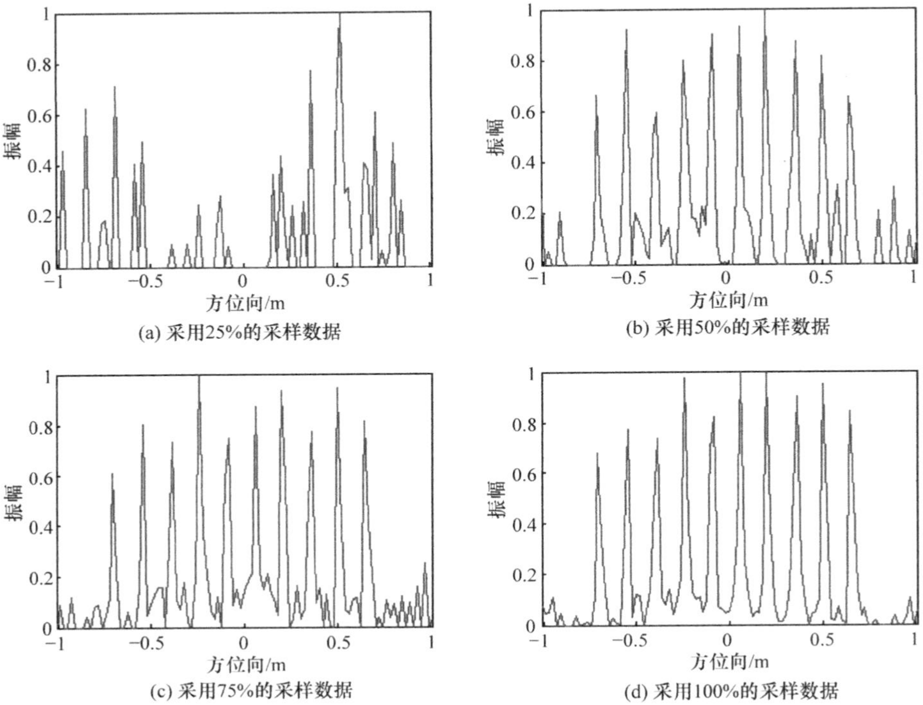

(a) 采用25%的采样数据　(b) 采用50%的采样数据

(c) 采用75%的采样数据　(d) 采用100%的采样数据

图 4.3.8　不同数据量场景一压缩感知重构结果

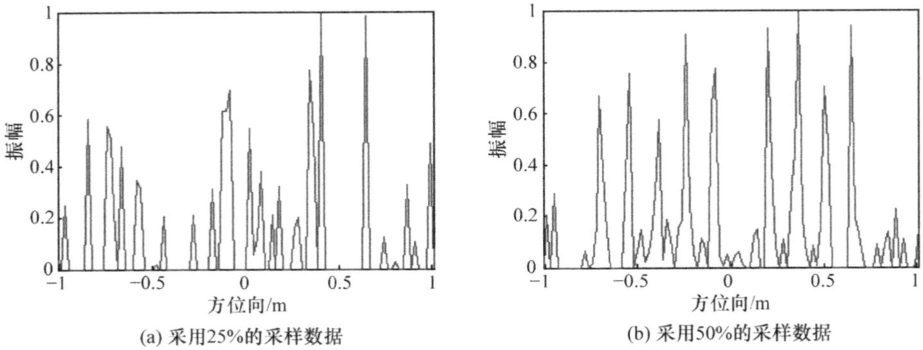

(a) 采用25%的采样数据　(b) 采用50%的采样数据

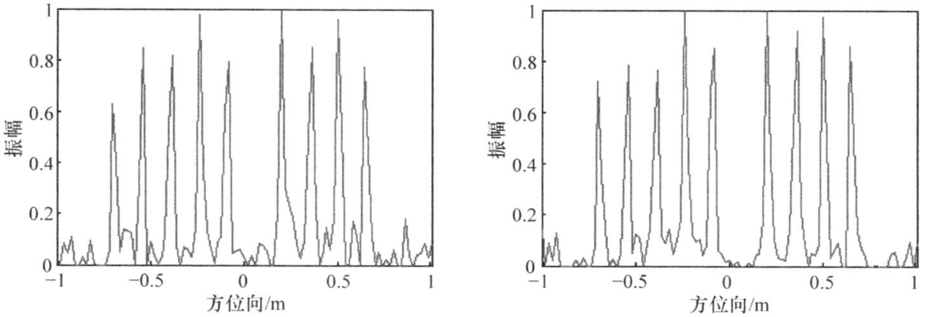

(c) 采用75%的采样数据　　(d) 采用100%的采样数据

图 4.3.9　不同数据量场景二压缩感知重构结果

场景变化前后分布式压缩感知重构结果如图 4.3.10 所示，其中场景一采用 50%观测数据，场景二采用 20%观测数据，同时获得的场景变化前后分布式压缩感知变化检测结果如图 4.3.11 所示。可以看出，在正确重构场景二的同时，还可正确地检测出场景变化信息。

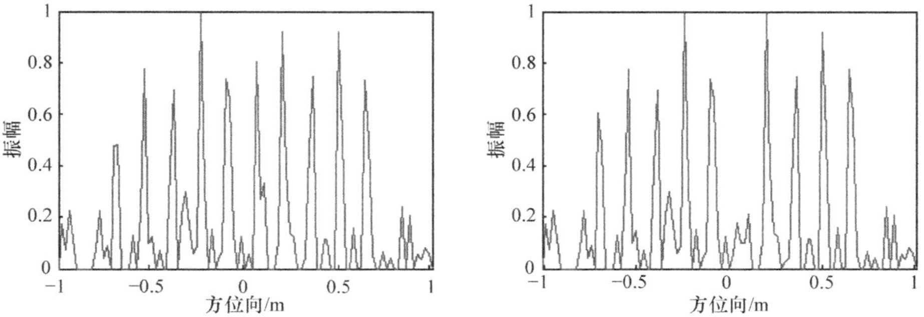

(a) 场景一　　(b) 场景二

图 4.3.10　场景变化前后分布式压缩感知重构结果

为了比较采用压缩感知和分布式压缩感知算法进行变化检测的性能差别，采用 RMSE 作为误差评价标准，并且以满采样数据的重构结果为准确值。如果 RMSE 小于 0.15 就认为观测场景正确重构。通过实验可以获得压缩感知与分布式压缩感知场景变化检测正确重构的数据率边界，如图 4.3.12 所示。采用压缩感知方法重构时，两者都能正确重构的边界由图中的“○”所示；采用分布式压缩感知方法联合重构时，两个场景能够都正确重构的数据率边界由图中的“*”所示。从图中可以看出，采用压缩感知方法时，两个场景正确重构所需观测数据量之间是独立的。采用分布式压缩感

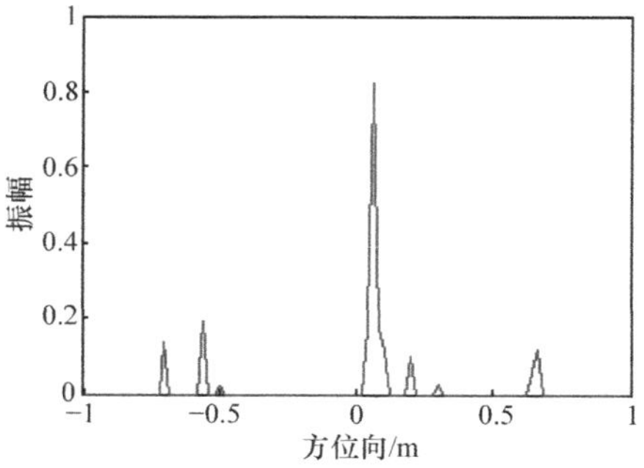

图 4.3.11　场景变化前后分布式压缩感知变化检测结果

知算法时，当场景一提供了足够恢复自身场景的数据量时，场景二只需很少的观测数据就可通过联合重构正确恢复，并检测两个场景间的变化信息。

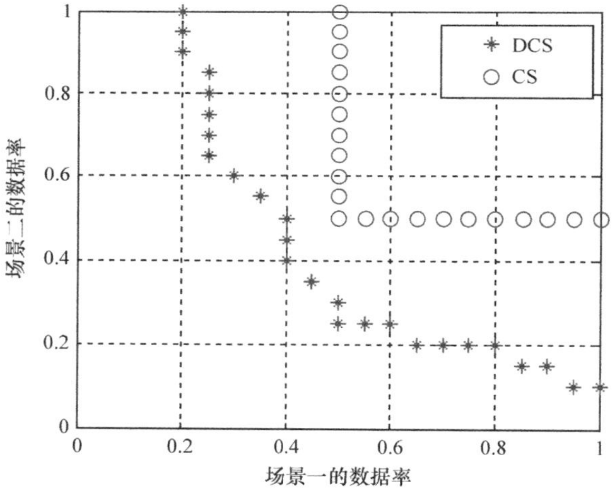

图 4.3.12　压缩感知与分布式压缩感知场景变化检测正确重构的数据率边界

4.3.6　小结

基于分布式压缩感知的多通道成像技术综合考虑了场景的稀疏性和多个通道下场景的强相关性，通过建立联合稀疏模型，进一步降低重构联合场景所需的数据量。将联合成像算法应用于多通道/多时相 SAR 信号处理，可进一步减少进行运动目标检测、场景变化检测需要的数据量。

第 5 章　稀疏微波成像在 SAR 图像处理中的应用

稀疏微波成像重构方法获得的雷达图像可适用于恒虚警率检测，采用特定稀疏重构方法所获得的雷达图像，结合回波模拟算子，可获得与匹配滤波算法重构结果相似的图像背景统计特性，并且增加了目标和背景之间的强度对比，提升了目标检测的性能。对基于满采样的匹配滤波算法重构的 SAR 复图像进行稀疏信号处理，可以抑制雷达图像中的目标旁瓣和噪声，显著提升图像质量，使之更有利于目标检测和识别。基于全变差正则化的相干斑抑制模型和方法，在有效去除 SAR 图像中的相干斑噪声的同时还可以保持图像边缘尖锐。

5.1　恒虚警率检测

5.1.1　引言

在 SAR 图像应用中常需要判断场景中有无目标，当场景中无目标却判定为有目标时称为虚警，若雷达在受到外界干扰强度变化时，自动调节判断阈值使得虚警概率不变，则称为恒虚警。实现恒虚警率检测需要场景背景统计特性的先验知识，而在稀疏成像算法中，求解 ℓ_1 正则化模型的方法，如阈值迭代算法，无法获得与匹配滤波算法重构结果相似的图像背景统计特性，这制约了稀疏重构 SAR 图像的进一步应用。

稀疏信号处理中的 CAMP 算法通过引入一个状态演进（state evolution，SE）项有效解决了这一问题（Anitori et al.，2013；Maleki et al.，2013）。该状态演进项表征在迭代过程中“噪声”标准差（standard deviation，std）的变化情况，从而实现对观测对象的稀疏估计和噪声的非稀疏估计，即 CAMP 算法不仅可以恢复出与阈值迭代算法等相类似的稀疏图像，同时可以重构出具有与匹配滤波算法结果类似图像背景统计特性的非稀疏结果。相比于匹配滤波算法重构图像，采用 CAMP 算法重构的雷达图像增加了目标和背景之间的强度对比，将有利于目标的检测和识别（Bi et al.，

2016b,2017a)。

5.1.2 复近似信息传递算法原理

CAMP 算法是一种用于解决 LASSO 模型的迭代算法(Maleki et al., 2013)。它利用置信度传播原理,将未知信号表示成测量值的参数化联合概率密度函数,通过求解联合概率密度函数的最大似然估计,实现对目标信号的恢复。

在 SAR 成像中,回波数据与观测场景向量化后的成像模型可以表示为

$$\boldsymbol{y}=\boldsymbol{\Phi x}+\boldsymbol{n} \tag{5.1.1}$$

式中,$\boldsymbol{y}\in\mathbb{C}^{M\times 1}$ 为向量化后的回波数据;$\boldsymbol{x}\in\mathbb{C}^{N\times 1}$ 为观测场景;$\boldsymbol{\Phi}\in\mathbb{C}^{M\times N}$ 为观测矩阵;$\boldsymbol{n}$ 为观测噪声。

当观测场景稀疏,且观测矩阵 $\boldsymbol{\Phi}$ 满足一定条件时,$\boldsymbol{x}$ 可通过求解如下 LASSO 模型实现重构:

$$\hat{\boldsymbol{x}}=\arg\min_{\boldsymbol{x}}\left\{\frac{1}{2}\|\boldsymbol{y}-\boldsymbol{\Phi x}\|_2^2+\lambda\|\boldsymbol{x}\|_1\right\} \tag{5.1.2}$$

式中,λ 为受噪声功率水平约束的正则化参数。

最优化问题 $\arg\min_{\boldsymbol{x}}\left\{\frac{1}{2}\|\boldsymbol{v}-\boldsymbol{x}\|_2^2+\lambda\|\boldsymbol{x}\|_1\right\}$的闭式解为

$$\eta(\boldsymbol{v};\lambda)\overset{\text{def}}{=}(|\boldsymbol{v}|-\lambda)\mathrm{e}^{\mathrm{j}\cdot\mathrm{angle}(\boldsymbol{v})}\mathbf{1}(|\boldsymbol{v}|>\lambda) \tag{5.1.3}$$

式中,$\eta(\cdot;\lambda)$为基于输入向量 $\boldsymbol{v}$ 的逐个元素依次计算的复软阈值函数;$\mathbf{1}(\cdot)$为识别因子,即 $\mathbf{1}(|\boldsymbol{v}|,\lambda)=\begin{cases}1, & |\boldsymbol{v}|>\lambda\\ 0, & |\boldsymbol{v}|\leqslant\lambda\end{cases}$;angle(·)为求解复元素的相位值。

用于求解式(5.1.3)LASSO 模型基于 CAMP 算法的稀疏微波成像算法伪代码如表 5.1.1 所示。表中,$\hat{\boldsymbol{x}}^{(t)}$ 为在第 t 步迭代时,观测场景 $\boldsymbol{x}$ 的非稀疏"噪声"估计;$|\hat{\boldsymbol{x}}^{(t+1)}|_{K+1}$ 为图像 $|\hat{\boldsymbol{x}}^{(t+1)}|$ 的所有元素从大到小排序后,第 $K+1$ 个位置处的幅度值,其中 $K=\|\hat{\boldsymbol{x}}\|_0$;$\delta$ 为降采样因子,且 $\delta=M/N$;符号$\langle\cdot\rangle$为求平均算子;η^{R} 和 η^{I} 分别为复软阈值函数 η 的实部和虚部,而$\frac{\partial\eta^{\mathrm{R}}}{\partial x_{\mathrm{R}}}$和$\frac{\partial\eta^{\mathrm{I}}}{\partial x_{\mathrm{I}}}$则分别表示对输入元素实部 η^{R} 和虚部 η^{I} 求偏导数运算。σ_t 即为"噪声"向量 $\boldsymbol{z}^{(t)}$ 的标准差。

$$\boldsymbol{z}^{(t)}\overset{\text{def}}{=}\tilde{\boldsymbol{x}}^{(t)}-\boldsymbol{x} \tag{5.1.4}$$

表 5.1.1 基于 CAMP 算法的稀疏微波成像算法伪代码

输入	向量化的回波数据 $\boldsymbol{y}$，观测矩阵 $\boldsymbol{\Phi}$
初始化	$\hat{\boldsymbol{x}}^{(0)}=\boldsymbol{0}$，$\boldsymbol{w}^{(0)}=\boldsymbol{y}$，迭代参数 ξ，误差参数 ε，最大迭代步数 $T_{\max}$
迭代过程	**While** $t\leqslant T_{\max}$ and Residual$>\varepsilon$ $\hat{\boldsymbol{x}}^{(t+1)}=\boldsymbol{\Phi}^{\mathrm{H}}\boldsymbol{w}^{(t)}+\hat{\boldsymbol{x}}^{(t)}$ $\sigma_{t+1}=\lvert\hat{\boldsymbol{x}}^{(t+1)}\rvert_{K+1}$ $\boldsymbol{w}^{(t+1)}=\boldsymbol{y}-\boldsymbol{\Phi}\hat{\boldsymbol{x}}^{(t)}+\boldsymbol{w}^{(t)}\dfrac{1}{2\delta}\left(\left\langle\dfrac{\partial\eta^{\mathrm{R}}}{\partial x_{\mathrm{R}}}(\hat{\boldsymbol{x}}^{(t+1)};\xi\sigma_{t+1})\right\rangle+\left\langle\dfrac{\partial\eta^{\mathrm{I}}}{\partial x_{\mathrm{I}}}(\hat{\boldsymbol{x}}^{(t+1)};\xi\sigma_{t+1})\right\rangle\right)$ $\hat{\boldsymbol{x}}^{(t+1)}=\eta(\hat{\boldsymbol{x}}^{(t+1)};\xi\sigma_{t+1})$ Residual$=\lVert\hat{\boldsymbol{x}}^{(t+1)}-\hat{\boldsymbol{x}}^{(t)}\rVert_2$ $t=t+1$ **end**
输出	重构的稀疏图像 $\hat{\boldsymbol{x}}=\hat{\boldsymbol{x}}^{(t+1)}$，重构的非稀疏图像 $\boldsymbol{x}=\boldsymbol{x}^{(t+1)}$

上述基于 CAMP 算法的稀疏微波成像算法中参数的含义分别如下。

$\hat{\boldsymbol{x}}$ 为重构的观测场景稀疏图像。该图像可以获得与其他 ℓ_1 正则化实现算法相同的图像特征，与匹配滤波算法的重构结果相比具有更低的旁瓣，噪声得到抑制，性能得到显著提升。

$\hat{\boldsymbol{x}}$ 为观测场景的非稀疏解，或称为“噪声”估计。与 $\hat{\boldsymbol{x}}$ 不同的是，它保留了与匹配滤波结果相似的图像背景分布。

σ_t 为 $\boldsymbol{z}^{(t)}$ 的标准差。在实际 SAR 成像中，由于噪声和杂波分布是未知的，故在表 5.1.1 的迭代算法中使用 $\sigma_{t+1}=\lvert\hat{\boldsymbol{x}}^{(t+1)}\rvert_{K+1}$ 对其进行自适应估计。

5.1.3 基于线性调频阵的“噪声”矩阵 Z 高斯性分析

“噪声”矩阵 $\boldsymbol{Z}$ 的高斯性是基于 CAMP 算法非稀疏解进行恒虚警率检测的前提条件，当雷达成像观测矩阵 $\boldsymbol{\Phi}$ 为部分傅里叶矩阵时，“噪声”矩阵 $\boldsymbol{Z}$ 的实部和虚部均满足高斯性。由于部分傅里叶矩阵是基于雷达成像中步进频发射信号构建的，因此基于 CAMP 算法输出的非稀疏解的恒虚警率检测适用于步进频雷达。

在 SAR 成像中，线性调频信号是常见的发射信号形式。一维场景的线性调频信号观测矩阵实部示意图如图 5.1.1 所示，观测矩阵 $\boldsymbol{\Phi}$ 为线性调频阵。若想将其基于 CAMP 算法的非稀疏解用于恒虚警率检测，首先必须对基于线性调频阵构建的“噪声”矩阵 $\boldsymbol{Z}$ 的高斯性进行分析。

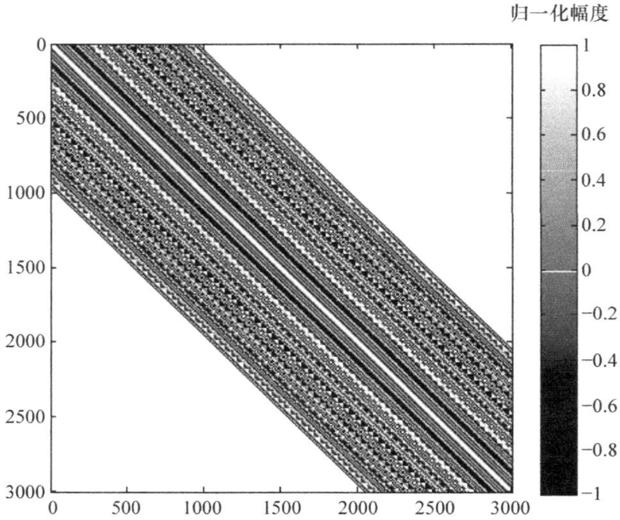

图 5.1.1　一维场景的线性调频信号观测矩阵实部示意图

本节选取大小为 $N=4000$ 的一维场景进行仿真，场景中非零位置处的幅度值是在[−1,1)区间随机产生的，而相位在[0,2π)区间随机产生，以此来研究 $\boldsymbol{Z}$ 的分布特性。设 ρ 为稀疏度，令迭代参数 $\xi=1$。在数据满采样、稀疏度不同的情况下，实验分别给出了基于复高斯矩阵和线性调频阵构建的“噪声”矩阵 $\boldsymbol{Z}$ 的实部、虚部的高斯性分析，结果如图 5.1.2 所示。由图 5.1.2 中的仿真结果可确认，与高斯观测矩阵相似，基于线性调频矩阵构建的 $\boldsymbol{Z}$ 依然具有高斯性。这也就意味着基于 CAMP 算法非稀疏解的恒虚警率检测同样适用于基于线性调频信号获取的 SAR 图像。

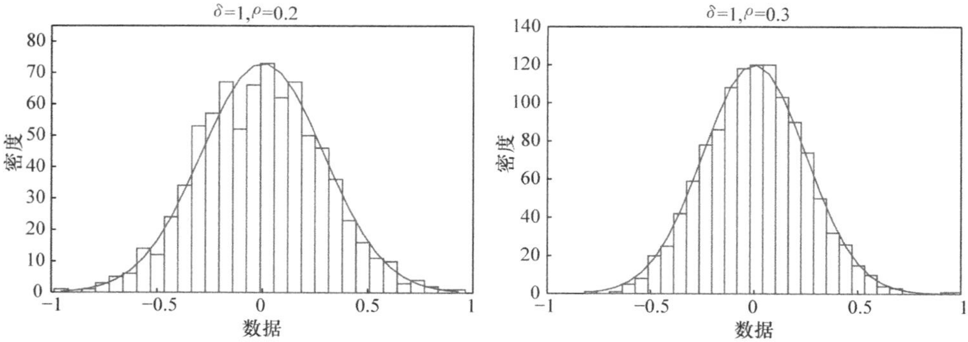

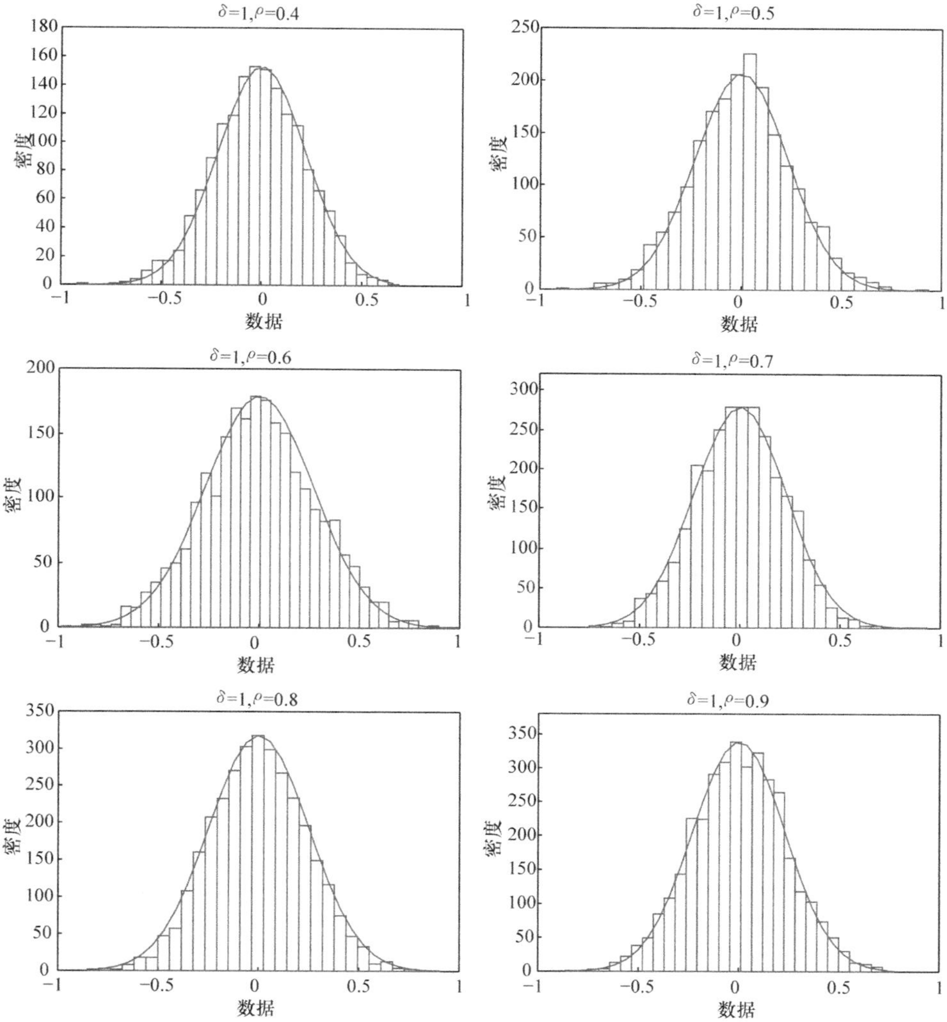

(a) 基于复高斯矩阵构建的**Z**的实部幅度分布直方图

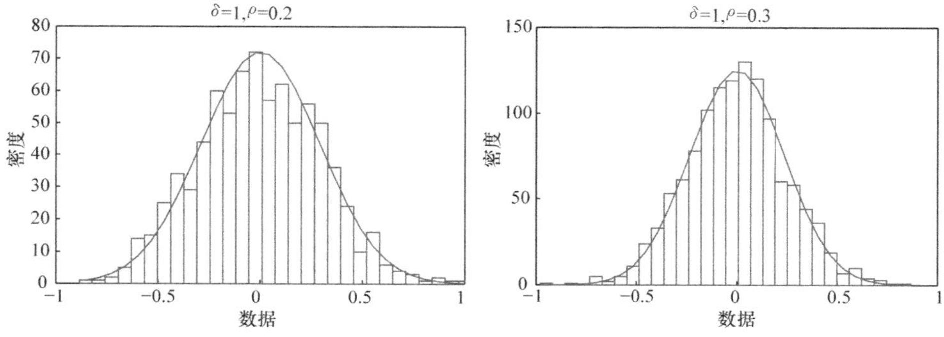

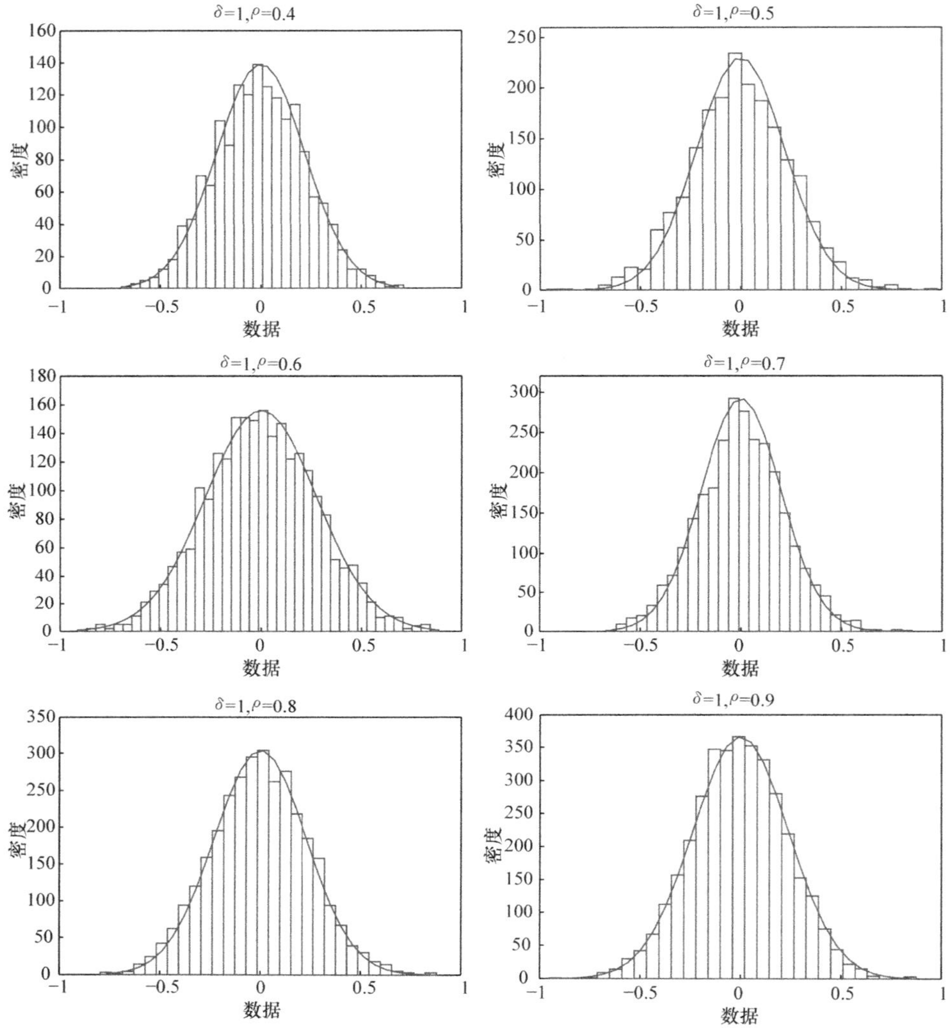

(b) 基于复高斯矩阵构建的$\boldsymbol{Z}$的虚部幅度分布直方图

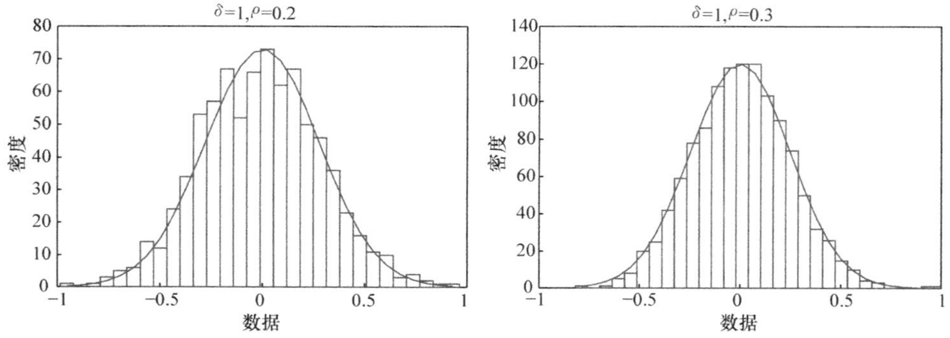

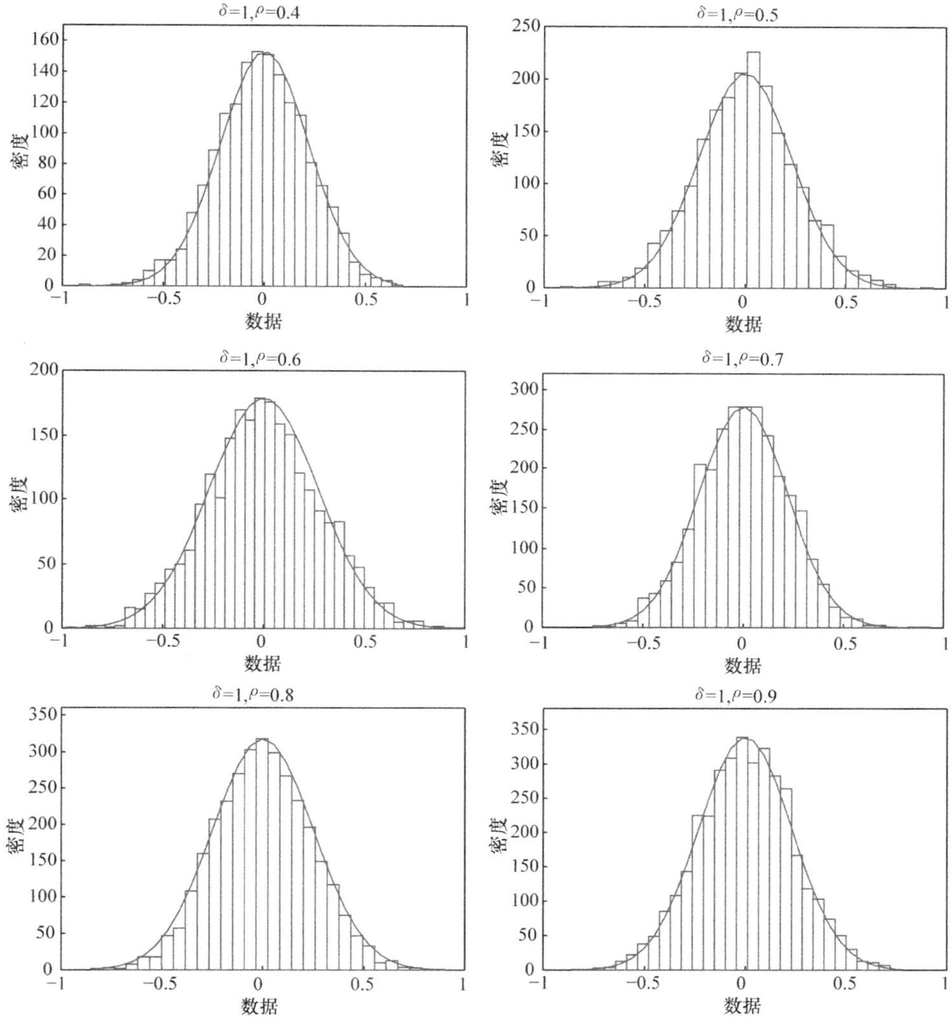

(c) 基于线性调频矩阵构建的**Z**的实部幅度分布直方图

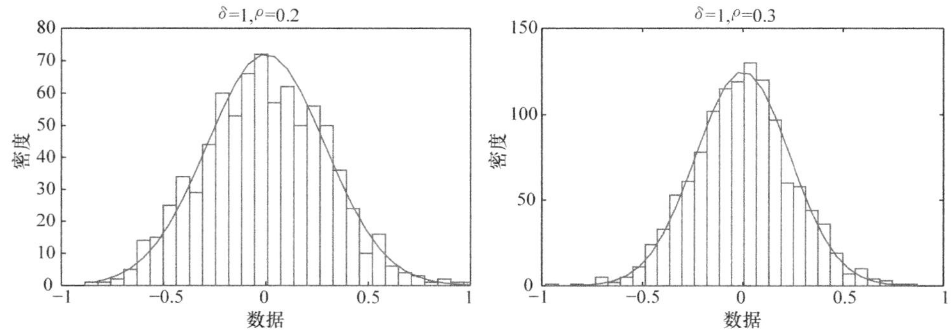

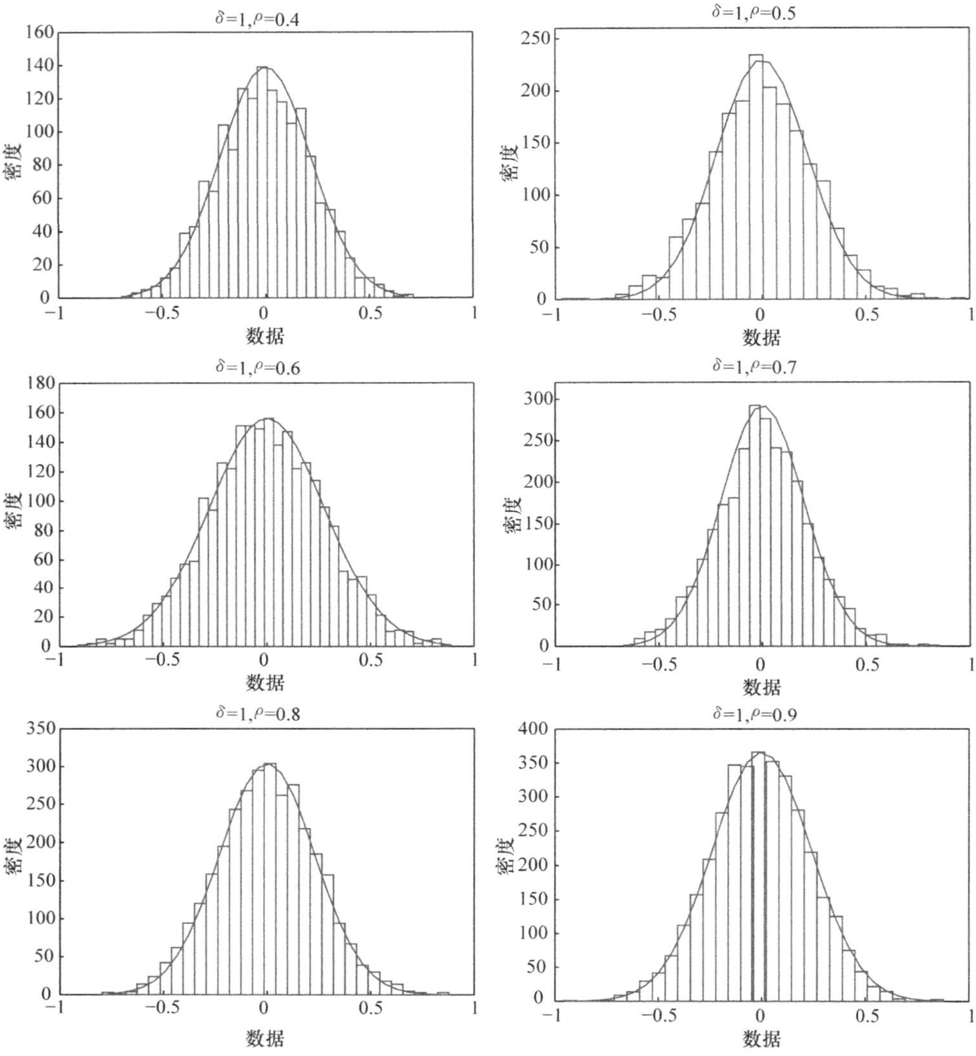

(d) 基于线性调频矩阵构建的Z的虚部幅度分布直方图

图 5.1.2　不同稀疏度条件下"噪声"矩阵实部与虚部幅度分布直方图

5.1.4　基于复近似信息传递算法的方位距离解耦条带SAR成像

基于回波模拟算子的方位距离解耦思想和本节介绍的复近似信息传递算法的原理(Zhang B C et al.,2012a;Fang et al.,2013;Jiang et al.,2014),以条带SAR成像中的距离多普勒算法为例,构建相应的模拟算子,实现基于CAMP算法的稀疏微波重构。距离多普勒算法操作矩阵如

表 5.1.2 所示。

表 5.1.2　距离多普勒算法操作矩阵

算子	含义
$\boldsymbol{F}_{\mathrm{r}}$	距离向傅里叶变换
$\boldsymbol{F}_{\mathrm{a}}$	方位向傅里叶变换
$\boldsymbol{F}_{\mathrm{r}}^{-1}$	距离向傅里叶逆变换
$\boldsymbol{F}_{\mathrm{a}}^{-1}$	方位向傅里叶逆变换
$\boldsymbol{M}_{\mathrm{r}}$	距离向匹配滤波算子
$\boldsymbol{M}_{\mathrm{a}}$	方位向匹配滤波算子
$\boldsymbol{M}_{\mathrm{r}}^{-1}$	距离向匹配滤波逆算子
$\boldsymbol{M}_{\mathrm{a}}^{-1}$	方位向匹配滤波逆算子
$\boldsymbol{C}$	距离徙动校正运算
$\boldsymbol{D}$	产生距离徙动插值运算
$\boldsymbol{H}_{\mathrm{r}}$	距离向降采样矩阵
$\boldsymbol{H}_{\mathrm{a}}$	方位向降采样矩阵
$\boldsymbol{H}_{\mathrm{r}}^{\mathrm{T}}$	距离向降采样矩阵的转置
$\boldsymbol{H}_{\mathrm{a}}^{\mathrm{T}}$	方位向降采样矩阵的转置

根据上述定义的矩阵算子，距离多普勒算法的成像过程 $\mathcal{I}(\cdot)$ 可写为

$$\mathcal{I}(\boldsymbol{Y})=\boldsymbol{F}_{\mathrm{a}}^{-1}(\boldsymbol{M}_{\mathrm{a}}\odot\boldsymbol{C}\{\boldsymbol{F}_{\mathrm{a}}[\boldsymbol{M}_{\mathrm{r}}\odot(\boldsymbol{Y}\boldsymbol{F}_{\mathrm{r}})]\boldsymbol{F}_{\mathrm{r}}^{-1}\}) \tag{5.1.5}$$

式中，符号 $\odot$ 为 Hadamard 积。

由于回波模拟算子为距离多普勒算法 $\mathcal{I}(\cdot)$ 的逆过程，根据式(5.1.5)，回波模拟算子写为

$$\mathcal{G}(\boldsymbol{X})=(\boldsymbol{M}_{\mathrm{r}}^{-1}\odot\boldsymbol{D}\{\boldsymbol{F}_{\mathrm{a}}^{-1}[\boldsymbol{M}_{\mathrm{a}}^{-1}\odot(\boldsymbol{F}_{\mathrm{a}}\boldsymbol{X})]\boldsymbol{F}_{\mathrm{r}}\})\boldsymbol{F}_{\mathrm{r}}^{-1} \tag{5.1.6}$$

基于 SAR 成像模型 $\boldsymbol{Y}=\boldsymbol{H}_{\mathrm{a}}\mathcal{G}(\boldsymbol{X})\boldsymbol{H}_{\mathrm{r}}+\boldsymbol{N}$ 的 ℓ_1 正则化重构过程可表示为

$$\hat{\boldsymbol{X}}=\min_{\boldsymbol{X}}\left\{\frac{1}{2}\|\boldsymbol{Y}-\boldsymbol{H}_{\mathrm{a}}\mathcal{G}(\boldsymbol{X})\boldsymbol{H}_{\mathrm{r}}\|_{\mathrm{F}}^{2}+\lambda\|\boldsymbol{X}\|_{1}\right\} \tag{5.1.7}$$

式中，$\hat{\boldsymbol{X}}$ 为基于 LASSO 模型恢复的观测场景；λ 为正则化参数；$\|\boldsymbol{X}\|_1$ 为矩阵的元素形式 ℓ_1 范数。

与表 5.1.1 中基于向量运算的 CAMP 算法相类似，这里将推导针对式(5.1.7)中最优化问题的 CAMP 算法迭代实现过程，具体如下。

输入元素：回波数据 $\boldsymbol{Y}$，距离向降采样矩阵 $\boldsymbol{H}_{\mathrm{r}}$，方位向降采样矩阵 $\boldsymbol{H}_{\mathrm{a}}$。

初始化：场景的稀疏解 $\hat{\boldsymbol{X}}^{(0)}=\boldsymbol{0}$，模拟回波 $\boldsymbol{W}^{(0)}=\boldsymbol{Y}$，迭代参数 ξ，误差参数 ε，以及最大迭代步数 $T_{\max}$。

在第 t 步迭代中：

步骤一：计算场景的非稀疏解。

$$\widetilde{\boldsymbol{X}}^{(t+1)}=\mathcal{I}(\boldsymbol{H}_{\mathrm{a}}^{\mathrm{T}}\boldsymbol{W}^{(t)}\boldsymbol{H}_{\mathrm{r}}^{\mathrm{T}})+\hat{\boldsymbol{X}}^{(t)} \tag{5.1.8}$$

步骤二：估计"噪声"矩阵的标准差。

$$\sigma_{t+1}=\left|\widetilde{\boldsymbol{X}}^{(t+1)}\right|_{K+1} \tag{5.1.9}$$

步骤三：计算模拟回波。

$$\begin{aligned}\boldsymbol{W}^{(t+1)}=&\boldsymbol{Y}-\boldsymbol{H}_{\mathrm{a}}\mathcal{G}(\hat{\boldsymbol{X}}^{(t)})\boldsymbol{H}_{\mathrm{r}}\\&+\boldsymbol{W}^{(t)}\frac{1}{2\delta}\left[\left\langle\frac{\partial\eta^{\mathrm{R}}}{\partial x_{\mathrm{R}}}(\widetilde{\boldsymbol{X}}^{(t+1)};\xi\sigma_{t+1})\right\rangle+\left\langle\frac{\partial\eta^{\mathrm{I}}}{\partial x_{\mathrm{I}}}(\widetilde{\boldsymbol{X}}^{(t+1)};\xi\sigma_{t+1})\right\rangle\right]\end{aligned} \tag{5.1.10}$$

步骤四：计算场景的稀疏估计。

$$\hat{\boldsymbol{X}}^{(t+1)}=\eta(\widetilde{\boldsymbol{X}}^{(t+1)};\xi\sigma_{t+1}) \tag{5.1.11}$$

步骤五：计算残差。

$$\text{Residual}=\left\|\hat{\boldsymbol{X}}^{(t+1)}-\hat{\boldsymbol{X}}^{(t)}\right\|_{\mathrm{F}} \tag{5.1.12}$$

输出：当迭代步数 t 小于最大迭代次数 $T_{\max}$，且 Residual$>\varepsilon$ 时，令 $t=t+1$，继续执行迭代运算。否则，输出场景稀疏解 $\hat{\boldsymbol{X}}$ 与非稀疏解 $\widetilde{\boldsymbol{X}}$ 分别为

$$\hat{\boldsymbol{X}}=\hat{\boldsymbol{X}}^{(t+1)} \tag{5.1.13}$$

$$\widetilde{\boldsymbol{X}}=\widetilde{\boldsymbol{X}}^{(t+1)} \tag{5.1.14}$$

5.1.5　仿真实验

本节通过仿真实验说明 CAMP 算法较其他 ℓ_1 正则化实现方法在图像背景保持方面的有效性(Bi et al.，2017c)。仿真参数如表 5.1.3 所示。

表 5.1.3　基于 CAMP 算法的稀疏微波成像算法仿真参数

参数	取值
方位向速度/(m/s)	100
中心频率/GHz	3.5
脉冲宽度/μs	4.3
信号带宽/MHz	150
距离向采样率/MHz	300
天线长度/m	2
脉冲重复频率/Hz	153

实验中，选取场景大小为 40m×40m，观测对象为点目标。为直观说明 CAMP 算法的背景保持效果，实验中未添加噪声和杂波。基于 CAMP 算法的点目标稀疏重构结果如图 5.1.3 所示，其中图 5.1.3(a)、(d)、(g)为 chirp scaling 算法成像结果，图 5.1.3(b)、(e)、(h)分别为 CAMP 算法恢复的点目标场景的稀疏解和非稀疏解。图 5.1.3 中的结果表明，CAMP 算法的稀疏解与 IST 算法的重构结果类似，都可对目标实现准确重构，同时降低旁瓣对目标的影响。此外，由重构结果的方位向和距离向切片可以看出，相比于匹配滤波算法的重构结果，CAMP 算法的稀疏解的主瓣宽度明显变窄，这也就意味着该方法具有提升重构图像分辨能力的潜能。但图 5.1.3(b)、(e)、(h)中 CAMP 算法的稀疏解与其他 ℓ_1 正则化恢复算法一样，将旁瓣完全消除，并未如匹配滤波算法成像结果那样保持背景的分布。其非稀疏解结合了匹配滤波算法成像结果与 CAMP 算法稀疏解各自的优势，如图 5.1.3(c)所示，既实现了对目标的准确重构、分辨能力提升、旁瓣抑制，又如匹配滤波算法的恢复结果一样保留了图像的背景分布，实验结果表明该方法将背景部分的幅度值压低约 50dB。

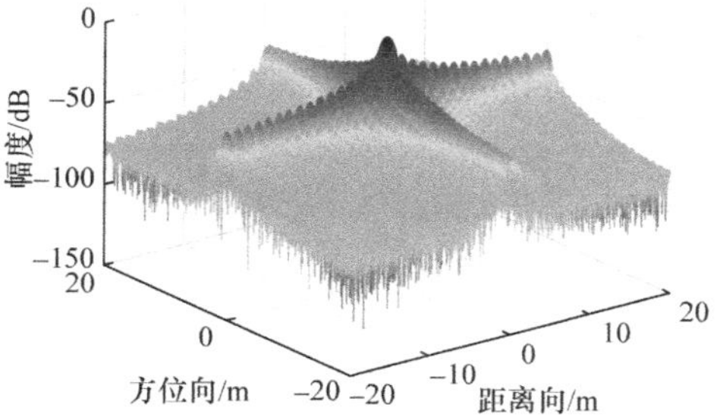

(a) chirp scaling算法成像结果

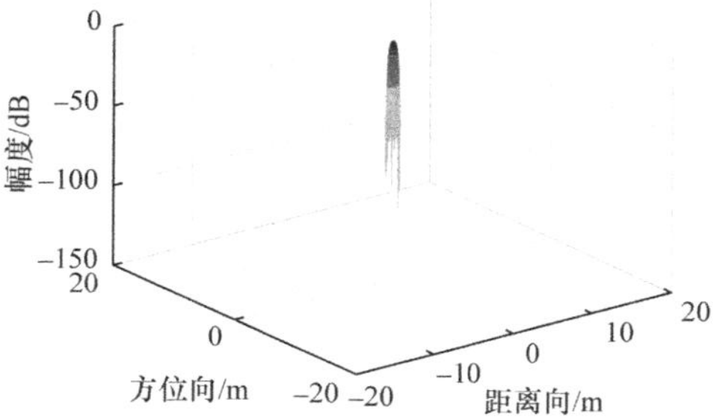

(b) CAMP算法重构的稀疏图像

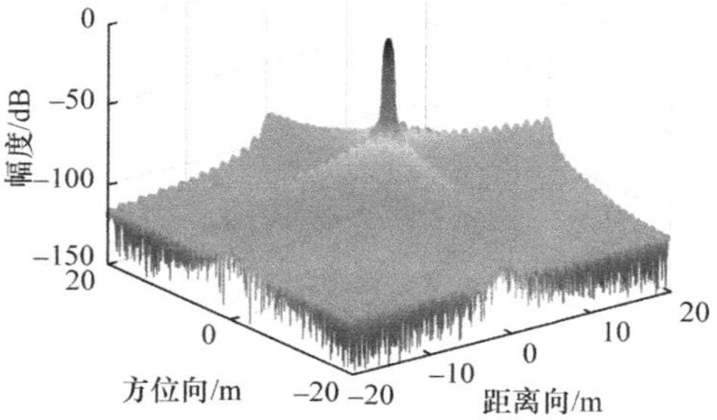

(c) CAMP算法重构的非稀疏图像

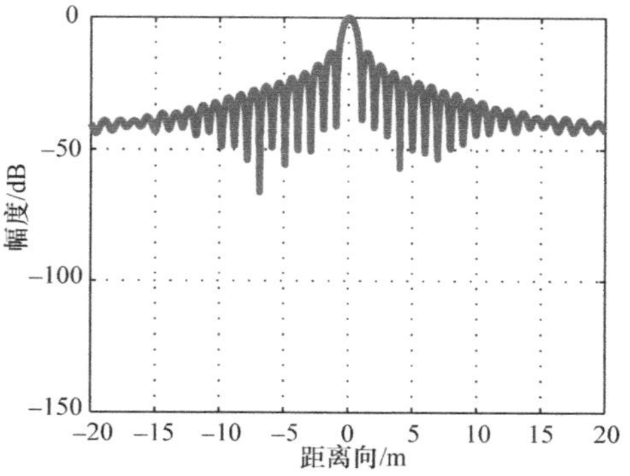

(d) chirp scaling算法成像结果距离向剖面图

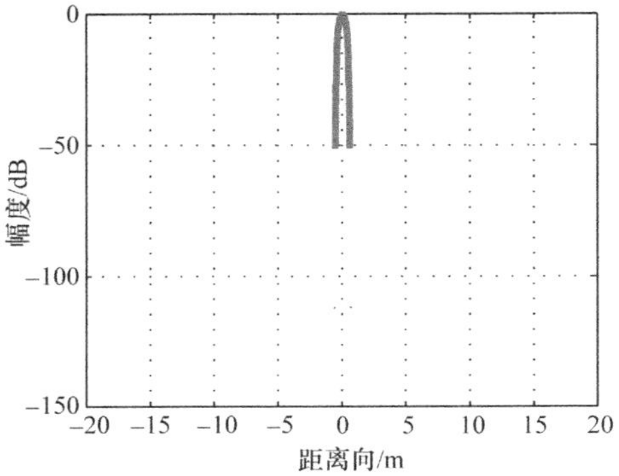

(e) CAMP算法重构的稀疏图像距离向剖面图

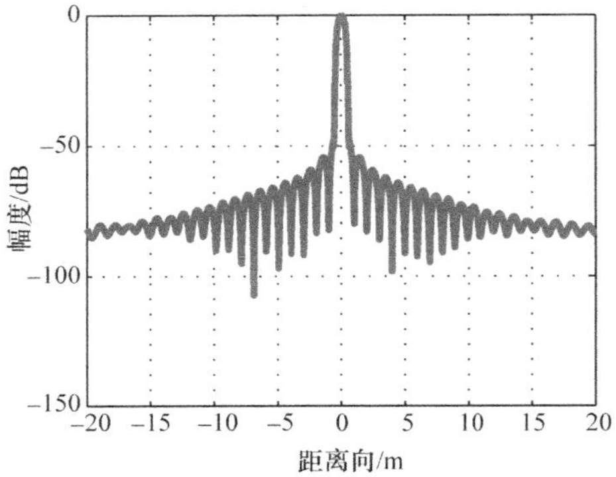

(f) CAMP算法重构的非稀疏图像距离向剖面图

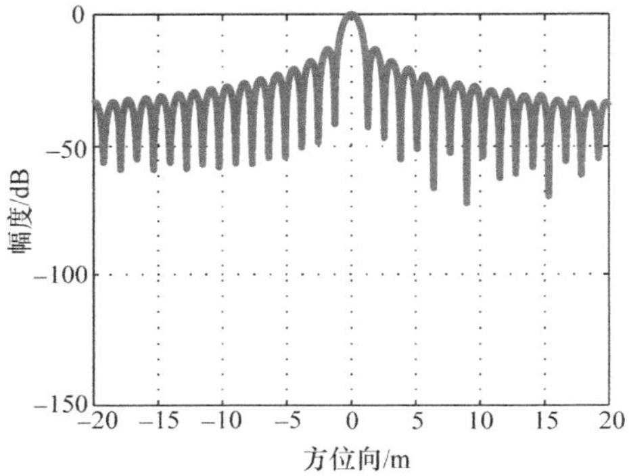

(g) chirp scaling算法成像结果方位向剖面图

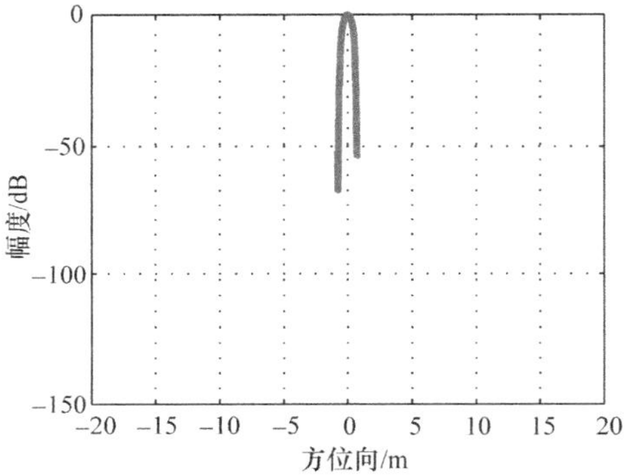

(h) CAMP算法重构的稀疏图像方位向剖面图

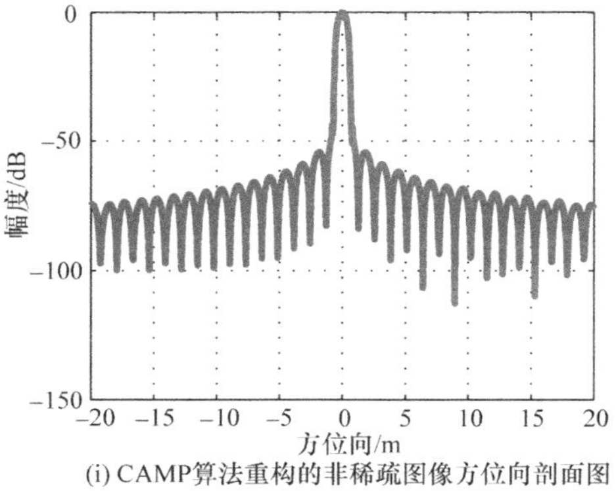

(i) CAMP算法重构的非稀疏图像方位向剖面图

图 5.1.3 基于 chirp scaling 算法和 CAMP 算法的点目标稀疏重构结果

为进一步说明基于CAMP算法的稀疏SAR成像方法在图像背景分布保持方面的有效性，在实验中对点目标回波数据添加了信杂噪比(signal to clutter noise ratio，SCNR)为 10dB 的高斯杂波，用于模拟观测场景的背景区域。并分别用 chirp scaling 算法和基于 CAMP 算法的稀疏 SAR 成像方法对回波数据进行处理，重构结果如图 5.1.4 所示。结果表明，受背景杂波的影响，匹配滤波算法重构的目标淹没在杂波中，不至于影响对目标的识别，但当杂波强度更高时，可能产生虚警。图 5.1.4(b)所示的 CAMP 算法的稀疏解则实现了对杂波的完全抑制，准确重构出所关注的点目标，但由于背景杂波不复存在，基于图像统计分布的 SAR 图像后处理操作都无法实现，如计算目标检测中的检测概率和虚警概率，这是现有解决 ℓ_1 正则化模型的方法所存在的共同问题。相比而言，CAMP 算法的优势在于它在实现观测场景稀疏重构的同时，又得到了如图 5.1.4(c)所示的场景非稀疏解。由图 5.1.4(c)、(f)和(i)中的距离向、方位向切片图可以看出，该非稀疏解保证了对目标的高分辨率重构，同时对非目标处的背景杂波实现了有效抑制，并保证了背景杂波的统计分布。通过与图 5.1.4(a)、(d)、(g) chirp scaling 算法结果比较，可以发现 CAMP 算法的非稀疏解背景分布与 chirp scaling 算法图像一致，只是压低了背景区域的幅度值。

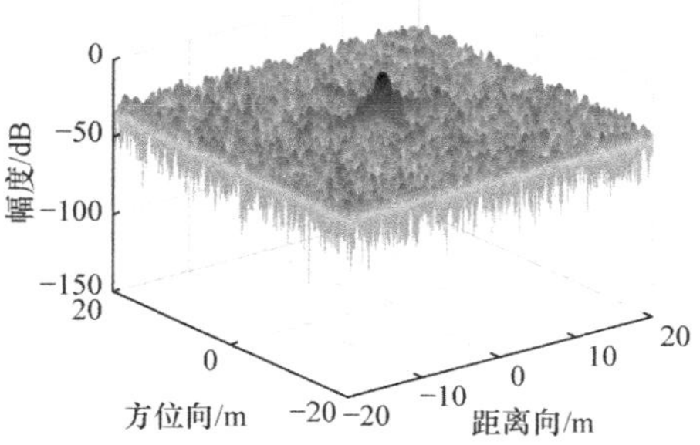

(a) chirp scaling算法成像结果

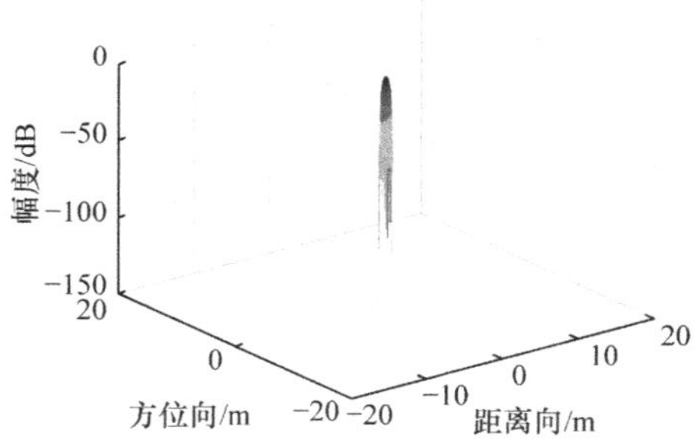

(b) CAMP算法重构的稀疏图像

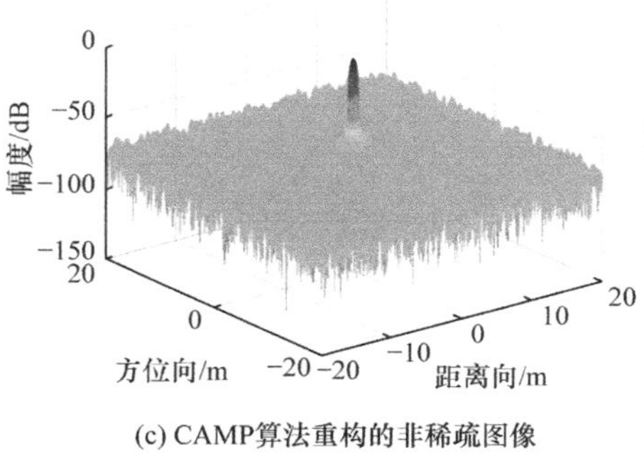

(c) CAMP算法重构的非稀疏图像

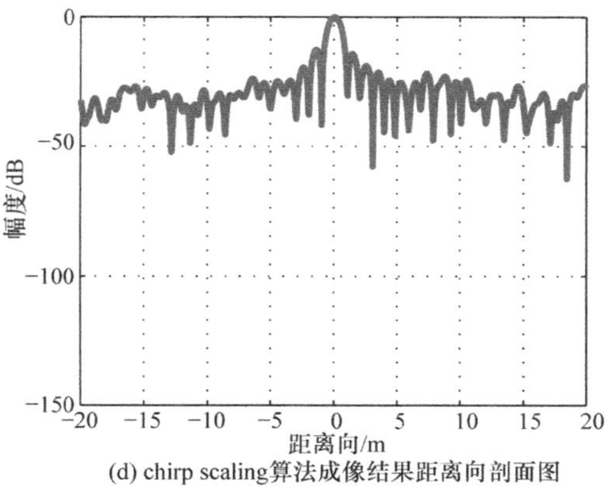

(d) chirp scaling算法成像结果距离向剖面图

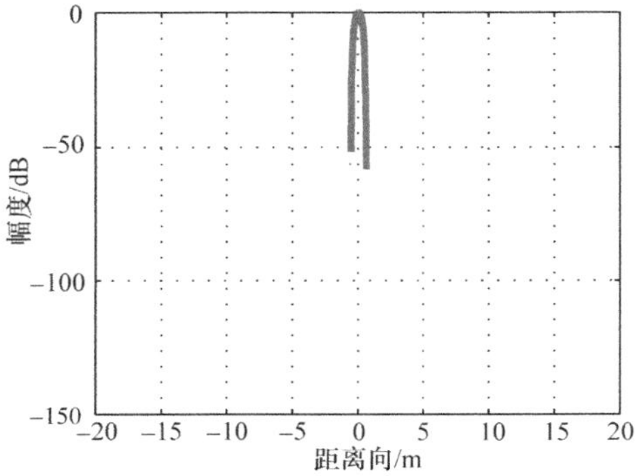

(e) CAMP算法重构的稀疏图像距离向剖面图

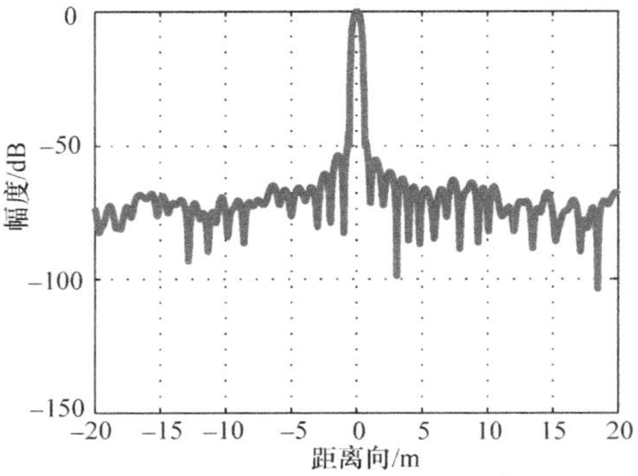

(f) CAMP算法重构的非稀疏图像距离向剖面图

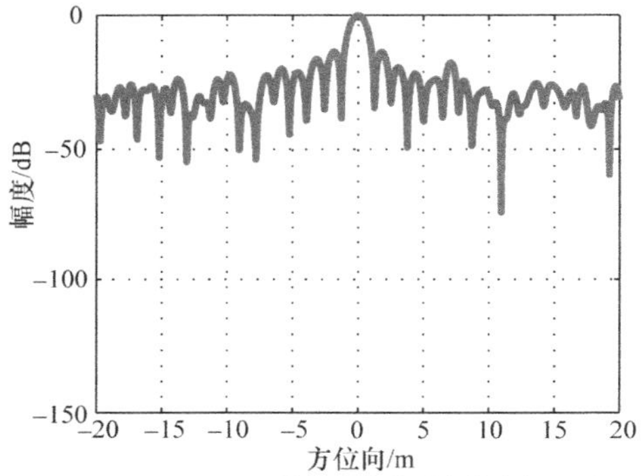

(g) chirp scaling算法成像结果方位向剖面图

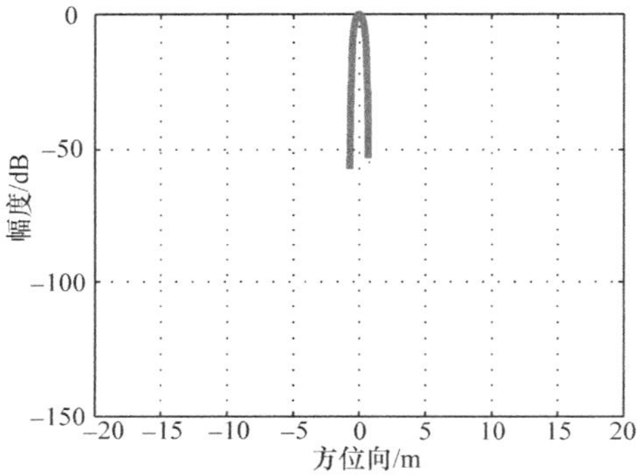

(h) CAMP算法重构的稀疏图像方位向剖面图

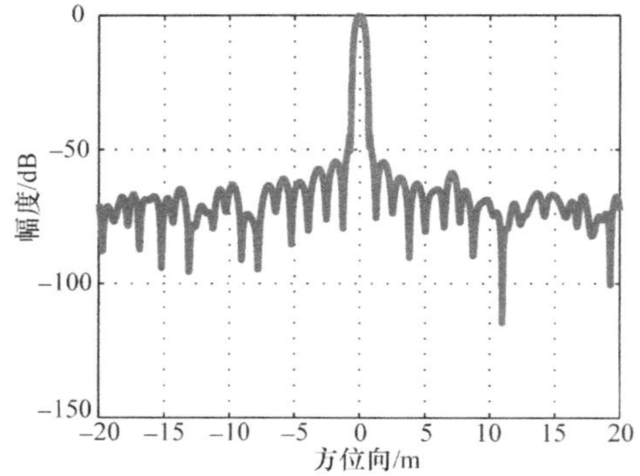

(i) CAMP算法重构的非稀疏图像方位向剖面图

图 5.1.4　基于 chirp scaling 算法和 CAMP 算法的点目标和背景稀疏重构结果

由上述仿真实验的结果可以看出，CAMP 算法不仅可以重构出观测场景的稀疏解，实现对图像质量的有效提升，也可以获取场景的非稀疏估计，该非稀疏估计与稀疏解相似，实现了对旁瓣、噪声的抑制，同时有效保持了重构图像的背景统计特性。

5.1.6 小结

本节首先介绍了 CAMP 算法的原理,说明它可以实现对观测对象的稀疏和非稀疏估计;根据成像雷达信号形式的特点分析了基于线性调频阵的“噪声”矩阵的高斯性;给出了基于 CAMP 算法的条带 SAR 成像算法;仿真实验验证了 CAMP 算法应用于稀疏微波重构中保持背景统计特性方面的有效性。

5.2 SAR 图像增强

5.2.1 引言

前面部分介绍的均为基于回波模拟算子的稀疏微波成像方法,该方法可从原始数据域实现大观测场景的稀疏重构。很多情况下所得到的都是经过匹配滤波算法基于满采样回波数据重构的 SAR 复图像,因此,是否能够基于满采样匹配滤波算法重构的 SAR 复图像进行处理,以获得与基于原始满采样回波数据的稀疏 SAR 成像方法重构结果性能相似的图像,并使之可用于目标恒虚警率检测,将是本节着重研究的问题。

Çetin 等将稀疏信号处理方法引入雷达成像,提出了一种基于贝叶斯稀疏的聚束 SAR 处理算法,用于聚束 SAR 图像特征增强和目标识别,获得分辨率增强的图像(Çetin & Karl, 2001; Çetin et al., 2003)。Zhao 等(2016)介绍了基于统计稀疏性进行 SAR 图像增强的进展。

正是基于上述从 SAR 复图像数据域进行正则化重构的思想,本节首先基于 ℓ_q 正则化方法的 SAR 图像增强模型,阐述重构原理,并分别使用阈值迭代算法与 CAMP 算法对 SAR 复图像进行处理,最终获得观测场景的图像。该结果与基于原始满采样回波数据的稀疏 SAR 成像方法的结果具有相似的图像性能,较匹配滤波算法重构的 SAR 图像有更低的噪声、旁瓣和模糊,甚至可提升目标的可分辨能力。与基于回波模拟算子方位距离解耦的稀疏 SAR 成像方法相比,该方法不再需要进行成像运算,只需对复图像数据进行迭代处理。该方法只是获取了与基于满采样原始数据成像结果相同的重构效果,当实际为降采样数据时,匹配滤波算法无法在数据降采样的情况下实现观测场景的正确恢复，本节基于匹配滤波算法重构的SAR复图像进行处理的方法亦不可能获取正确结果(Bi et al.，2016d，2017a，2018)。

与从原始数据域基于CAMP算法进行稀疏SAR成像相似，本节基于CAMP算法的SAR图像增强方法可以输出场景的稀疏解与非稀疏解。CAMP算法输出的非稀疏解具有在突出观测目标的同时保持图像背景统计特性的特点，这使得稀疏SAR重构结果可用于目标检测等SAR图像背景统计特性的后处理中。在本节最后，利用TerraSAR图像数据分析了CAMP算法处理所得到的SAR图像目标检测性能(Bi et al.，2017a)。

5.2.2 基于 ℓ_q 正则化方法的SAR图像增强原理

与匹配滤波算法重构的雷达图像相比，利用稀疏重构方法可有效抑制旁瓣和噪声，显著提升图像质量。因此，可将匹配滤波算法与稀疏成像方法的重构SAR图像之间的关系表示为(Bi et al.，2016b)

$$\boldsymbol{X}_{\mathrm{MF}}=\boldsymbol{X}_{\mathrm{SP}}+\boldsymbol{N} \tag{5.2.1}$$

式中，$\boldsymbol{X}_{\mathrm{MF}}$为已知的基于匹配滤波算法重构的SAR复图像数据；$\boldsymbol{X}_{\mathrm{SP}}$为基于 ℓ_q 正则化方法重构的SAR图像；$\boldsymbol{N}$为基于匹配滤波算法重构SAR图像与正则化方法重构的SAR图像之间的差别，这差别包含了噪声、旁瓣和模糊等。

式(5.2.1)即为基于匹配滤波算法重构的SAR复图像数据的成像模型。根据该模型，可以通过解决下面的 $\ell_q(0<q\leqslant 1)$ 正则化模型实现对匹配滤波算法重构的SAR图像的增强：

$$\hat{\boldsymbol{X}}_{\mathrm{SP}}=\min_{\boldsymbol{X}_{\mathrm{SP}}}\{\|\boldsymbol{X}_{\mathrm{MF}}-\boldsymbol{X}_{\mathrm{SP}}\|_{\mathrm{F}}^2+\lambda\|\boldsymbol{X}_{\mathrm{SP}}\|_q^q\} \tag{5.2.2}$$

式中，$\hat{\boldsymbol{X}}_{\mathrm{SP}}$为基于 ℓ_q 正则化方法重构的稀疏SAR图像；λ为正则化参数；$\|\boldsymbol{X}_{\mathrm{SP}}\|_q$为矩阵的元素形式 ℓ_q 范数。

5.2.3 基于阈值迭代算法的SAR图像增强

利用 ℓ_q 正则化方法实现SAR图像增强可以通过阈值迭代算法(Beck & Teboulle，2009；Daubechies et al.，2010)进行求解，本节将以 $q=1$ 为例，介绍阈值迭代算法的实现过程，式(5.2.2)的阈值迭代解序列为

$$\boldsymbol{X}_{\mathrm{SP}}^{(i+1)}=\eta_{\lambda,\mu,q}(\boldsymbol{X}_{\mathrm{SP}}^{(i)}+\mu(\boldsymbol{X}_{\mathrm{MF}}-\boldsymbol{X}_{\mathrm{SP}}^{(i)})) \tag{5.2.3}$$

式中，$\eta_{\lambda,\mu,q}$为阈值操作算子。

基于阈值迭代算法的 SAR 图像增强算法流程图如图 5.2.1 所示。

输入：基于匹配滤波算法重构的 SAR 图像 $\boldsymbol{X}_{\mathrm{MF}}$，正则化参数 λ，迭代参数 μ，误差参数 ε。

初始化：基于 $\ell_q(q=1)$ 正则化方法重构的图像 $\boldsymbol{X}_{\mathrm{SP}}^{(0)}=\mathbf{0}$。

在第 i 步迭代中：

步骤一：计算匹配滤波算法重构的 SAR 图像数据与第 i 步迭代估计的场景稀疏解之间的差 $\Delta\boldsymbol{X}_{\mathrm{SP}}^{(i)}$ 为

$$\Delta\boldsymbol{X}_{\mathrm{SP}}^{(i)}=\boldsymbol{X}_{\mathrm{MF}}-\boldsymbol{X}_{\mathrm{SP}}^{(i)} \tag{5.2.4}$$

步骤二：通过阈值收缩，计算第 $i+1$ 步迭代场景的稀疏估计值 $\boldsymbol{X}_{\mathrm{SP}}^{(i+1)}$。

$$\boldsymbol{X}_{\mathrm{SP}}^{(i+1)}=\mathrm{sgn}(\boldsymbol{X}_{\mathrm{SP}}^{(i)}+\mu\Delta\boldsymbol{X}_{\mathrm{SP}}^{(i)})\max\{|\boldsymbol{X}_{\mathrm{SP}}^{(i)}+\mu\Delta\boldsymbol{X}_{\mathrm{SP}}^{(i)}|,\mu\lambda\} \tag{5.2.5}$$

步骤三：计算残差。

$$\mathrm{Residual}=\|\boldsymbol{X}_{\mathrm{SP}}^{(i+1)}-\boldsymbol{X}_{\mathrm{SP}}^{(i)}\|_{\mathrm{F}} \tag{5.2.6}$$

输出：当迭代步数 i 小于最大迭代次数 $I_{\max}$，且 Residual$>\varepsilon$ 时，令 $i=i+1$，继续执行迭代运算；否则，输出场景的 $\ell_q(q=1)$ 正则化重构的解 $\hat{\boldsymbol{X}}_{\mathrm{SP}}$。

$$\hat{\boldsymbol{X}}_{\mathrm{SP}}=\boldsymbol{X}_{\mathrm{SP}}^{(i+1)} \tag{5.2.7}$$

在基于阈值迭代算法的 SAR 图像增强算法中，有两个关键性的参数是需要进行合理设定的，分别是迭代参数 μ 和正则化参数 λ。

(1) 迭代参数 μ 控制着阈值迭代算法的收敛速度。它的值应当满足

$$0<\mu\leqslant 1 \tag{5.2.8}$$

当 μ 从 0 向 1 移动时，算法的收敛速度将逐步加快，但是重构结果的精度会随之下降。在实际数据处理的过程中，选择 μ 的值时应当兼顾计算速度和重构精度这两个重要因素。

(2) 正则化参数 λ 控制着算法的重构精度以及估计场景的稀疏度。在观测场景稀疏度这一先验信息已知后，λ 的值可根据迭代过程来进行自适应设定：

$$\lambda^{(i)}=\frac{|\boldsymbol{X}_{\mathrm{SP}}^{(i)}+\mu\Delta\boldsymbol{X}_{\mathrm{SP}}^{(i)}|_{K+1}}{\mu} \tag{5.2.9}$$

式中，$|\boldsymbol{X}_{\mathrm{SP}}^{(i)}+\mu\Delta\boldsymbol{X}_{\mathrm{SP}}^{(i)}|_{K+1}$ 为幅度图像 $|\boldsymbol{X}_{\mathrm{SP}}^{(i)}+\mu\Delta\boldsymbol{X}_{\mathrm{SP}}^{(i)}|$ 所有值降序排列后，第 $K+1$ 个位置处幅度值的大小，而 K 则为表征场景稀疏度 $\|\boldsymbol{X}_{\mathrm{SP}}\|_0$ 的参数，其定义为

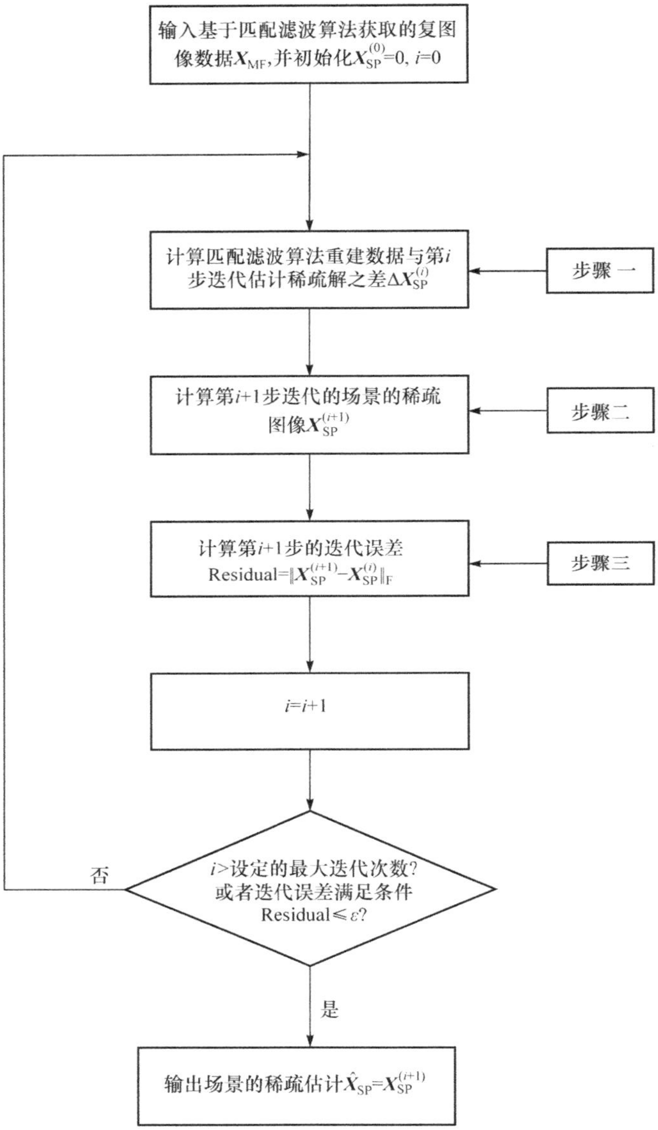

图 5.2.1　基于阈值迭代算法的 SAR 图像增强算法流程图

$$K \stackrel{\text{def}}{=} \frac{\| \boldsymbol{X}_{\text{SP}} \|_0}{N_P N_Q} \tag{5.2.10}$$

在实际重构过程中,可以利用匹配滤波算法重构的 SAR 图像 $\boldsymbol{X}_{\text{MF}}$ 来估计 K 的值。然而,由于旁瓣、噪声的影响,$\boldsymbol{X}_{\text{MF}}$ 中所有像素点的幅度值均大于零。因此，不能直接通过与零的比较来确定场景的稀疏度，但可设定一个大于零的阈值来进行场景稀疏度估计。

5.2.4　基于 CAMP 算法的 SAR 图像增强

5.2.3 节介绍的基于阈值迭代算法的 SAR 图像增强方法虽然可以如基于原始数据的稀疏 SAR 成像方法一样，实现对 SAR 图像的性能提升，但其仍存在破坏图像背景统计特性的问题，这就使得基于图像背景统计特性的应用无法进行，降低了重构 SAR 图像的应用价值。基于 CAMP 算法(Maleki，2011；Maleki et al.，2013)可输出保持图像背景统计特性的场景非稀疏解这一特点，本节研究并推导基于 CAMP 算法的 SAR 图像增强方法，根据式(5.2.1)中的重构模型，通过解决 LASSO 模型进行正则化重构，并利用 CAMP 算法求解 LASSO 模型进行迭代实现，从而获取场景的稀疏解与非稀疏解(Bi et al.，2017a)。

1. 算法原理

如 5.2.2 节所述，式(5.2.1)中基于复图像数据的 SAR 图像稀疏重构模型可通过解决式(5.2.2)正则化模型来进行观测场景的稀疏重构。LASSO 模型亦可用于对匹配滤波算法恢复的 SAR 图像进行增强：

$$\hat{\boldsymbol{X}}_{\mathrm{SP}}=\min_{\boldsymbol{X}_{\mathrm{SP}}}\left\{\frac{1}{2}\left\|\boldsymbol{X}_{\mathrm{MF}}-\boldsymbol{X}_{\mathrm{SP}}\right\|_{\mathrm{F}}^{2}+\lambda\left\|\boldsymbol{X}_{\mathrm{SP}}\right\|_{1}\right\} \tag{5.2.11}$$

式中，λ 为正则化参数。

式(5.2.11)中 LASSO 最优化问题的闭式解为

$$\eta(\boldsymbol{X}_{\mathrm{MF}};\lambda)\stackrel{\mathrm{def}}{=}(|\boldsymbol{X}_{\mathrm{MF}}|-\lambda)\mathrm{e}^{\mathrm{j\,angle}(\boldsymbol{X}_{\mathrm{MF}})}(|\boldsymbol{X}_{\mathrm{MF}}|>\lambda) \tag{5.2.12}$$

2. CAMP 算法迭代实现

结合复软阈值函数 $\eta(\boldsymbol{X}_{\mathrm{MF}};\lambda)$，推导利用 CAMP 算法对式(5.2.11)中最优化问题进行迭代重构的过程，获取观测场景的稀疏解 $\hat{\boldsymbol{X}}_{\mathrm{SP}}$ 和非稀疏解 $\tilde{\boldsymbol{X}}_{\mathrm{SP}}$。基于 CAMP 算法的 SAR 图像增强算法流程图如图 5.2.2 所示。

输入：基于匹配滤波算法重构的 SAR 图像 $\boldsymbol{X}_{\mathrm{MF}}$，正则化参数 λ，迭代参数 μ，误差参数 ε，最大迭代步数 $T_{\max}$。

初始化：场景的稀疏解 $\hat{\boldsymbol{X}}_{\mathrm{SP}}^{(0)}=\boldsymbol{0}$，模拟回波 $\boldsymbol{W}^{(0)}=\boldsymbol{X}_{\mathrm{MF}}$。

在第 t 步迭代中：

步骤一：计算场景非稀疏估计值。

$$\widetilde{\boldsymbol{X}}_{\mathrm{SP}}^{(t+1)}=\boldsymbol{W}^{(t)}+\hat{\boldsymbol{X}}_{\mathrm{SP}}^{(t)} \tag{5.2.13}$$

步骤二：估计“噪声”矩阵的标准差。

$$\sigma_{t+1}=\left|\widetilde{\boldsymbol{X}}_{\mathrm{SP}}^{(t+1)}\right|_{K+1} \tag{5.2.14}$$

步骤三：计算模拟回波。

$$\begin{aligned}\boldsymbol{W}^{(t+1)}=&\boldsymbol{X}_{\mathrm{MF}}-\hat{\boldsymbol{X}}_{\mathrm{SP}}^{(t)}+\boldsymbol{W}^{(t)}\frac{1}{2\delta}\\&\left(\left\langle\frac{\partial\eta^{\mathrm{R}}}{\partial x_{\mathrm{R}}}(\widetilde{\boldsymbol{X}}^{(t+1)};\xi\sigma_{t+1})\right\rangle+\left\langle\frac{\partial\eta^{\mathrm{I}}}{\partial x_{\mathrm{I}}}(\widetilde{\boldsymbol{X}}^{(t+1)};\xi\sigma_{t+1})\right\rangle\right)\end{aligned} \tag{5.2.15}$$

步骤四：获取场景的稀疏估计。

$$\hat{\boldsymbol{X}}_{\mathrm{SP}}^{(t+1)}=\eta(\widetilde{\boldsymbol{X}}_{\mathrm{SP}}^{(t+1)};\xi\sigma_{t+1}) \tag{5.2.16}$$

步骤五：计算残差。

$$\mathrm{Residual}=\left\|\hat{\boldsymbol{X}}_{\mathrm{SP}}^{(t+1)}-\hat{\boldsymbol{X}}_{\mathrm{SP}}^{(t)}\right\|_{\mathrm{F}} \tag{5.2.17}$$

输出：当迭代步数 t 小于最大迭代次数 $T_{\max}$，且 Residual$>\varepsilon$ 时，令 $t=t+1$，继续执行迭代运算；否则，输出场景稀疏解$\hat{\boldsymbol{X}}_{\mathrm{SP}}$与非稀疏解$\widetilde{\boldsymbol{X}}_{\mathrm{SP}}$。

$$\hat{\boldsymbol{X}}_{\mathrm{SP}}=\hat{\boldsymbol{X}}_{\mathrm{SP}}^{(t+1)} \tag{5.2.18}$$

$$\widetilde{\boldsymbol{X}}_{\mathrm{SP}}=\widetilde{\boldsymbol{X}}_{\mathrm{SP}}^{(t+1)} \tag{5.2.19}$$

3. 参数设置

基于 CAMP 算法的 SAR 图像增强方法中参数的含义如下：

(1) $\hat{\boldsymbol{X}}_{\mathrm{SP}}$表示基于 CAMP 算法的 SAR 图像增强方法重构的观测场景稀疏解。它具有与 ℓ_1 正则化方法及基于回波模拟算子的方位距离解耦稀疏 SAR 成像方法重构结果相同的图像特征。

(2) $\widetilde{\boldsymbol{X}}_{\mathrm{SP}}$表示基于 CAMP 算法的 SAR 图像增强方法重构的观测场景非稀疏解。依据该非稀疏解定义的“噪声”矩阵 $\boldsymbol{Z}^{(t)}$ 为

$$\boldsymbol{Z}^{(t)}\overset{\mathrm{def}}{=}\widetilde{\boldsymbol{X}}_{\mathrm{SP}}^{(t)}-\boldsymbol{X} \tag{5.2.20}$$

(3) σ_t 表示“噪声”矩阵 $\boldsymbol{Z}^{(t)}$ 的标准差，且有 $\sigma_*=\lim\limits_{t\to+\infty}\sigma_t$。在实际 SAR 成像中，噪声和杂波的分布是未知的，本算法中使用 $\sigma_t=\left|\widetilde{\boldsymbol{X}}_{\mathrm{SP}}^{(t)}\right|_{k+1}$ 作为在第

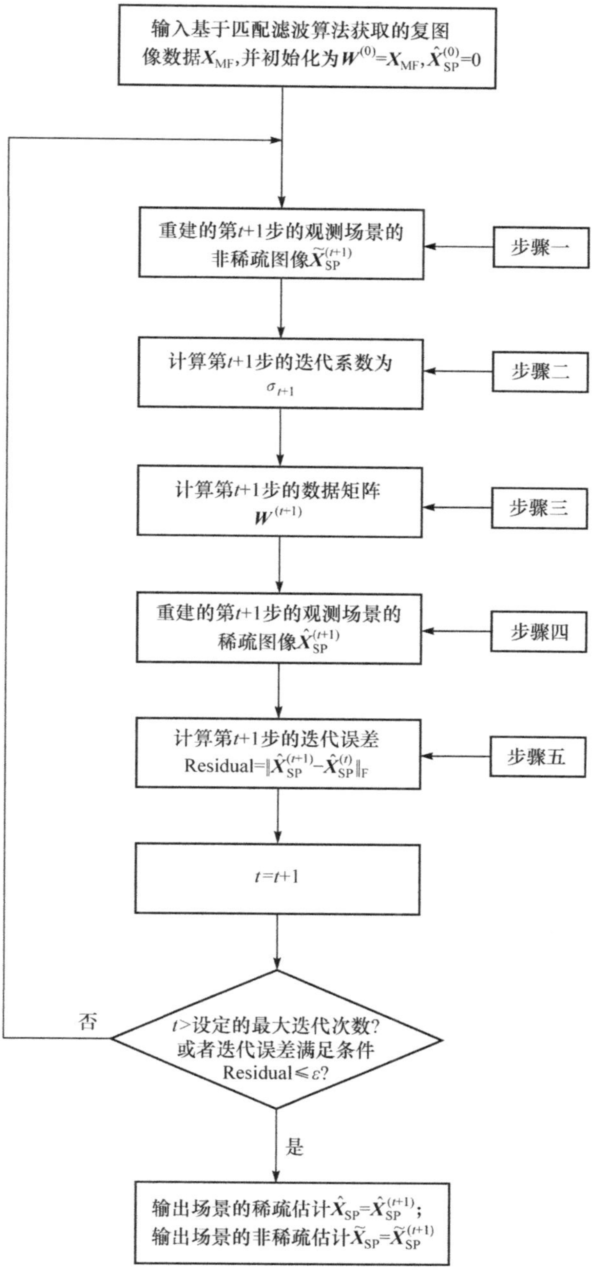

图 5.2.2　基于 CAMP 算法的 SAR 图像增强算法流程图

t 步迭代时 σ_t 的估计。

(4) CAMP 算法中的正则化参数 λ 的值满足以下约束条件：

$$0<\lambda\leqslant \| \boldsymbol{X}_{\mathrm{MF}} \|_\infty \tag{5.2.21}$$

(5) 阈值迭代参数 ξ 的值依赖于 σ_* 与 λ。而 CAMP 算法与 LASSO 模型之间的关系是通过 ξ 和 λ 来进行联系的，根据 Maleki 等(2013)的结论，当 ξ 满足

$$\lambda \overset{\mathrm{def}}{=} \xi\sigma_*\left[1-\frac{1}{2\delta}\mathrm{E}\left(\left\langle\frac{\partial \eta^{\mathrm{R}}}{\partial x_{\mathrm{R}}}(\boldsymbol{X}_{\mathrm{MF}};\xi\sigma_*)\right\rangle+\left\langle\frac{\partial \eta^{I}}{\partial x_{I}}(\boldsymbol{X}_{\mathrm{MF}};\xi\sigma_*)\right\rangle\right)\right] \tag{5.2.22}$$

时，阈值迭代参数为 ξ 的 CAMP 算法即可用于求解正则化参数为 λ 的 LASSO 模型。本节介绍的基于 CAMP 算法的 SAR 图像增强方法利用 $\sigma_* = |\boldsymbol{X}_{\mathrm{MF}}|_{K+1}$ 及 $\lambda_{\max} = \| \boldsymbol{X}_{\mathrm{MF}} \|_\infty$ 来估计 ξ 的上界 $\xi_{\max}$，从而确定 ξ。

5.2.5　实验验证

1. 基于阈值迭代算法的 SAR 图像增强

利用仿真数据以及 TerraSAR 数据，验证基于阈值迭代算法的 SAR 图像增强方法的有效性(Bi et al.，2017a)。

1) 旁瓣抑制

图 5.2.3 为基于匹配滤波算法和阈值迭代算法的 SAR 图像特征增强方法的点目标重构结果，实验中未添加杂波与噪声。与基于原始数据的稀疏微波成像结果相似，相比于匹配滤波算法重构的 SAR 图像，基于阈值迭代算法的 SAR 图像增强方法的场景恢复结果同样可对旁瓣进行有效抑制。

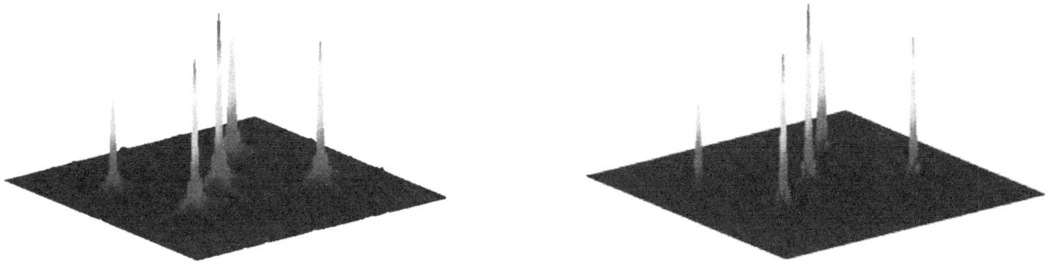

(a) 匹配滤波算法成像结果　　(b) 基于阈值迭代算法的SAR图像增强结果

图 5.2.3　基于匹配滤波算法和阈值迭代算法的 SAR 图像特征增强方法的点目标重构结果

2）目标背景比提升

图5.2.4为基于匹配滤波算法和阈值迭代算法的RadarSat-1舰船目标重构结果。如图5.2.4(a)和(b)所示，相比于匹配滤波算法，基于阈值迭代算法的SAR图像增强方法可有效抑制目标旁瓣和背景噪声，从左下角开始沿顺时针六艘舰船局部放大图依次如图5.2.4(c)、(d)所示，显著提升了重构舰船目标性能。为定量评估成像效果，利用TBR作为评价指标。基于匹配滤波算法和阈值迭代算法的SAR图像增强方法重构的六艘舰船目标区域的TBR如表5.2.1所示。可以看出，与匹配滤波算法相比，基于阈值迭代算法的SAR图像增强方法可以提高TBR。这意味着在以人造目标为监视对象的SAR应用领域，如军事监控、海面目标识别，基于稀疏重构的SAR图像增强方法具有应用潜力。

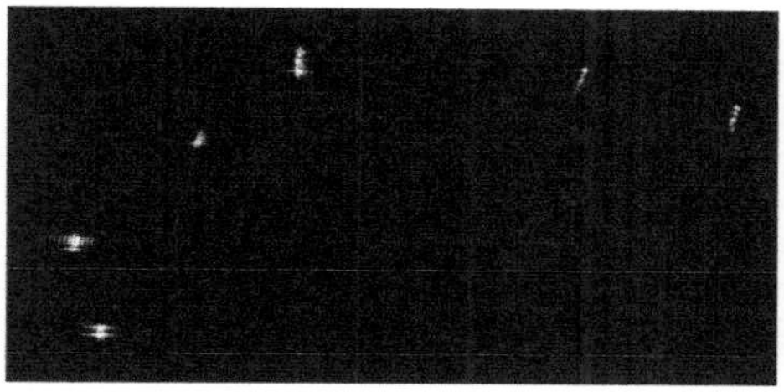

(a) 基于匹配滤波算法的重构结果

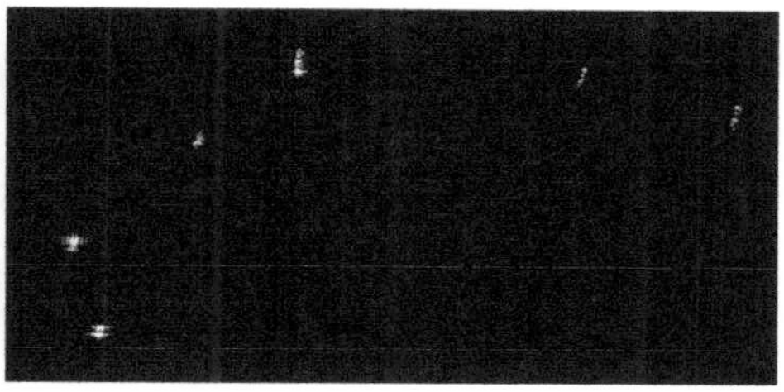

(b) 基于阈值迭代算法的SAR图像增强结果

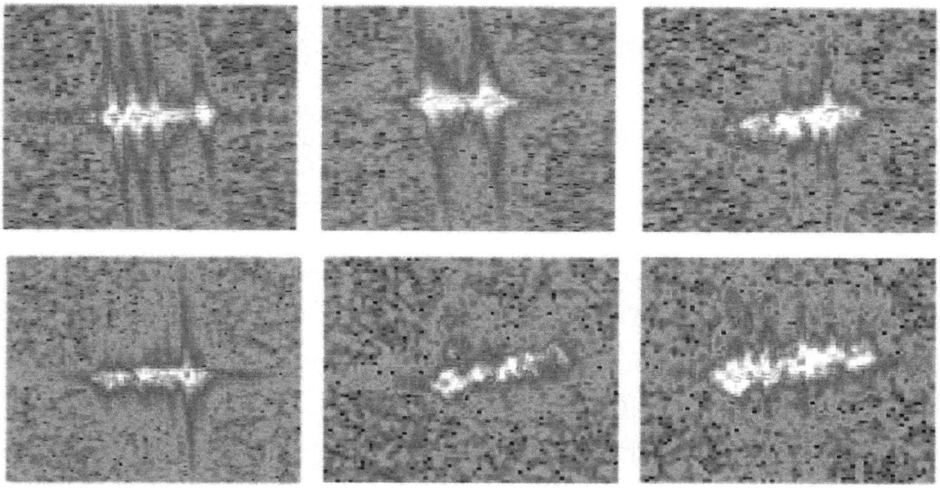

(c) 匹配滤波算法成像结果(六艘舰船)

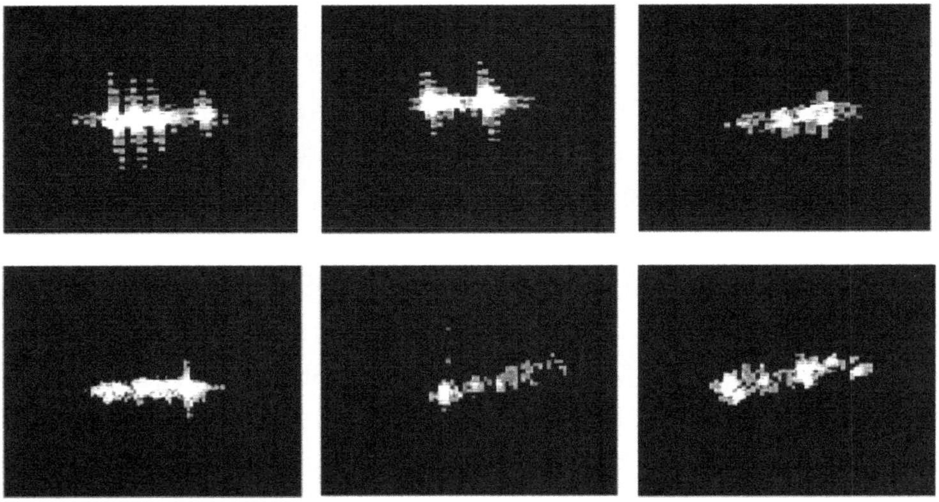

(d) 基于阈值迭代算法的SAR图像增强方法杂波抑制结果

图 5.2.4　基于匹配滤波算法和阈值迭代算法的 Radarsat-1 舰船目标重构结果

表 5.2.1　基于匹配滤波算法与阈值迭代算法重构舰船图像的 TBR

方法	舰船 1	舰船 2	舰船 3	舰船 4	舰船 5	舰船 6
匹配滤波/dB	39.78	40.07	35.50	45.36	38.26	35.89
图像增强/dB	57.41	58.99	64.29	61.73	62.64	60.04

图 5.2.5 中给出了基于 TerraSAR-X 图像数据的海面风力发电厂区域的重构结果。可以看出,受严重海杂波的影响,图 5.2.5(a)和(c)中的匹配滤波图像已很难准确识别目标,尤其是在图 5.2.5(a)中,严重的海杂波已将目标几乎完全淹没。如图 5.2.5(b)和(d)所示,SAR 图像增强方法不仅准确恢复了海面风力发电厂区域中的目标,同时显著提升了目标分辨能力。

3) 大场景、非稀疏场景重构

与基于回波模拟算子方位距离解耦的稀疏 SAR 成像方法相似,本节基于阈值迭代算法的 SAR 图像增强方法不需要考虑场景是否稀疏,它是一种基于 ℓ_q 正则化方法的图像后处理方法,因此可以用于保相的雷达复图像数据处理中。这里使用 RadarSat-1 数据进行实验,图 5.2.6 分别给出了基于匹配滤波算法与基于阈值迭代算法的 SAR 图像增强方法对 RadarSat-1 大场景非稀疏区域的重构结果。可以看出,该方法对大场景非稀疏区域也可有效提升图像质量。

(a) 基于匹配滤波算法的重构结果(风力发电厂1)

(b) 基于阈值迭代算法的SAR图像增强结果(风力发电厂1)

(c) 基于匹配滤波算法的重构结果(风力发电厂2)

(d) 基于阈值迭代算法的SAR图像增强结果(风力发电厂2)

图 5.2.5　基于 TerraSAR-X 图像数据的海面风力发电厂区域的重构结果

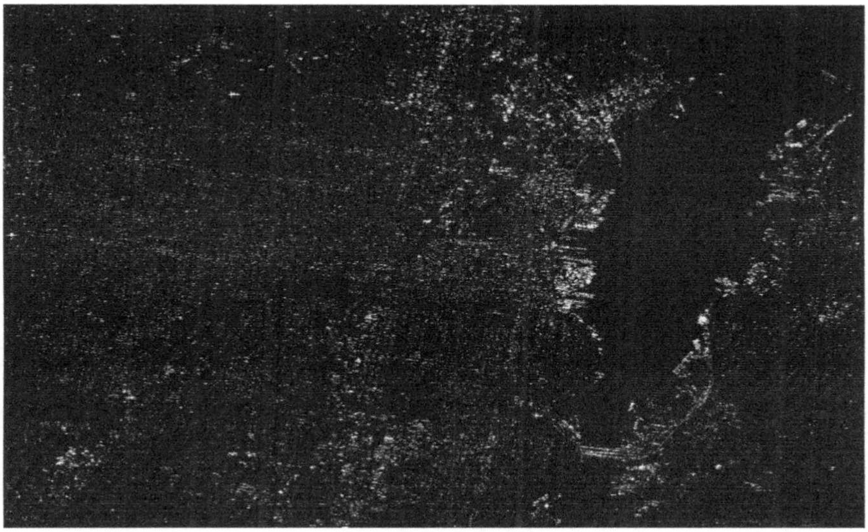

(a) 基于匹配滤波算法的重构结果

(b) 基于阈值迭代算法的SAR图像增强结果

图 5.2.6　基于匹配滤波算法和基于阈值迭代算法的 SAR 图像增强方法对 RadarSat-1 大场景非稀疏区域的重构结果

2. 基于 CAMP 算法的 SAR 图像增强

首先利用 TerraSAR-X 1m 分辨率的聚束 SAR 复图像数据，对 CAMP 算法在 SAR 图像增强中的作用进行验证；其次，对 CAMP 算法所得 SAR 图像的目标检测性能进行了分析(Bi et al.，2017a)。TerraSAR-X 图像数据成像区域光学图像如图 5.2.7 所示。

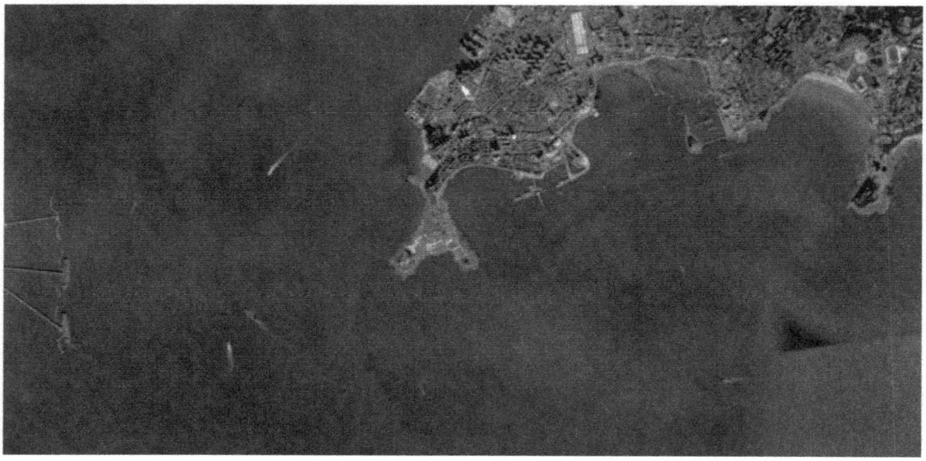

图 5.2.7　TerraSAR-X 图像数据成像区域光学图像(来自 Google Earth)

基于 CAMP 算法的 SAR 图像增强方法重构的观测场景的稀疏解和非稀疏解如图 5.2.8(b)和(c)所示。相比于图 5.2.8(a)匹配滤波算法恢复的 SAR 图像,无论是对于稀疏观测场景(海面)还是非稀疏观测场景(城市),基于 CAMP 算法的 SAR 图像增强方法均可实现对图像质量的提升。选取海岸线附近的一块区域如图 5.2.9 所示。图 5.2.9 中的结果直观地反映出,基于 CAMP 算法的 SAR 图像增强方法具有很好的背景噪声和杂波的抑制效果,选取区域 1～区域 3 三块场景,基于 TBR 的定量化分析结果如表 5.2.2 所示。与图 5.2.9 中的直观感觉相似,表 5.2.2 的结果表明在三块选取的区域中,基于 CAMP 算法的 SAR 图像增强方法比匹配滤波算法结果的 TBR 至少提升了 7dB。

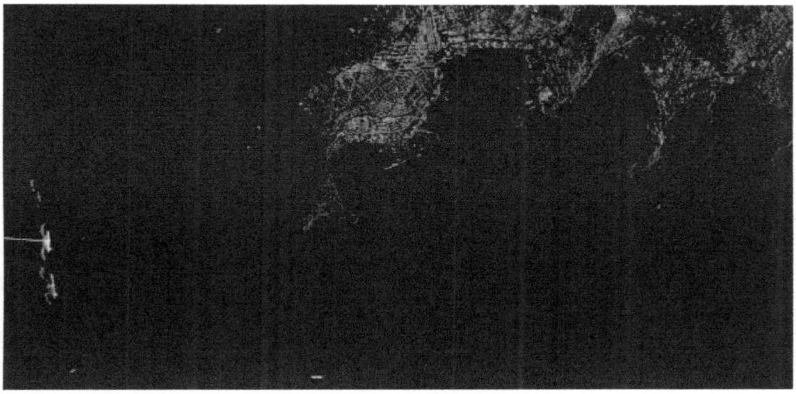

(a) 匹配滤波算法结果

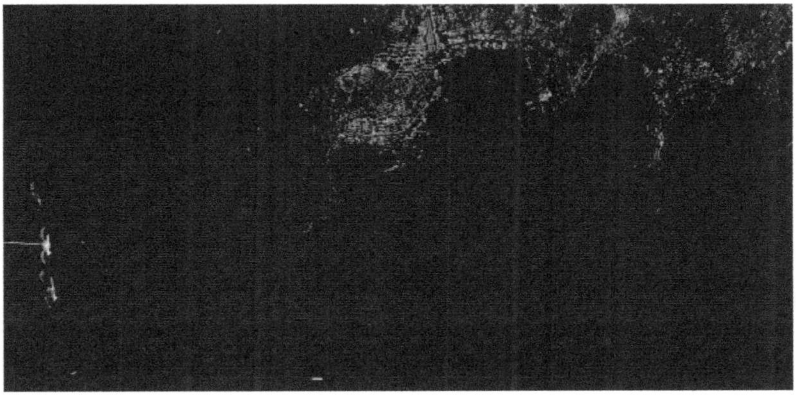

(b) 基于CAMP算法的SAR图像增强方法稀疏解

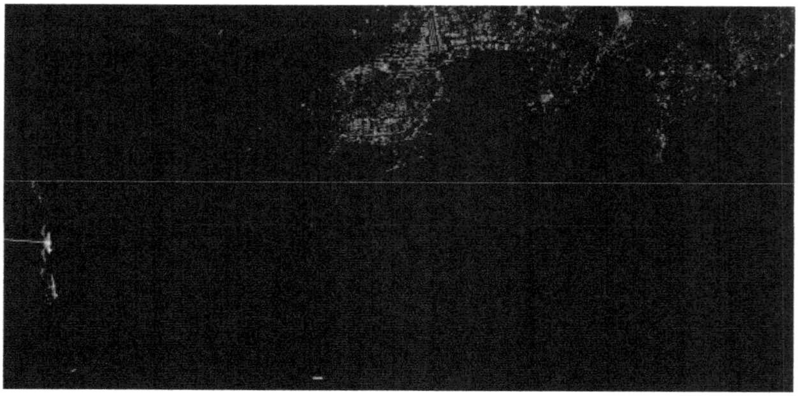

(c) 基于CAMP算法的SAR图像增强方法非稀疏解

图 5.2.8　基于 CAMP 算法的 TerraSAR-X 青岛地区图像增强方法重构结果

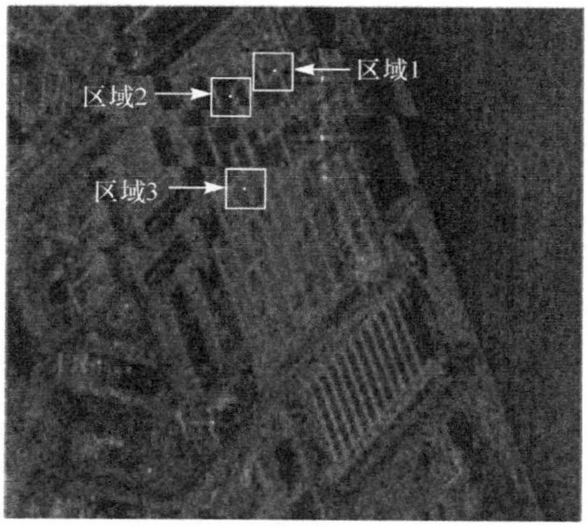

(a) 匹配滤波算法结果

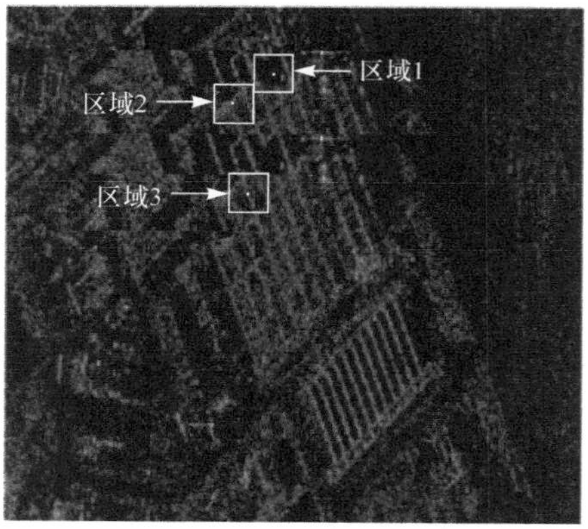

(b) 基于CAMP算法的SAR图像增强方法非稀疏解

图 5.2.9　基于 CAMP 算法的 TerraSAR-X 青岛地区城市区域旁瓣与噪声抑制结果

表 5.2.2　基于匹配滤波算法与 CAMP 算法重构城市区域的目标背景比

方法	区域 1	区域 2	区域 3
匹配滤波/dB	35.07	30.03	28.96
图像增强/dB	42.74	51.67	46.78

3. 目标检测

恒虚警率检测是对雷达幅度图像中所有像素依次进行的。在恒虚警率检测中，如图 5.2.10 所示，检测像素外依次是目标窗口、保护窗口和背景窗口。实际应用中，目标窗口、保护窗口和背景窗口的大小应依目标大小以及图像的距离向和方位向分辨率而定。恒虚警率检测中阈值为 α 时的虚警率 P_{fa} 可表示为

$$P_{\mathrm{fa}} = 1 - \int_{-\infty}^{\alpha} f(x)\mathrm{d}x = \int_{\alpha}^{+\infty} f(x)\mathrm{d}x \tag{5.2.23}$$

式中，$f(x)$ 表示背景区域的概率密度函数（probability density function，PDF）。

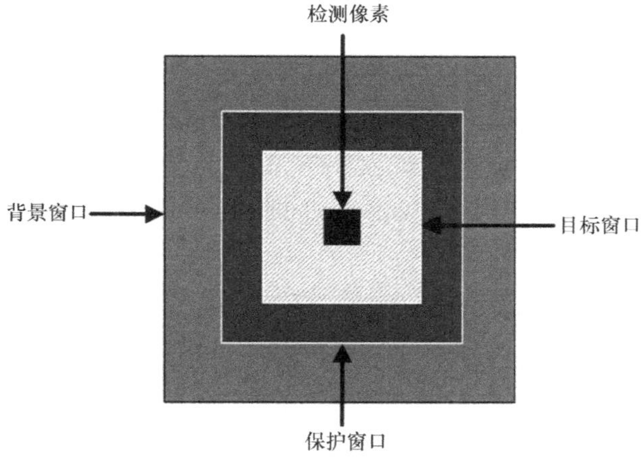

图 5.2.10　恒虚警率检测窗口分布关系示意图

在设定了虚警率 P_{fa} 的值，并对背景区域分布进行合适的估计后，阈值 α 就可通过式(5.2.23)进行计算。恒虚警率检测器可以设计为

$$|\widetilde{\boldsymbol{X}}_{\mathrm{SP}}|_{(n_p,n_q)} = \begin{cases} 存在目标， & |\widetilde{\boldsymbol{X}}_{\mathrm{SP}}|_{(n_p,n_q)} > \mu_{\mathrm{B}} + \sigma_{\mathrm{B}}\alpha \\ 不存在目标， & 其他 \end{cases} \tag{5.2.24}$$

式中，$n_p = 1,2,\cdots,N_P$，$n_q = 1,2,\cdots N_Q$；$|\widetilde{\boldsymbol{X}}_{\mathrm{SP}}|_{(n_p,n_q)}$ 为 CAMP 算法恢复的场景非稀疏解 $\widetilde{\boldsymbol{X}}_{\mathrm{SP}}$ 的幅度图像中的待检测像素；μ_{B} 和 σ_{B} 分别为背景区域 Ω 中的均值与方差，它们可通过下面公式进行估计：

$$\mu_{\mathrm{B}} = \frac{1}{N_\Omega}\sum\nolimits_{(n_p,n_q)\in\Omega} |\widetilde{\boldsymbol{X}}_{\mathrm{SP}}|_{(n_p,n_q)} \tag{5.2.25}$$

$$\sigma_{\mathrm{B}} = \sqrt{\frac{1}{N_\Omega}\sum\nolimits_{(n_p,n_q)\in\Omega} (|\widetilde{\boldsymbol{X}}_{\mathrm{SP}}|_{(n_p,n_q)} - \mu_{\mathrm{B}})^2} \tag{5.2.26}$$

式中，N_Ω 为背景区域 Ω 中像素点的个数。

下面对 CAMP 算法所得 SAR 图像的目标检测性能进行分析。由于基

于 CAMP 算法的 SAR 图像增强方法可对噪声、旁瓣和模糊进行有效抑制，其恢复的稀疏解与匹配滤波算法重构图像相比，舰船目标和背景（海面）区域幅度值的对比度较大，突出了舰船目标，这对淹没于较强海杂波中的弱舰船目标的检测非常有利。当然，即使是强度较弱的舰船目标，在匹配滤波算法重构的 SAR 图像中，其散射强度也应略高于周围的强海杂波，否则依然无法被检测到。

图 5.2.11 中由矩形框标注的区域 2 仅包含海杂波，而没有其他任何强目标的存在，如图 5.2.12(a)所示。为说明 CAMP 算法输出的场景非稀疏估计在弱目标检测中的作用，实验中人为地在海杂波中添加了一些大小、强度和相位均不相同的仿真目标，如图 5.2.12(b)所示，添加目标后的模拟仿真场景如图 5.2.12(c)所示。以图 5.2.12(c)为输入，利用基于 CAMP 算法的 SAR 图像增强方法对其进行处理，获得的模拟观测场景的非稀疏解为图 5.2.12(d)。图 5.2.12(c)与(d) 中同时也给出了 $P_{fa}=10^{-5}$ 时恒虚警率检测器的目标检测结果。由图 5.2.12 可看出，强目标和较大目标在两种方法恢复的图像中均可得到准确检测（图中虚线矩形框标注），而对于较小且强度略高于海面杂波强度的目标，在匹配滤波算法重构的 SAR 图像

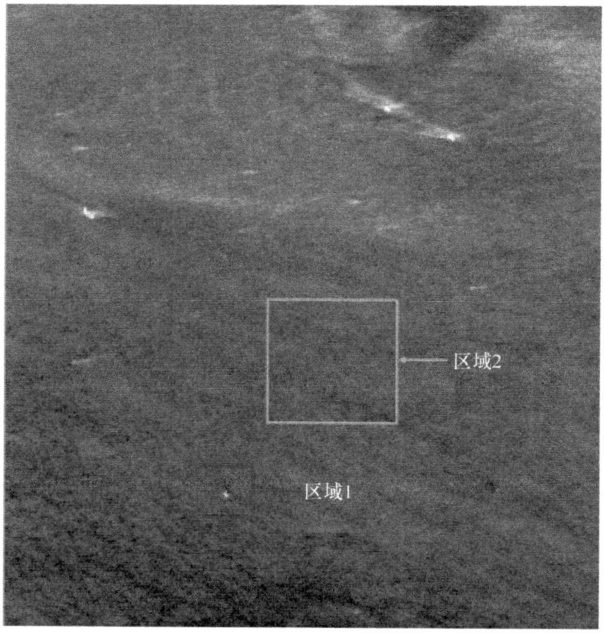

图 5.2.11　TerraSAR-X 海面区域图像

中已无法对它们进行检测，出现漏警现象。而得益于 CAMP 算法在压低背景幅度上的优势，在其重构的非稀疏图像中依然可准确发现这些弱小目标（图中实线矩形框标注）。

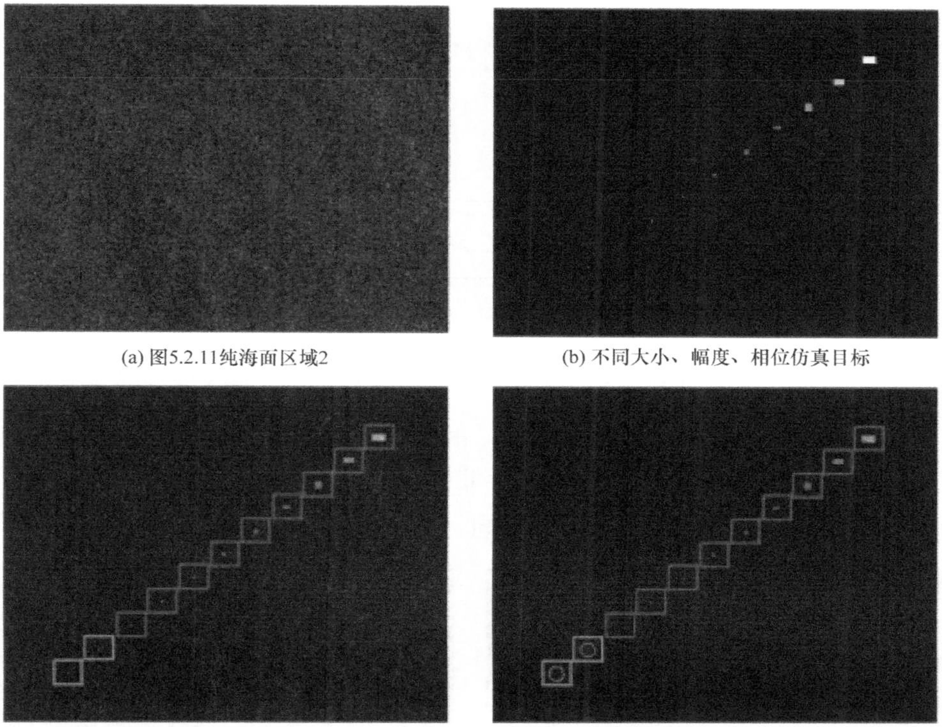

(a) 图5.2.11纯海面区域2

(b) 不同大小、幅度、相位仿真目标

(c) 基于匹配滤波重构图像的恒虚警率检测结果

(d) 基于CAMP算法非稀疏解的恒虚警率检测结果

图 5.2.12　基于 TerraSAR-X 海面区域图像的仿真目标恒虚警率检测结果

虚线矩形框：表示在两种方法恢复的图像中都可以检测出的目标；

实线矩形框：表示只能在 CAMP 算法的非稀疏解中检测出的目标

为更加全面地评估 CAMP 算法的非稀疏解在恒虚警率检测中的性能，这里依然将图 5.2.12(a)与(b)结合起来作为模拟观测场景，并在不同的虚警率 P_{fa} 条件下，分别对图 5.2.12(c)与(d)中的图像进行恒虚警率检测。基于 TerraSAR-X 海面区域图像仿真目标恒虚警率检测的 P_d-P_{fa} 曲线如图 5.2.13 所示。图 5.2.13 的结果反映出，对于固定的虚警值 P_{fa}，CAMP 算法输出的稀疏解相比于匹配滤波算法重构结果具有更高的发现概率，即在恒虚警率检测中，基于 CAMP 算法的重构图像包含从原始数据域和复图像数据域两类算法的处理结果，要优于匹配滤波算法重构结果。

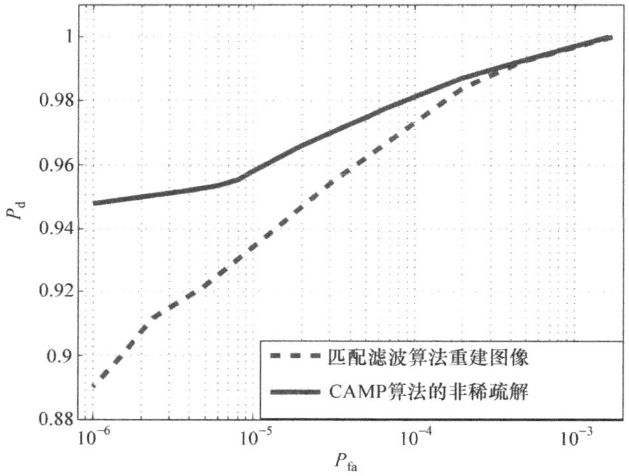

图 5.2.13　基于 TerraSAR-X 海面区域图像仿真目标恒虚警率检测 P_d-P_{fa} 变化曲线

图 5.2.14 为在虚警率 $P_{fa}=10^{-5}$ 时，基于 TerraSAR-X 实际数据的匹配滤波算法重构图像与 CAMP 算法非稀疏解的海面区域舰船目标恒虚警率检测结果。与仿真实验的结论相同，即 CAMP 算法的非稀疏解不仅可以

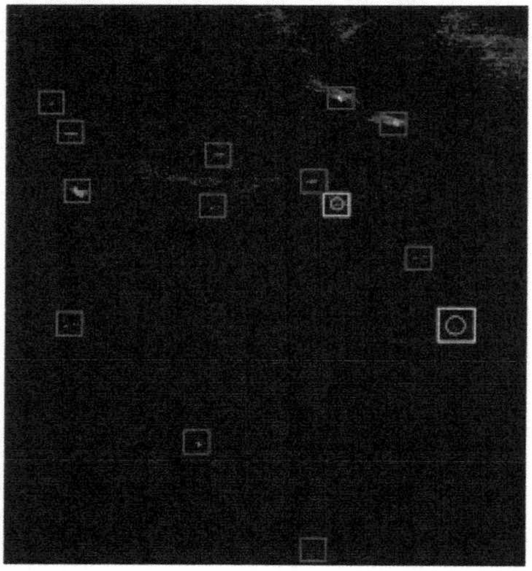
(a) 基于匹配滤波算法重构图像的恒虚警率检测结果

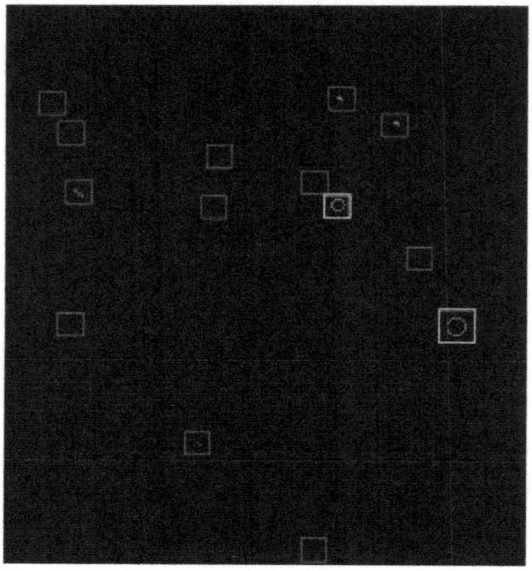
(b) 基于CAMP算法非稀疏解的恒虚警率检测结果

图 5.2.14　基于 TerraSAR-X 实际数据的匹配滤波算法重构图像与 CAMP 算法非稀疏解的海面区域舰船目标恒虚警率检测结果

虚线框：表示在两种方法恢复的图像中都可以检测出的目标；

实线框：表示只能在 CAMP 算法的非稀疏解中检测出的目标

应用于恒虚警率检测中，而且相比于匹配滤波算法重构的图像，在虚警率一定的情况下，具有更高的目标检测概率，并且在对小目标、弱目标的检测方面更加具有优势。

5.2.6　小结

本节从基于匹配滤波算法重构的复图像数据出发，介绍了基于复图像数据的 SAR 图像增强方法，利用阈值迭代算法对匹配滤波算法重构的复图像进行迭代处理，获取了观测场景的重构图像。该方法获取的图像与直接基于满采样原始数据的稀疏重构结果相似，实现了对图像性能的有效提升。将 CAMP 算法引入基于复图像数据的 SAR 图像增强方法中，获取了场景的非稀疏估计，通过 TerraSAR-X 图像数据，验证了 CAMP 算法的非稀疏解在海面舰船目标恒虚警率检测中的有效性。此非稀疏解与从满采样原始数据域进行成像所获取的结果相似，在保证背景区域统计特性的前提下，提升了目标背景比，实现了更高性能的目标检测。

5.3　相干斑抑制

5.3.1　引言

在雷达成像时，回波相位不同导致回波发生干涉，回波强度发生逐像素变化，这种变化表现为颗粒状，称为相干斑噪声。在过去的几十年时间里，为了有效抑制 SAR 图像中的相干斑噪声，研究者提出了很多解决方法，这些方法大致可以分为两类(Oliver & Quegan，2004)：一类方法是在数据成像过程中进行多视处理，该方法减小了有效带宽，导致图像的空间分辨率降低；另一类方法是对图像进行滤波处理，这个过程通常可以在空间域或者变换域完成。空间域去斑方法有均值滤波、中值滤波 Lee 滤波(Lee，1981)、自适应中值滤波和 Frost 滤波(Frost et al.，1982)等算法，这些处理方法都有非常高的计算效率，但往往在保持图像边缘的尖锐性方面存在局限性，并且这些方法的处理效果与场景相关。基于变换域的滤波方法，如小波去斑方法(Dai et al.，2004)以及第二代小波算法在图像边缘尖锐性保持上有所提高，但是它在计算复杂度方面与空间域去斑方法相比略有增高，并且处理结果中常常存在大量伪纹理。相干斑抑制也可以建模为一个统计估计的问题，通过基于极大后验概率或者极大似然估计的线性滤波来实现(Argenti et al.，2006)。但是由于难于给出准确的场景概率分布，这类方法的处理结果往往不稳定，并且计算复杂度高。

由 Rudin 等(1992)和 Cai 等(2012)提出来的基于 TV 正则化图像恢复模型在数字图像处理和计算机视觉方面是一个备受关注的研究热点，它在有效抑制噪声的同时可以很好地保持图像边缘尖锐。TV 正则化方法是基于图像拟合误差能量与图像正则化能量之和最小的原理进行图像恢复的，图像拟合误差能量小可以保证去斑后的图像与原始图像保持一致，而正则化能量小可以保证图像具有一定的光滑性。

正则化参数调节图像拟合误差和正则化能量之间的比例。正则化参数较大时，图像光滑性较高，但是相干斑抑制后的结果与原图差异较大，而正则化参数较小时，图像光滑性较低，但是相干斑抑制后结果与原图较接近。正则化参数的选择直接决定了相干斑抑制的效果，因此正则化参数的自适应设置至关重要。

下面介绍基于自适应全变差(adaptive total variation，ATV)正则化的 SAR 图像相干斑抑制模型算法和实验结果(Zhao et al.，2015)。

5.3.2　基于 ATV 正则化的相干斑抑制模型

SAR 图像 $\boldsymbol{f}$ 可以表示为一个 $N\times N$ 的二维矩阵，其中 $f_{i,j}$ 表示图像 $\boldsymbol{f}$ 在 (i,j) 位置的像素值。图像的梯度 $\nabla\boldsymbol{f}$ 为 $(\nabla\boldsymbol{f})_{i,j}=((\nabla\boldsymbol{f})_{i,j}^1,(\nabla\boldsymbol{f})_{i,j}^2)$，其中

$$
\begin{aligned}
(\nabla\boldsymbol{f})_{i,j}^1&=\begin{cases}f_{i+1,j}-f_{i,j}, & i<N\\ 0, & i=N\end{cases}\\
(\nabla\boldsymbol{f})_{i,j}^2&=\begin{cases}f_{i,j+1}-f_{i,j}, & i<N\\ 0, & i=N\end{cases}
\end{aligned}
\tag{5.3.1}
$$

式中，$i,j=1,2,\cdots,N$。

图像 $\boldsymbol{f}$ 的离散 TV 定义为

$$
\mathrm{TV}(\boldsymbol{f})=\sum_{1\leqslant i,j\leqslant N}\|(\nabla\boldsymbol{f})_{i,j}\| \tag{5.3.2}
$$

式中，$\|\cdot\|$ 表示 ℓ_2 范数。

图 5.3.1 给出了图像 TV 范数示意图。

对于 SAR 图像 $\boldsymbol{g}$，相干斑抑制后的图像记为 $\boldsymbol{f}$，相干斑抑制通过极小化下列目标函数实现：

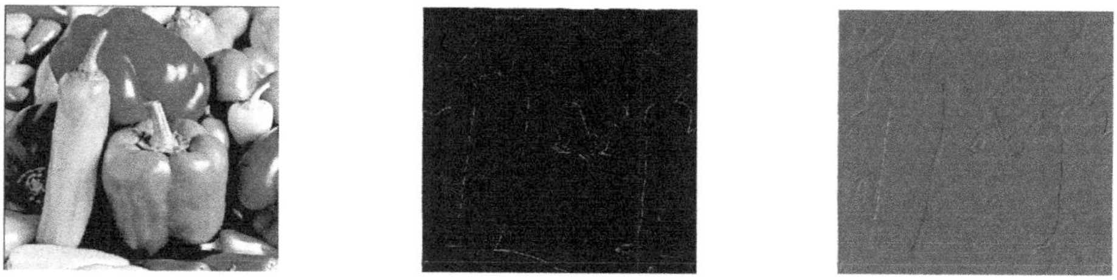

(a) 原始图像 (b) 梯度图像 (c) TV范数图像

图 5.3.1 图像 TV 范数示意图

$$\hat{\boldsymbol{f}}=\arg\min_{f}\left\{\frac{1}{2}\|\boldsymbol{f}-\boldsymbol{g}\|^2+\lambda \mathrm{TV}(\boldsymbol{f})\right\} \tag{5.3.3}$$

式中，$\lambda>0$ 为正则化参数。

目标函数通过对图像拟合项和正则化项加权求和得到。正则化参数 λ 调节这两项之间的比例。如果 λ 太大，去斑结果就会过度光滑；相反，如果 λ 太小，相干斑噪声就不能得到充分抑制。参数 λ 的选择依赖于 SAR 图像的噪声水平。

5.3.3 基于 ATV 正则化的相干斑抑制方法

针对 TV 正则化模型，研究者提出了多种求解方法，包括光滑 TV 法(Rudin et al.，1992)、牛顿法(Becker et al.，2011b)、Bregman 迭代(Yin et al.，2008)和 Chambolle 法(Chambolle，2004)，这里介绍光滑 TV 法和 Chambolle 法。光滑 TV 法是一种基于梯度下降的求解方法，其计算简单但是精度较低，而 Chambolle 法通过求解 TV 正则化的对偶问题来得到 TV 正则化的解，Chambolle 法计算精确但是相比而言计算复杂度更高。

1. 光滑 TV 法

TV 正则项并不是图像的一个光滑函数，例如，$\mathrm{TV}(\boldsymbol{f})$在满足$(\nabla \boldsymbol{f})_{i,j}=0$ 时的图像像素点(i,j)不可微。如果$(\nabla \boldsymbol{f})_{i,j}\neq 0$，TV 正则项在像素点$(i,j)$的梯度可以通过下列公式计算。

$$(\mathrm{grad}\,\nabla \boldsymbol{f})_{i,j}=-\mathrm{div}\left(\frac{\nabla \boldsymbol{f}}{\|\nabla \boldsymbol{f}\|}\right)_{i,j} \tag{5.3.4}$$

式中，div(•) 表示散度。

若 $\|\nabla \boldsymbol{f}\|=0$，则 $\mathrm{grad}\,\nabla \boldsymbol{f}$ 奇异。为了避免上述问题可以修改 TV 正

则项，定义光滑 TV 正则项为

$$\mathrm{TV}^{\delta}(\boldsymbol{f})=\sum_{1\leqslant i,j\leqslant N}\sqrt{\delta^{2}+\|(\nabla\boldsymbol{f})_{i,j}\|^{2}}\tag{5.3.5}$$

式中，$\delta>0$ 为调节参数。

图 5.3.2 给出了光滑 TV 正则项对于绝对值函数效果图。

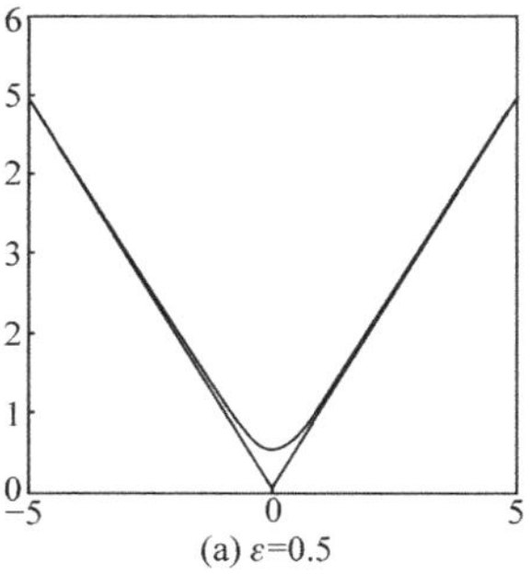

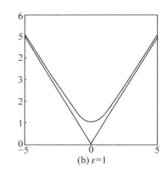

图 5.3.2　光滑 TV 正则项对于绝对值函数效果图

光滑 TV 正则项对于图像是一个可微函数，其梯度为

$$\mathrm{grad}\ \mathrm{TV}^{\delta}(\boldsymbol{f})=-\mathrm{div}\left(\frac{\nabla\boldsymbol{f}}{\sqrt{\varepsilon^{2}+\|\nabla\boldsymbol{f}\|^{2}}}\right)\tag{5.3.6}$$

通过梯度下降法就可以计算 TV 正则化模型(5.3.3)的解，如下所示：

$$\boldsymbol{f}^{k+1}=\boldsymbol{f}^{k}+\lambda\mathrm{div}\left(\frac{\nabla\boldsymbol{f}^{k}}{\sqrt{\varepsilon^{2}+\|\nabla\boldsymbol{f}^{k}\|^{2}}}\right)\tag{5.3.7}$$

该迭代过程收敛于式(5.3.3)的解。但是由于对 TV 正则项进行了近似，该方法的解与真实结果之间存在一定差异。

2. Chambolle 法

利用向量 ℓ_1 范数和 ℓ_∞ 范数之间的关系

$$\begin{cases}\|\boldsymbol{v}\|_{1}=\displaystyle\sum_{m=0}^{N-1}\|\boldsymbol{v}(m)\|\\ \|\boldsymbol{v}\|_{\infty}=\displaystyle\max_{0\leqslant m<N}\|\boldsymbol{v}(m)\|\end{cases}\tag{5.3.8}$$

式中，$\boldsymbol{v}(m)\in\mathbb{R}^{2}$；$\boldsymbol{v}\in\mathbb{R}^{N\times 2}$。

可知

$$\|\boldsymbol{v}\|_{1}=\max_{\|\boldsymbol{\omega}\|_{\infty}\leqslant 1}\langle\boldsymbol{\omega},\boldsymbol{v}\rangle\tag{5.3.9}$$

通过引入参数 $\boldsymbol{\omega}$，式(5.3.3)可以改写为

$$\min_{f}\max_{\|\boldsymbol{\omega}\|_{\infty}\leqslant 1}\left\{\frac{1}{2}\|\boldsymbol{f}-\boldsymbol{g}\|^{2}+\lambda\langle\boldsymbol{\omega},\nabla\boldsymbol{g}\rangle\right\} \tag{5.3.10}$$

最优化图像 $\boldsymbol{f}$ 的问题转化为最优化向量场 $\boldsymbol{\omega}^{*}$ 的问题，其中

$$\boldsymbol{\omega}^{*}=\arg\min_{\|\boldsymbol{\omega}\|_{\infty}\leqslant 1}\|\boldsymbol{g}-\lambda\mathrm{div}(\boldsymbol{\omega})\| \tag{5.3.11}$$

去斑图像 $\boldsymbol{f}$ 与 $\boldsymbol{\omega}^{*}$ 的关系为 $\boldsymbol{f}=\boldsymbol{g}-\lambda\mathrm{div}(\boldsymbol{\omega}^{*})$。运用投影梯度法可以求解式(5.3.11)。迭代求解过程如下所示：

$$\boldsymbol{\omega}^{k+1}=\mathrm{proj}\left(\boldsymbol{\omega}^{k}-\tau\nabla\left(\mathrm{div}\left(\boldsymbol{\omega}^{k}-\frac{\boldsymbol{g}}{\lambda}\right)\right)\right) \tag{5.3.12}$$

式中，proj(•)表示约束 $\|\boldsymbol{\omega}\|\leqslant 1$ 上的正交投影。

可以证明，若迭代步长 τ 满足 $0<\tau<1/4$，当 $k\to\infty$ 时，$\boldsymbol{g}-\lambda\mathrm{div}(\boldsymbol{\omega}^{k})$ 收敛于 $\boldsymbol{f}$。

基于 ATV 正则化的相干斑抑制算法流程图如图 5.3.3 所示。

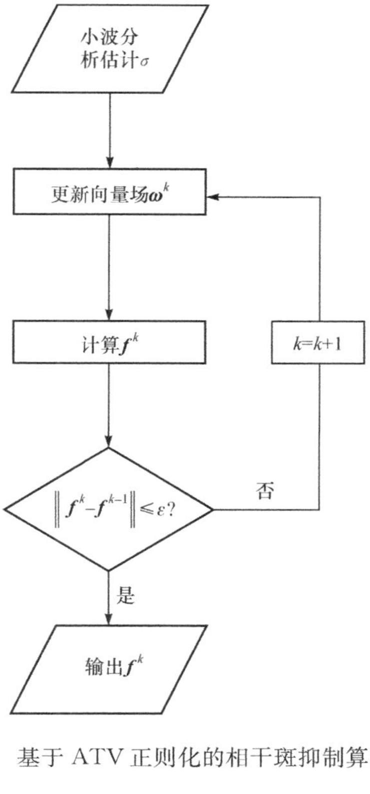

图 5.3.3　基于 ATV 正则化的相干斑抑制算法流程图

3. 参数自适应调整

前文描述了 TV 正则化去噪算法的基本原理，但尚未涉及如何选择正则化参数 λ 的问题。正则化参数 λ 应该与图像的噪声水平相适应，并且不需要人为地设定任何先验信息，可以通过如下步骤来解决这个问题。首先，通过小波分析的方法来估计图像的标准差，其次利用基于噪声水平的参数自适应格式来逐步修正 λ。

1）噪声估计

Donoho 和 Johnstone(1994)提出了一种利用一层小波分解中的小波系数的中位数来估计噪声方差的方法。假设观测的含噪声图像是 $\boldsymbol{g}=\boldsymbol{f}+\boldsymbol{\varepsilon}$，其中 $\boldsymbol{f}$ 是自然场景，$\boldsymbol{\varepsilon}$ 是图像噪声。记 c 是一层小波分解的逼近系数，d 是一层小波分解的小波系数。因为假设 $\boldsymbol{f}$ 具有分段光滑的性质，$\boldsymbol{f}$ 的大部分小波系数都很小，并且很多小波系数都接近 0。这表明含噪图像 $\boldsymbol{g}$ 中较小的小波系数非常近似于噪声的小波系数。换言之，大部分经验小波系数是噪声。

图像的噪声方差可以通过以下公式计算得到：

$$\sigma=\frac{\operatorname{median}(|d_k|)}{0.6745} \tag{5.3.13}$$

式中，d_k 是小波系数 d 中的元素。

这一噪声估计方法在小波去噪中有广泛的应用。SAR 图像中的相干斑噪声建模为 $g_{i,j}=f_{i,j}+n_{i,j}f_{i,j}$，其中 n 是一个均值为 0，方差为 σ^* 的随机噪声。对原始 SAR 图像进行对数变换，这样可以得到

$$\lg g_{i,j}=\lg(n_{i,j}+1)+\lg f_{i,j} \tag{5.3.14}$$

对数变换将 SAR 相干斑模型中的乘性噪声转化为加性噪声，这使得雷达相干斑噪声模型适用于基于加性高斯白噪声假设的小波噪声估计方法。

2）参数 λ 更新

正则化参数 λ 一般根据噪声方差和当前去斑图像的估计来调整。它将去斑问题转化为如下优化问题：

$$\begin{aligned}&\min_{f}\ \mathrm{TV}(\boldsymbol{f})\\&\text{s.t.}\ \ \|\boldsymbol{f}-\boldsymbol{g}\|\leqslant e\end{aligned} \tag{5.3.15}$$

式中，e 为噪声水平，设为 $e=N\sigma$。

图像的噪声方差 σ 通过小波分析得到，N 是图像的尺寸。由于在第 k 步迭代中的解为 $\boldsymbol{f}^k=\boldsymbol{g}-\lambda\mathrm{div}(\boldsymbol{\omega}^k)$，则 λ^k 在第 k 步更新为

$$\lambda^{k+1}=\lambda^k\frac{N\sigma}{\|\boldsymbol{f}^k-\boldsymbol{g}\|} \tag{5.3.16}$$

从上述迭代公式中可以看出，当噪声水平 e 和 $\|\boldsymbol{f}^k-\boldsymbol{g}\|$ 的差异很大时，从 λ^k 变换为 λ^{k+1} 的速度是很快的。随着迭代次数 k 的增加，噪声逐步从图像 $\boldsymbol{g}$ 中消除，所以 $\|\boldsymbol{f}^k-\boldsymbol{g}\|$ 会逐渐逼近 e，并且 λ^k 会趋向一个常数。

5.3.4　实验结果和分析

通过对 SAR 图像的处理，研究基于 ATV 正则化方法的相干斑抑制性能。对于不同噪声水平和地形下的数据，比较 ATV 正则化方法与空间域去斑方法的相干斑抑制性能。这里选择的方法包括均值滤波、中值滤波、自适应中值滤波、Lee 滤波(Lee，1981)和 Frost 滤波(Frost et al.，1982)。

本节的实验针对 ALOS-L SAR 图像和 ERS-C SAR 图像，如图 5.3.4 和图 5.3.5 所示。利用标准差来刻画 SAR 图像相干斑抑制结果，因为在光滑的湖面上，相干斑抑制不用考虑边缘保持的性能。从表 5.3.1 可以看出，ATV 正则化方法相干斑抑制结果的标准差远低于其他方法，这表明 ATV 正则化方法相干斑抑制效果最优。为了评估 ATV 正则化方法相干斑抑制的边缘保持能力，对 ALOS-L 和 ERS-C 山区 SAR 图像进行 ATV 正则化方法和如上所述五种滤波方法处理。ALOS-L 和 ERS-C 测试图像的去斑边缘尖锐指数(despeckling edge sharpness index，DEI)在表 5.3.2 中给出。该指标是基于像素周围的小区域和大区域的均方差的比值，其计算公式为

$$\mathrm{DEI}=\sum_{i,j}\frac{\min\limits_{|p-i|<s,|q-j|<s}\mathrm{std}(\boldsymbol{W}_{p,q}^m)}{\mathrm{std}(\boldsymbol{W}_{i,j}^n)},\quad m<n \tag{5.3.17}$$

式中，$\boldsymbol{W}_{i,j}^n$ 为像素 (i,j) 周围一个尺寸为 $n\times n$ 的滑动窗口；$\boldsymbol{W}_{p,q}^m$ 为像素 (p,q) 周围一个尺寸为 $m\times m$ 的滑动窗口，并且 $m<n$。滑动窗口中心位于像素 (i,j) 周围 $s\times s$ 的一个区域内。相比其他方法，ATV 具有明显更低的 DEI 值和更优的边缘保持能力。

图 5.3.6 给出了基于 ATV 正则化方法的 ALOS-L SAR 图像山区湖面区域相干斑抑制效果图，图 5.3.7 给出了基于 ATV 正则化方法的 ALOS-L SAR 图像山区区域相干斑抑制效果图。由图可知，SAR 图像中山区的边缘得到很好地保持。

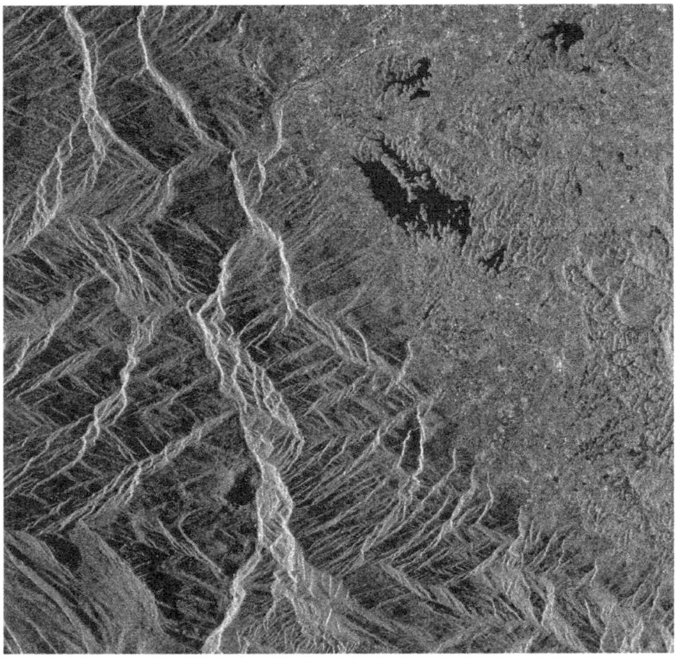

图 5.3.4　ALOS-L SAR 图像

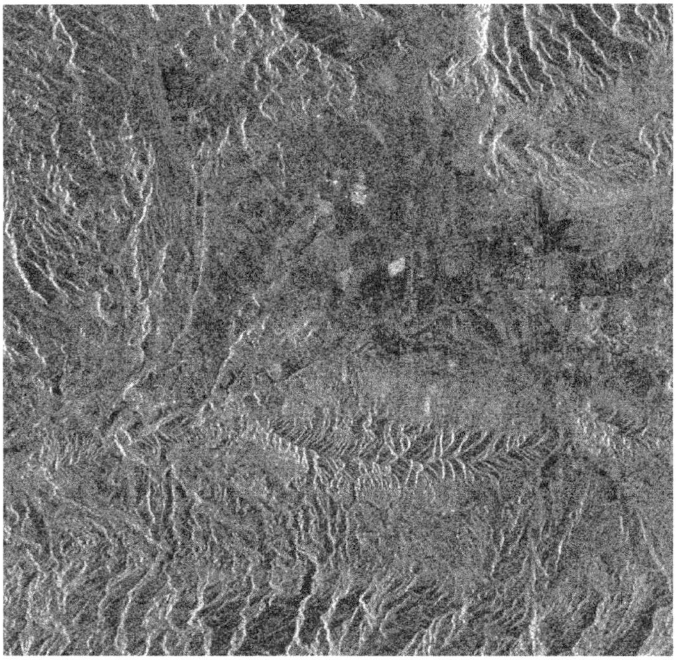

图 5.3.5　ERS-C SAR 图像

表 5.3.1　不同滤波算法对 SAR 图像湖面相干斑抑制效果对比

滤波算法	std
Lee 滤波	6.9833
Frost 滤波	6.2926
均值滤波	6.4689
中值滤波	7.0184
自适应中值滤波	10.2974
ATV 正则化方法	3.3806

表 5.3.2　不同滤波算法对 SAR 图像山区相干斑抑制效果对比

滤波算法	ALOS-L	ERS-C
原始 SAR 图像	8.5166×10^4	1.9145×10^4
Lee 滤波	4.7420×10^4	1.0730×10^4
Frost 滤波	3.3567×10^4	8.0349×10^3
均值滤波	3.4653×10^4	8.1954×10^3
中值滤波	2.9117×10^4	6.6002×10^3
自适应中值滤波	5.8519×10^4	1.3193×10^4
ATV 正则化方法	2.2294×10^4	4.7776×10^3

(a) 原始图像

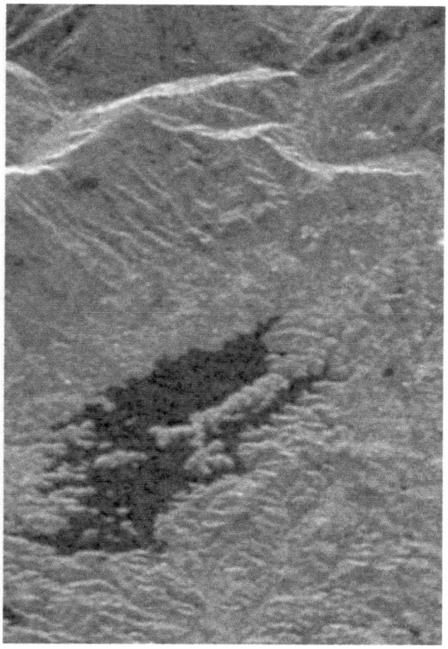

(b) Frost滤波方法

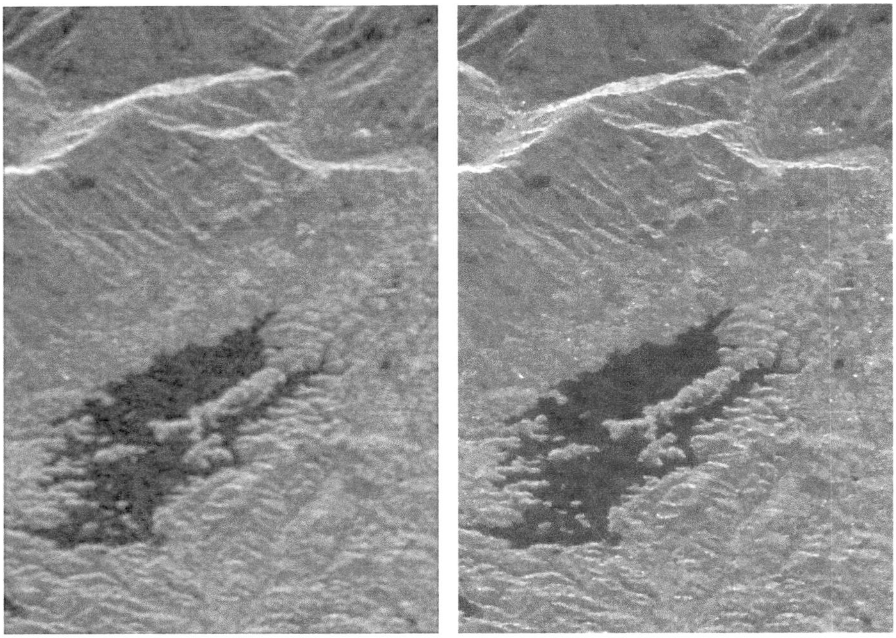

(c) 均值滤波　　(d) ATV正则化方法

图 5.3.6　基于 ATV 正则化方法的 ALOS-L SAR 图像山区湖面区域相干斑抑制结果

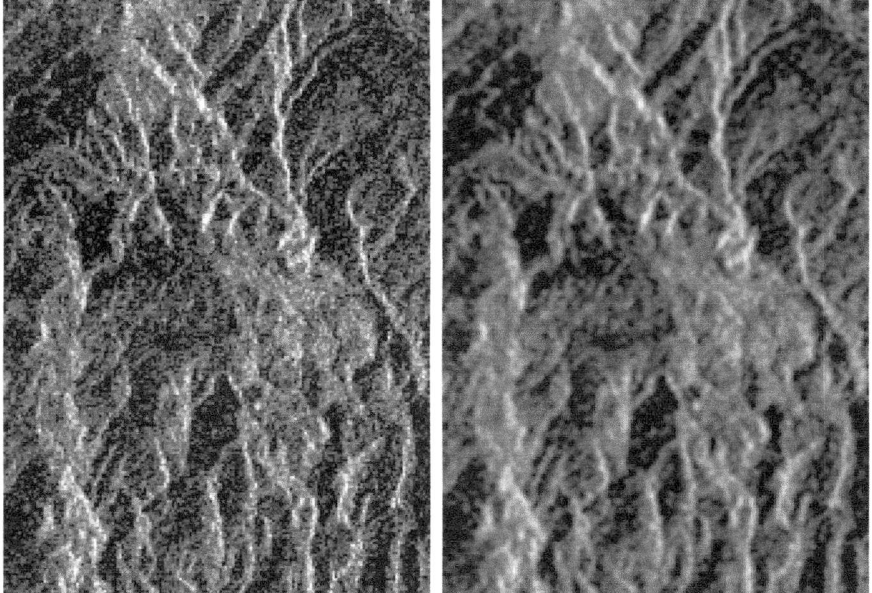

(a) 原始图像　　(b) Frost滤波方法

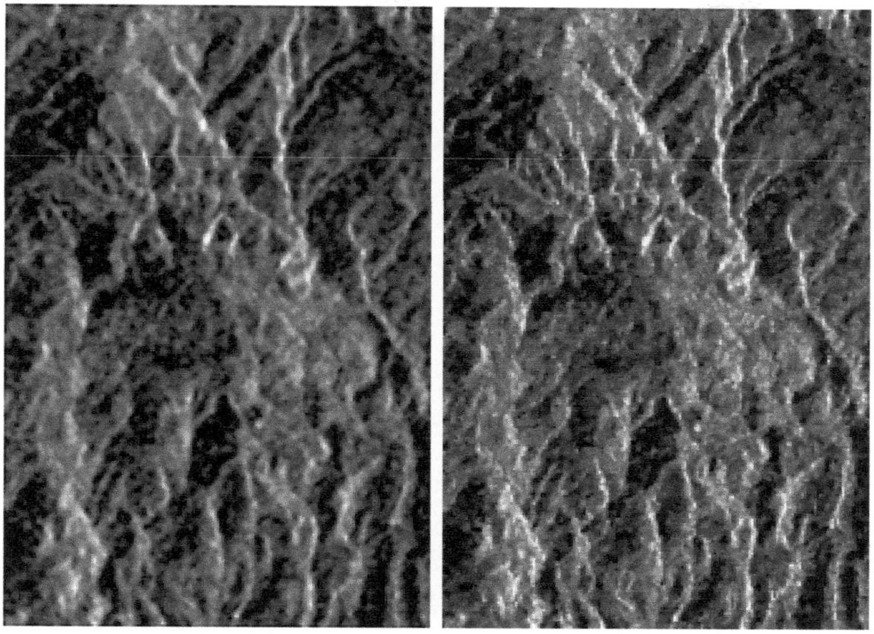

(c) 均值滤波　　(d) ATV正则化方法

图 5.3.7　基于 ATV 正则化方法的 ALOS-L SAR 图像山区区域相干斑抑制结果

基于 ATV 正则化方法的 ERS-CSAR 平原地区相干斑抑制结果如图 5.3.8 所示。如图 5.3.8(d)和(f)所示，利用 ATV 正则化方法和 3×3 均值滤波方法可以使图中右上侧山脊部分边缘得到很好地保持，并且保持了图像中部两块农田的特征。如图 5.3.8(b)和(c)所示，基于小波的相干斑抑制方法在图中平坦区域对相干斑的抑制效果最好，但在平坦区域的周围会产生伪条纹，Frost 滤波方法会产生模糊图像边缘。如图 5.3.8(d)和(e)所示，在保持图像边缘的前提下，考虑对平坦地区相干斑的抑制效果，5×5 均值滤波方法优于 Frost 滤波方法，但是劣于 3×3 均值滤波方法。

5.3.5　小结

本节介绍了基于 ATV 正则化的相干斑抑制模型和方法，该方法将图像梯度的 ℓ_2 范数作为正则化条件进行图像去噪，抑制噪声的同时可以保持图像边缘尖锐。实验结果表明，基于 ATV 正则化的 SAR 图像相干斑抑制方法可以有效降低 SAR 图像中的相干斑噪声。

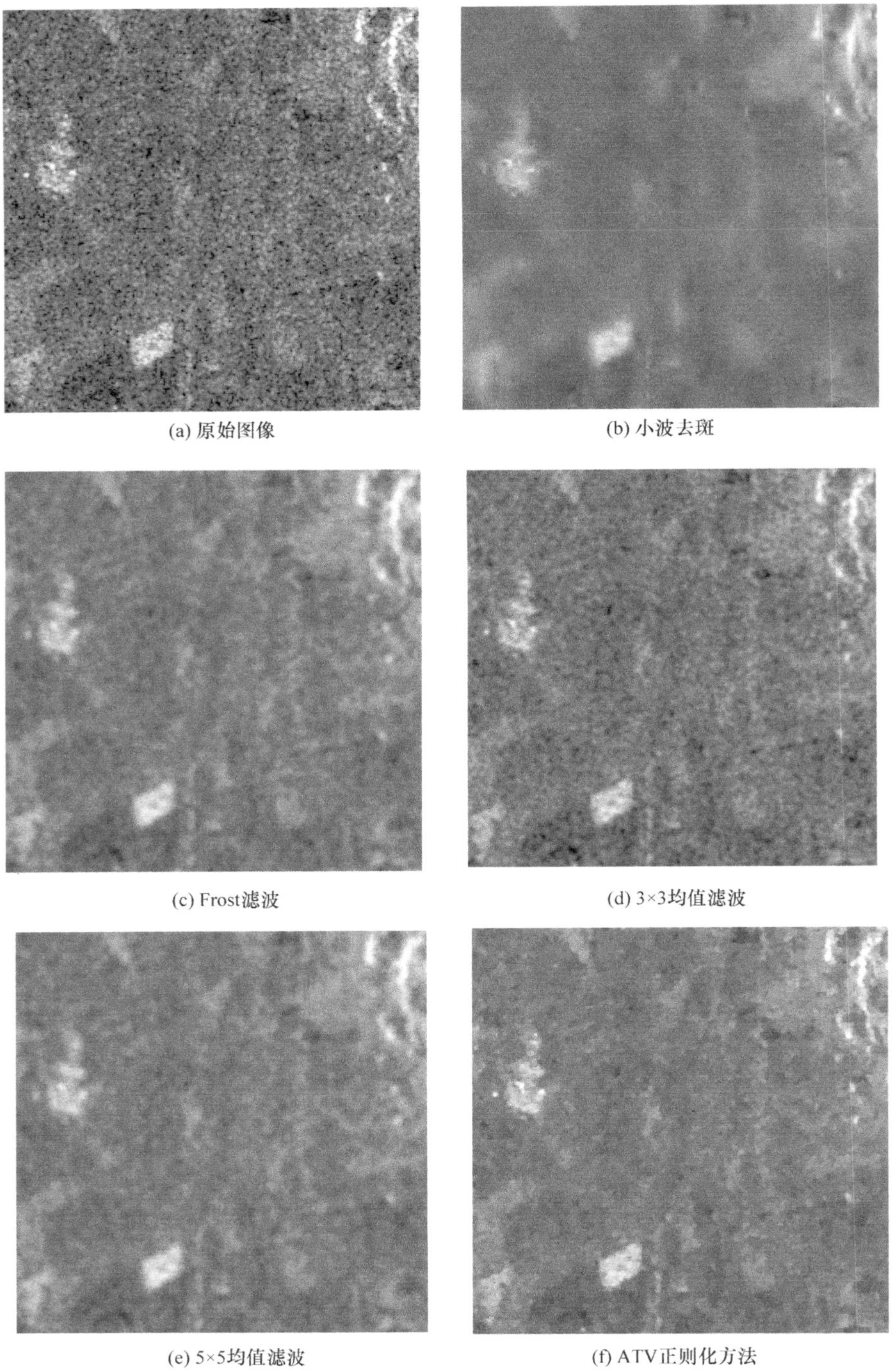

图 5.3.8　基于 ATV 正则化方法的 ERS-C SAR 平原地区相干斑抑制结果

参考文献

洪文. 2012. 圆迹 SAR 成像技术研究进展. 雷达学报,1(2):124-135.

洪文,向寅,张冰尘,等. 2014. 稀疏微波成像观测数据成像的方法:中国,ZL201310055233. 7.

江海,林月冠,张冰尘,等. 2011. 基于压缩感知的随机噪声成像雷达. 电子与信息学报,33(3):672-676.

蒋成龙,张冰尘,王正道,等. 2015. 基于复数信息传递的结构稀疏宽角合成孔径雷达成像算法. 电子与信息学报,37(8):1793-1800.

李道京. 2014. 稀疏阵列天线雷达技术及其应用. 北京:科学出版社.

廖明生,魏恋欢,汪紫芸,等. 2015. 压缩感知在城区高分辨率 SAR 层析成像中的应用. 雷达学报,4(2):123-129.

田野,毕辉,张冰尘,等. 2015. 相变图在稀疏微波成像变化检测降采样分析中的应用. 电子与信息学报,37(10):2335-2341.

王正明,朱炬波,谢美华. 2013. SAR 图像提高分辨率技术. 北京:科学出版社.

吴一戎,洪文,张冰尘,等. 2011a. 稀疏微波成像方法:中国,ZL201010147595. 5.

吴一戎,洪文,张冰尘,等. 2014. 稀疏微波成像研究进展(科普类). 雷达学报,3(4):383-395.

吴一戎,洪文,张冰尘. 2018. 稀疏微波成像导论. 北京:科学出版社.

吴一戎,徐宗本,洪文,等. 2011b. 基于回波模拟算子的稀疏合成孔径雷达成像方法:中国,ZL201110182202. 9.

吴一戎,张冰尘,洪文,等. 2011c. 一种多通道或多时相雷达成像方法:中国,ZL201010183421. 4.

向寅,张冰尘,洪文. 2013. 基于 Lasso 的稀疏微波成像分块成像原理与方法研究. 雷达学报,2(3):271-277.

徐宗本,吴一戎,张冰尘,等,2018. 基于 $L_{1/2}$ 正则化理论的稀疏雷达成像. 中国科学,63(14):1306-1319.

杨俊刚,黄晓涛,金添. 2014. 压缩感知雷达成像. 北京:科学出版社.

张冰尘,洪文,吴一戎,等. 2013. 一种基于 ℓ_q 的成像雷达方位模糊抑制方法:中国,ZL201110310655. 5.

Aberman K,Eldar Y C. 2017. Sub-Nyquist SAR via Fourier domain range-Doppler processing. IEEE Transactions on Geoscience and Remote Sensing,55(11):6228-6244.

Aguilera E,Nannini M,Reigber A. 2012a. Wavelet-based compressed sensing for SAR tomography of forested areas//The 9th European Conference on Synthetic Aperture Radar. München.

Aguilera E,Nannini M,Reigber A. 2012b. Multisignal compressed sensing for polarimetric SAR tomography. IEEE Geoscience and Remote Sensing Letters,9(5):871-875.

Aguilera E,Nannini M,Reigber A. 2013. Wavelet-based compressed sensing for SAR tomography of forested areas. IEEE Transactions on Geoscience and Remote Sensing,51(12):5283-5295.

Ahmed N,Natarajan T,Rao K R. 1974. Discrete cosine transform. IEEE Transactions on Computers,C-23(1):90-93.

Allen M R,Hoff L E. 1994. Wide-angle wideband SAR matched filter image formation for enhanced detection performance//International Symposium on Optical Engineering and Photonics in Aerospace Sensing,Orlando.

Alonso M T,Lopez-Dekker P,Mallorqui J J. 2010. A novel strategy for radar imaging based on compressive sensing. IEEE Transactions on Geoscience and Remote Sensing,48(12):4285-4295.

Amin M. 2015. Compressive Sensing for Urban Radar. Boca Raton:CRC Press.

Anitori L,Maleki A,Otten M,et al. 2013. Design and analysis of compressed sensing radar detectors. IEEE Transactions on Signal Processing,61(4):813-827.

Argenti F,Bianchi T,Alparone L. 2006. Multiresolution MAP despeckling of SAR images based on locally adaptive generalized gaussian PDF modeling. IEEE Transactions on Image Processing,15(11):3385-3399.

Ash J N,Ertin E,Potter L C,et al. 2014. Wide-angle synthetic aperture radar imaging:Models and algorithms for anisotropic scattering. IEEE Signal Processing Magazine,31(4):16-26.

Austin C D,Ertin E,Moses R L. 2009. Sparse multipass 3D SAR imaging:Applications to the GOTCHA data set. Algorithms for Synthetic Aperture Radar Imagery XVI,SPIE Defense,Security,and Sensing,7337:733703.

Austin C D,Ertin E,Moses R L. 2011. Sparse signal methods for 3-D radar imaging. IEEE Journal of Selected Topics in Signal Processing,5(3):408-423.

Bae J H,Kang B S,Kim K T,et al. 2015. Performance of sparse recovery algorithms for the reconstruction of radar images from incomplete RCS data. IEEE Geoscience and Remote Sensing Letters,12(4):860-864.

Bao Q,Han K Y,Lin Y,et al. 2016a. Imaging method for downward-looking sparse linear array three-dimensional synthetic aperture radar based on reweighted atomic norm. Journal of Applied Remote Sensing,10(1):015008.

Bao Q,Han K Y,Peng X M,et al. 2016b. DLSLA 3-D SAR imaging algorithm for off-grid targets based on pseudo-polar formatting and atomic norm minimization. Science China Information Sciences,59(6),225-239.

Bao Q,Lin Y,Hong W,et al. 2016c. Multi-circular synthetic aperture radar imaging processing procedure based on compressive sensing//The 4th International Workshop on Compressed Sensing Theory and its Applications to Radar,Sonar and Remote Sensing,Aachen.

Bao Q,Lin Y,Hong W,et al. 2017. Holographic SAR tomography image reconstruction by combination of adaptive imaging and sparse Bayesian inference. IEEE Geoscience and Remote Sensing Letters,14(8):1248-1252.

Bao Q,Peng X,Wang Z,et al. 2016d. DLSLA 3-D SAR imaging based on reweighted gridless sparse recovery method. IEEE Geoscience and Remote Sensing Letters,13(6):841-845.

Baraniuk R,Steeghs P. 2007. Compressive radar imaging//IEEE Radar Conference,Boston.

Barilone D,Budillon A,Schirinzi G. 2012. Compressive sampling in SAR tomography:Results on COSMO-SkyMed data//IEEE International Geoscience and Remote Sensing Symposium,München.

Baron D,Duarte M F,Wakin M B,et al. 2009. Distributed compressive sensing. //IEEE International Conference on Acoustics Speech and Signal Processing. Taipei:2886-2889.

Batu O,Çetin M. 2011. Parameter selection in sparsity-driven SAR imaging. IEEE Transactions on Aerospace and Electronic Systems,47(4):3040-3050.

Beck A,Teboulle M. 2009. A fast iterative shrinkage-thresholding algorithm for linear inverse problems. SIAM Journal on Imaging Sciences,2(1):183-202.

Becker S R,Bobin J,Candès E J. 2011a. NESTA: A fast and accurate first-order method for sparse recovery. SIAM Journal on Imaging Sciences,4(1):1-39.

Becker S R,Candès E J,Grant M C. 2011b. Templates for convex cone problems with applications to sparse signal recovery. Mathematical Programming Computation,3(3):165-218.

Bengio S,Pereira F,Singer Y,et al. 2009. Group sparse coding//Bengio Y,Schuurmans D,Lafferty J D,et al. Advances in Neural Information Processing Systems,22:82-89.

Berger C R,Zhou S,Willett P,et al. 2008. Compressed sensing for OFDM/MIMO radar//The 42nd Asilomar Conference on Signals,Systems and Computers,Pacific Grove:213-217.

Bhaskar B N,Tang G,Recht B. 2013. Atomic norm denoising with applications to line spectral estimation. IEEE Transactions on Signal Processing,61(23):5987-5999.

Bhattacharya S,Blumensath T,Mulgrew B,et al. 2007. Fast encoding of synthetic aperture radar raw data using compressed sensing//The 14th IEEE/SP Workshop on Statistical Signal Processing,Madison,:448-452.

Bhattacharya S,Blumensath T,Mulgrew B,et al. 2008. Synthetic aperture radar raw data encoding using compressed sensing//IEEE Radar Conference,Rome.

Bi H,Bi G,Zhang B C,et al. 2018. Complex-image-based sparse SAR imaging and its equivalence. IEEE Transactions on Geoscience and Remote Sensing,56(9):5006-5014.

Bi H,Zhang B C,Hong W. 2016a. L_q regularization-based unobserved baselines' data estimation method for tomographic synthetic aperture radar inversion. Journal of Applied Remote Sensing,10(3):035014.

Bi H,Zhang B C,Wang Z,et al. 2016b. L_q regularization-based synthetic aperture radar image feature enhancement via iterative thresholding algorithm. Electronics Letters,52(15):1336-1338.

Bi H,Zhang B C,Zhu X X,et al. 2016c. ℓ_q regularization method for spaceborne SCANSAR and TOPS SAR imaging//The 11st European Conference on Synthetic Aperture Radar. Hamburg.

Bi H,Zhang B C,Zhu X X,et al. 2016d. CFAR detection for the complex approximated message passing reconstructed SAR image//The 4th International Workshop on Compressed Sensing Theory and its Applications to Radar,Sonar and Remote Sensing,Aachen.

Bi H,Zhang B C,Zhu X X,et al. 2017a. L_1-regularization-based SAR imaging and CFAR detection via complex approximated message passing. IEEE Transactions on Geoscience and Remote Sensing,55(6):3426-3440.

Bi H,Zhang B C,Zhu X X,et al. 2017b. Extended chirp scaling-baseband azimuth scaling-based azimuth-range decouple L_1 regularization for TOPS SAR imaging via CAMP. IEEE Transactions on Geoscience and Remote Sensing,55(7):3748-3763.

Bi H,Zhang B C,Zhu X X,et al. 2017c. Azimuth-range decouple based ℓ_1 regularization method for wide ScanSAR imaging via extended chirp scaling. Journal of Applied Remote Sensing,11(1):015007.

Bioucas-Dias J M,Figueiredo M A T. 2007. Two-step algorithms for linear inverse problems with non-quadratic regularization//IEEE International Conference on Image Processing. San Antonio.

Blumensath T,Davies M E. 2008. Gradient pursuits. IEEE Transactions on Signal Processing,56(6):2370-2382.

Blumensath T,Davies M E. 2009. Iterative hard thresholding for compressed sensing. Applied and Computational Harmonic Analysis,27(3):265-274.

Bouzerdoum A,Tivive F H C,Abeynayake C. 2016. Target detection in GPR data using joint low-rank and sparsity constraints//SPIE Commercial+Scientific Sensing and Imaging,Battimore,9857:98570A.

Budillon A,Evangelista A,Schirinzi G. 2011. Three-dimensional SAR focusing from multipass signals using compressive sampling. IEEE Transactions on Geoscience and Remote Sensing,49(1):488-499.

Cai J F,Dong B,Osher S,et al. 2012. Image restoration:Total variation,wavelet frames,and beyond. Journal of the American Mathematical Society,25(4):1033-1089.

Candès E J,Romberg J,Tao T. 2006a. Robust uncertainty principles:Exact signal reconstruction from highly incomplete frequency information. IEEE Transactions on Information Theory,52(2):489-509.

Candès E J,Romberg J,Tao T. 2006b. Stable signal recovery from incomplete and inaccurate measurements. Communications on Pure and Applied Mathematics,59(8):1207-1223.

Candès E J,Romberg J. 2007. Sparsity and incoherence in compressive sampling. Inverse Problem,23:969-985.

Candès E J,Tao T. 2005. Decoding by linear programming. IEEE Transactions on Information Theory,51(12):4203-4215.

Candès E J,Tao T. 2006. Near-optimal signal recovery from random projections:Universal encoding strategies. IEEE Transactions on Information Theory,52(12):5406-5425.

Candès E J,Wakin M B. 2008. An introduction to compressive sampling. IEEE Signal Processing Magazine,25(2):21-30.

Carrara W G,Goodman R S,Majewski R M. 1995. Spotlight Synthetic Aperture Radar-Signal

Processing Algorithms. Boston: Artech House.

Cerutti-Maori D, Prünte L, Sikaneta I, et al. 2014. High-resolution wide-swath SAR processing with compressed sensing//IEEE International Geoscience and Remote Sensing Symposium, Quebec City.

Chambolle A. 2004. An algorithm for total variation minimization and applications. Journal of Mathematics and Image Analysis, 20(1-2): 89-97.

Chaney R D, Willsky A S, Novak L M. 1994. Coherent aspect-dependent SAR image formation// Algorithms for Synthetic Aperture Radar Imagery. International Society for Optics and Photonics, 2230: 256-275.

Chartrand R. 2007. Exact reconstruction of sparse signals via nonconvex minimization. IEEE Signal Processing Letters, 14(10): 707-710.

Chen S S, Donoho D L, Saunders M A . 1998. Atomic decomposition by basis pursuit. SIAM Journal on Scientific Computing, 20(1): 33-61.

Chen Y J, Zhang Q, Luo Y, et al. 2016. Measurement matrix optimization for ISAR sparse imaging based on genetic algorithm. IEEE Geoscience and Remote Sensing Letters, 13(12): 1875-1879.

Chi Y, Scharf L, Pezeshki A, et al. 2011. Sensitivity to basis mismatch in compressed sensing. IEEE Transactions on Signal Processing, 59(5): 2182-2195.

Chiu S, Livingstone C. 2005. A comparison of displaced phase centre antenna and along-track interferometry techniques for RADARSAT-2 ground moving target indication. Canada Journal of Remote Sensing, 31(1): 37-51.

Cohen A, Dahmen W, Devore R. 2009. Compressed sensing and best k-term approximation. Journal of the American Mathematical Society, 22(1): 211-231.

Cook C E. 1967. Radar Signals: An Introduction to Theory and Application. New York: Academic Press.

Cumming I G, Wong F H. 2005. Digital Processing of Synthetic Aperture Radar Data: Algorithms and Implementation. Boston: Artech House.

Curlander J C, Mcdonough R N. 1991. Synthetic Aperture Radar: Systems and Signal Processing. New York: Wiley.

Cutrona L J, Hall G O. 1962. A comparison of techniques for achieving fine azimuth resolution. IRE Transactions on Military Electronics, MIL-6(2): 119-121.

Dai M, Peng C, Chan A K, et al. 2004. Bayesian wavelet shrinkage with edge detection for SAR image despeckling. IEEE Transactions on Geoscience and Remote Sensing, 42(8): 1642-1648.

Daubechies I, Defrise M, De Mol C. 2004. An iterative thresholding algorithm for linear inverse problems with a sparsity constraint. Communications on Pure and Applied Mathematics, 57: 1413-1457.

Daubechies I, Devore R, Fornasier M, et al. 2010. Iteratively reweighted least squares minimization for sparse recovery. Communications on Pure and Applied Mathematics,63(1):1-38.

Donoho D L. 2006. Compressed sensing. IEEE Transactions on Information Theory,52(4):1289-1306.

Donoho D L,Elad M. 2003. Optimally sparse representation in general(Nonorthogonal) dictionaries via ℓ_1 minimization. Proceedings of the National Academy of Sciences of the United States of America,100(5):2197-2202.

Donoho D L,Elad M,Temlyakov V N. 2006. Stable recovery of sparse overcomplete representations in the presence of noise. IEEE Transactions on Information Theory,52(1):6-18.

Donoho D L,Huo X. 2001. Uncertainty principles and ideal atomic decomposition. IEEE Transactions on Information Theory,47(7):2845-2862.

Donoho D L,Jin J. 2009. Feature selection by higher criticism thresholding achieves the optimal phase diagram. Philosophical Transactions Mathematical Physical and Engineering Sciences, 367(1906):4449-4470.

Donoho D L,Johnstone J M. 1994. Ideal spatial adaptation by wavelet shrinkage. Biometrika, 81(3):425-455.

Donoho D L,Stark P B. 1989. Uncertainty principles and signal recovery. SIAM Journal on Applied Mathematics,49(3):906-931.

Donoho D L,Stodden V. 2006. Breakdown point of model selection when the number of variables exceeds the number of observations//The International Joint Conference on Neural Networks Proceedings. Vancouver.

Donoho D L,Tanner J. 2009. Observed universality of phase transitions in high-dimensional geometry,with implications for modern data analysis and signal processing. Philosophical Transactions of the Royal Society of London A: Mathematical,Physical and Engineering Sciences, 367(1906):4273-4293.

Donoho D L,Tsaig Y. 2006. Fast solution of ℓ_1-norm minimization problems when the solution may be sparse. IEEE Transactions on Information Theory,54(11):4789-4812.

Donoho D L,Tsaig Y,Drori I,et al. 2012. Sparse solution of underdetermined systems of linear equations by stagewise orthogonal matching pursuit. IEEE Transactions on Information Theory, 58(2):1094-1121.

Du L,Wang Y P,Hong W. 2010. A three-dimensional range migration algorithm for downward-looking 3D-SAR with single-transmit and multiple-receive linear array antennas. EURASIP Journal on Advances in Signal Processing,(1):957916.

Duarte M F,Eldar Y C. 2011. Structured compressed sensing:From theory to applications. IEEE Transactions on Signal Processing,59(9):4053-4085.

Duarte M F,Sarvotham S,Baron D,et al. 2005. Distributed compressed sensing of jointly sparse signals//Conference Record of the Thirty-Ninth Asilomar Conference on Signals,Systems and Computers. Pacific Grove,:1537-1541.

Dudgeon D E, Lacoss R T, Lazott C H, et al. 1994. Use of persistent scatterers for model-based recognition. Algorithms for Synthetic Aperture Radar Imagery. International Society for Optics and Photonics, 2230: 356-369.

Eldar Y C, Kuppinger P, Bölcskei H. 2010. Block-sparse signals: Uncertainty relations and efficient recovery. IEEE Transactions on Signal Processing, 58(6): 3042-3054.

Eldar Y C, Kutyniok G. 2012. Compressed Sensing: Theory and Application. Cambridge: Cambridge University Press.

Ender J. 2010. On compressive sensing applied to radar. Signal Processing, 90(5): 1402-1414.

Ender J. 2013. A brief review of compressive sensing applied to radar//The 14th International Radar Symposium, Dresden.

Ertin E, Austin C D, Moses R L, et al. 2007. GOTCHA experience report: Three-dimensional SAR imaging with complete circular apertures//Processing of SPIE-The International Society for Optical Engineering, 6568: 656802.

Fang J, Xu Z B, Jiang C, et al. 2012. SAR range ambiguity suppression via sparse regularization//IEEE International Geoscience and Remote Sensing Symposium, München.

Fang J, Xu Z, Zhang B C, et al. 2013. Fast compressed sensing SAR imaging based on approximated observation. IEEE Journal of Selected Topics in Applied Earth Observations and Remote Sensing, 7(1): 352-363.

Fang J, Zhang B C, Xu Z B, et al. 2014. On selection of the observation model for multilook compressed sensing SAR imaging//The 10th European Conference on Synthetic Aperture Radar, Berlin.

Ferrara M, Jackson J A, Austin C. 2009. Enhancement of multi-pass 3D circular SAR images using sparse reconstruction techniques//Algorithms for Synthetic Aperture Radar Imagery XVI, SPIE Defense, Security, and Sensing, Orlando.

Figueiredo M A T, Nowak R D, Wright S J. 2007. Gradient projection for sparse reconstruction: application to compressed sensing and other inverse problems. IEEE Journal of Selected Topics in Signal Processing, 1(4): 586-597.

Fornaro G, Lombardini F, Serafino F. 2005. Three-dimensional multipass SAR focusing: experiments with long-term spaceborne data. IEEE Transactions on Geoscience and Remote Sensing, 43(4): 702-714.

Fornaro G, Serafino F, Soldovieri F. 2003. Three-dimensional focusing with multipass SAR data. IEEE Transactions on Geoscience and Remote Sensing, 41(3): 507-517.

Friedman J, Hastie T, Tibshirani R. 2010. A note on the group Lasso and a sparse group Lasso. Statistics, arXiv preprint arXiv: 1001. 0736.

Frost V S, Stiles J A, Shanmugan K S, et al. 1982. A model for radar images and its application to adaptive digital filtering of multiplicative noise. IEEE Transactions on Pattern Analysis and Machine Intelligence, 4(2): 157-166.

Frölind P O, Gustavsson A, Lundberg M, et al. 2012. Circular-aperture VHF-band synthetic aperture radar for detection of vehicles in forest concealment. IEEE Transactions on Geoscience and Remote Sensing, 50(4): 1329-1339.

Goldstein R M, Zebker H A. 1987. Interferometric radar measurement of ocean surface currents. Nature, 328(6132): 707-709.

Gu F F, Zhang Q, Chi L, et al. 2015. A novel motion compensating method for MIMO-SAR imaging based on compressed sensing. IEEE Sensors Journal, 15(4): 2157-2165.

Guarnieri A M. 2005. Adaptive removal of azimuth ambiguities in SAR images. IEEE Transactions on Geoscience and Remote Sensing, 43(3): 625-633.

Guo J, Zhang J, Yang K, et al. 2015. Information capacity and sampling ratios for compressed sensing-based SAR imaging. IEEE Geoscience and Remote Sensing Letters, 12(4): 900-904.

Gurbuz A C, Mcclellan J H, Scott W R. 2007. Compressive sensing for GPR imaging//Conference Record of the Forty-First Asilomar Conference on Signals, Systems and Computers, Pacific Grove.

Gurbuz A C, Mcclellan J H, Scott W R. 2009a. A compressive sensing data acquisition and imaging method for stepped frequency GPRs. IEEE Transactions on Signal Processing, 57(7): 2640-2650.

Gurbuz A C, Mcclellan J H, Scott W R. 2009b. Compressive sensing for subsurface imaging using ground penetrating radar. Signal Processing, 89(10): 1959-1972.

Gurbuz A C, Mcclellan J H, Scott W R. 2012. Compressive sensing of underground structures using GPR. Digital Signal Processing, 22(1): 66-73.

Hadi M, Alshebeili S, Jamil K, et al. 2015. Compressive sensing applied to radar systems: An overview. Signal Image and Video Processing, 9(1): 25-39.

Hale E T, Yin W, Zhang Y. 2008. Fixed-point continuation for ℓ_1-minimization: Methodology and convergence. SIAM Journal on Optimization, 19(3): 1107-1130.

Hale E T, Yin W T, Zhang Y. 2009. Fixed-point continuation applied to compressed sensing: Implementation and numerical experiments. Journal of Computational Mathematics, 28(2): 170-194.

Han K, Wang Y, Tan W, et al. 2014. Efficient pseudopolar format algorithm for down-looking linear-array SAR 3-D imaging. IEEE Geoscience and Remote Sensing Letters, 12(3): 572-576.

Hong W, Tian Y, Zhang B C, et al. 2012. Assessment methods based on phase diagrams for sparse microwave imaging// The 1st International Workshop on Compressed Sensing Theory and its Applications to Radar, Sonar and Remote Sensing, Bonn.

Hong W, Zhang B C, Zhang Z, et al. 2014. Radar imaging with sparse constraint: Principle and initial experiment//The 10th European Conference on Synthetic Aperture Radar, Berlin.

Huang Q, Qu L, Wu B H, et al. 2010. UWB through-wall imaging based on compressive sensing. IEEE Transactions on Geoscience and Remote Sensing, 48(3): 1408-1415.

Jakowatz C V, Wahl D E, Eichel P H, et al. 1996. Spotlight-Mode Synthetic Aperture Radar: A Signal Processing Approach. Norwell: Kluwer Academic Publishers.

Ji S, Xue Y, Carin L. 2008. Bayesian compressive sensing. IEEE Transactions on Signal Processing, 56: 2346-2356.

Jiang C L, Lin Y, Zhang Z, et al. 2015. WASAR imaging based on message passing with structured sparse constraint: Approach and experiment//The 3rd International Workshop on Compressed Sensing Theory and its Applications to Radar, Sonar and Remote Sensing, Pisa.

Jiang C L, Zhang B C, Fang J, et al. 2014. Efficient l_q regularisation algorithm with range-azimuth decoupled for SAR imaging. Electronics Letters, 50(3): 204-205.

Jiang H, Jiang C L, Zhang B C, et al. 2011. Experimental results of spaceborne stripmap SAR raw data imaging via compressed sensing//Proceedings of 2011 IEEE CIE International Conference on Radar, Chengdu.

Kelly S I, Du C, Rilling G, et al. 2012. Advanced image formation and processing of partial synthetic aperture radar data. IET Signal Processing, 6(5): 511-520.

Khwaja A S, Ma J. 2011. Applications of compressed sensing for SAR moving-target velocity estimation and image compression. IEEE Transactions on Instrumentation and Measurement, 60(8): 2848-2860.

Kim S J, Koh K, Lustig M, et al. 2007. An interior-point method for large-scale ℓ_1-regularized least squares. IEEE Journal of Selected Topics in Signal Processing, 1(4): 606-617.

Klare J. 2006. A new airborne radar for 3D imaging-simulation study of ARTINO//The 6th European Conference on Synthetic Aperture Radar, Dresden.

Klare J, Weiβ M, Peters O, et al. 2006. ARTINO: A new high resolution 3D imaging radar system on an autonomous airborne platform//IEEE International Symposium on Geoscience and Remote Sensing, Denver.

Klemm R. 2006. Principles of Space-time Adaptive Processing. 3rd ed. Gormany: The Institution of Electrical Engineers.

Knaell K K, Cardillo G P. 1995. Radar tomography for the generation of three-dimensional images. IEE Proceedings-Radar Sonar and Navigation, 142(2): 54-60.

Laska J N, Kirolos S, Duarte M F, et al. 2007. Theory and implementation of an analog-to-information converter using random demodulation. IEEE International Symposium on Circuits and Systems: 1959-1962.

Lee J S. 1981. Refined filtering of image noise using local statistics. Computer Graphics and Image Processing, 15(4): 380-389.

Li X, Liang L, Guo H, et al. 2015. Compressive sensing for multibaseline polarimetric SAR tomography of forested areas. IEEE Transactions on Geoscience and Remote Sensing, 54(1): 153-166.

Lin Y, Hong W, Tan W X, et al. 2009. Compressed sensing technique for circular SAR imaging//

IET International Radar Conference, Guilin.

Lin Y, Hong W, Tan W X, et al. 2012. Airborne circular SAR imaging: Results at P-band//2012 IEEE International Geoscience and Remote Sensing Symposium, München.

Lin Y G, Zhang B C, Hong W, et al. 2010. Along-track interferometric SAR imaging based on distributed compressed sensing. Electronics Letters, 46: 858-860.

Lin Y G, Zhang B C, Jiang H, et al. 2012. Multi-channel SAR imaging based on distributed compressive sensing. Science China Information Sciences, 55(2): 245-259.

Lombardini F. 2005. Differential tomography: A new framework for SAR interferometry. IEEE Transactions on Geoscience and Remote Sensing, 43(1): 37-44.

Lu Z, Pong T K, Zhang Y. 2012. An alternating direction method for finding Dantzig selectors. Computational Statistics and Data Analysis, 56(12): 4037-4046.

Mahafza B R, Sajjadi M. 1996. Three-dimensional SAR imaging using linear array in transverse motion. IEEE Transactions on Aerospace and Electronic Systems, 32(1): 499-510.

Mairal J, Jenatton R, Obozinski G, et al. 2011. Convex and network flow optimization for structured sparsity. Journal of Machine Learning Research, 12: 2681-2720.

Maleki A. 2011. Approximate message passing algorithms for compressed sensing[Ph. D. Dissertation]. Stanford: Stanford University.

Maleki A, Anitori L, Yang Z, et al. 2013. Asymptotic analysis of complex LASSO via complex approximate message passing (CAMP). IEEE Transactions on Information Theory, 59(7): 4290-4308.

Mallat S G, Zhang Z F. 1993. Matching pursuits with time-frequency dictionaries. IEEE Transactions on Signal Processing, 41(12): 3397-3415.

Massonnet D, Souyris J C. 2008. Imaging with Synthetic Aperture Radar. New York: CRC Press.

Mishali M, Eldar Y C. 2008. Reduce and boost: recovering arbitrary sets of jointly sparse vector. IEEE Transaction on Signal Processing, 56(10): 4692-4702.

Mittermayer J, Lord R, Borner E. 2003. Sliding spotlight SAR processing for TerraSAR-X using a new formulation of the extended chirp scaling algorithm//IEEE International Geoscience and Remote Sensing Symposium, Toulouse.

Montazeri S, Zhu X X, Eineder M, et al. 2016. Three-dimensional deformation monitoring of urban infrastructure by tomographic SAR using multitrack TerraSAR-X data stacks. IEEE Transactions on Geoscience and Remote Sensing, 54(12): 6868-6878.

Moreira A. 1993. Suppressing the azimuth ambiguities in synthetic aperture radar images. IEEE Transactions on Geoscience and Remote Sensing, 31(4): 885-895.

Moses R L, Potter L C, Çetin M. 2004. Wide-angle SAR imaging. Proceedings of SPIE the International Society for Optical Engineering, 5427: 164-175.

Munson D C J, O'Brien J D, Jenkins W. 1983. A tomographic formulation of spotlight-mode synthetic aperture radar. Proceedings of the IEEE, 71(8): 917-925.

Needell D,Tropp J A. 2009. CoSaMP: Iterative signal recovery from incomplete and inaccurate samples. Applied and Computational Harmonic Analysis,26:301-321.

Needell D,Vershynin R. 2010. Signal recovery from incomplete and inaccurate measurements via regularized orthogonal matching pursuit. IEEE Journal of Selected Topics in Signal Processing,4(2):310-316

Nozben Ö,Çetin M. 2012. A sparsity-driven approach for joint SAR imaging and phase error correction. IEEE Transactions on Image Processing,21(4):2075-2088.

Nyquist H. 1928. Certain topics in telegraph transmission theory. Transactions of the American Institute of Electrical Engineers,47(2):617-644.

Oliver C,Quegan S. 2004. Understanding Synthetic Aperture Radar Images. Boston,London: Artech House.

Olshausen B A,Field D J. 1996. Emergence of simple-cell receptive field properties by learning a sparse code for natural images. Nature,381:607-609.

Oriot H,Cantalloube H. 2008. Circular SAR imagery for urban remote sensing//The 7th European Conference on Synthetic Aperture Radar,Friedrichshafen.

Patel V M,Easley G R,Healy D. 2010. Compressed synthetic aperture radar. IEEE Journal of Selected Topics in Signal Processing,4(2):244-254.

Peng X,Hong W,Wang Y,et al. 2014. Polar format imaging algorithm with wavefront curvature phase error compensation for airborne DLSLA three-dimensional SAR. IEEE Geoscience and Remote Sensing Letters,11(6):1036-1040.

Ponce O,Prats P,Marc R C,et al. 2011. Processing of circular SAR trajectories with fast factorized back-projection//IEEE International Geoscience and Remote Sensing Symposium, Vancouver.

Ponce O,Prats-Iraola P,Pinheiro M,et al. 2014. Fully polarimetric high-resolution 3-D imaging with circular SAR at L-band. IEEE Transactions on Geoscience and Remote Sensing,52(6): 3074-3090.

Ponce O,Prats-Iraola P,Scheiber R,et al. 2016. First airborne demonstration of holographic SAR tomography with fully polarimetric multicircular acquisitions at L-band. IEEE Transactions on Geoscience and Remote Sensing,54(10):6170-6196.

Potter L C,Ertin E,Parker J T,et al. 2010. Sparsity and compressed sensing in radar imaging. Proceedings of IEEE,98(6):1006-1020.

Prats P,Scheiber R,Mittermayer J,et al. 2010. Processing of sliding spotlight and TOPS SAR data using baseband azimuth scaling. IEEE Transactions on Geoscience and Remote Sensing, 48(2):770-780.

Prünte L. 2012. Application of distributed compressed sensing for GMTI purposes//IET International Conference on Radar Systems,Glasgow.

Prünte L. 2014. Detection performance of GMTI from SAR images with CS//The 10th European

Conference on Synthetic Aperture Radar, Berlin.

Prünte L. 2016. Compressed sensing for removing moving target artifacts and reducing noise in SAR images//The 11st European Conference on Synthetic Aperture Radar, Hamburg.

Prünte L. 2017. SAR imaging from incomplete data using elastic net regularisation. IET Journals & Magazines, 53(25): 1667-1668.

Qin S, Zhang Y D, Wu Q, et al. 2014. Large-scale sparse reconstruction through partitioned compressive sensing//The 19th International Conference on Digital Signal Processing, Hong Kong.

Quan X Y, Zhang B C, Liu J G, et al. 2016a. An efficient general algorithm for SAR imaging: Complex approximate message passing combined with backprojection. IEEE Geoscience and Remote Sensing Letters, 13(4): 535-539.

Quan X Y, Zhang B C, Zhu X X, et al. 2016b. Unambiguous SAR imaging for nonuniform DPC sampling: l_q regularization method using filter bank. IEEE Geoscience and Remote Sensing Letters, 13(11): 1596-1600.

Raney R K, Runge H, Bamler R, et al. 1994. Precision SAR processing using chirp scaling. IEEE Transactions on Geoscience and Remote Sensing, 32(4): 786-799.

Rao N, Cox C, Nowak R, Rogers T T. 2013. Sparse overlapping sets lasso for multitask learning and its application to fMRI analysis. Computer Science: 2202-2210.

Reigber A, Moreira A. 2000. First demonstration of airborne SAR tomography using multibaseline L-band data. IEEE Transactions on Geoscience and Remote Sensing, 38(5): 2142-2152.

Rilling G, Davies M, Mulgrew B. 2009. Compressed sensing based compression of SAR raw data//Signal Processing with Adaptive Sparse Structured Representations, Saint Malo.

Rudin L I, Osher S, Fatemi E. 1992. Nonlinear total variation based noise removal algorithms. Physica D: Nonlinear Phenomena, 60(1-4): 259-268.

Samadi S, Çetin M, Masnadi-Shirazi M A. 2011. Sparse representation-based synthetic aperture radar imaging. IET Radar Sonar and Navigation, 5(2): 182-193.

Samadi S, Çetin M, Masnadi-Shirazi M A. 2013. Multiple feature-enhanced SAR imaging using sparsity in combined dictionaries. IEEE Geoscience and Remote Sensing Letters, 10(4): 821-825.

Santosa F, Symes W W. 1986. Linear inversion of band-limited reflection seismograms. SIAM Journal on Scientific and Statistical Computing, 7(4): 1307-1330.

Shannon C E. 1949. Communication in the presence of noise. Proceedings of the IRE, 37(1): 10-21.

Shastry M C, Kwon Y, Narayanan R M, et al. 2012. Analysis and design of algorithms for compressive sensing based noise radar systems//The 7th IEEE Sensor Array and Multichannel Signal Processing Workshop, Hoboken.

Shastry M C, Narayanan R M, Rangaswamy M. 2010. Compressive radar imaging using white stochastic waveforms//International Waveform Diversity and Design Conference, Niagara

Falls.

Shastry M C, Narayanan R M, Rangaswamy M. 2015. Sparsity-based signal processing for noise radar imaging. IEEE Transactions on Aerospace and Electronic Systems, 51(1): 314-325.

She Z, Gary D A, Bogner R E, et al. 2002. Three-dimensional space-borne synthetic aperture radar(SAR) imaging with multiple pass processing. International Journal of Remote Sensing, 23(20): 4357-4382.

Sherwin C W, Ruina J P, Rawcliffe R D. 1962. Some early developments in synthetic aperture radar systems. IRE Transactions on Military Electronics, 1051: 111-115.

Skolnik M I. 1990. Radar Handbook. 2nd ed. USA: McGraw-Hill Education.

Soumekh M. 1996. Reconnaissance with slant plane circular SAR imaging. IEEE Transactions on Image Processing, 5(8): 1252-1265.

Sprechmann P, Ramirez I, Sapiro G, et al. 2011. C-HiLasso: A collaborative hierarchical sparse modeling framework. IEEE Transactions on Signal Processing, 59(9): 4183-4198.

Stangl M, Werninghaus R, Schweizer B, et al. 2006. TerraSAR-X technologies and first results. IEE Proceedings-Radar, Sonar and Navigation, 153(2): 86-95.

Stanley H E, Wong V K. 1971. Introduction to Phase Transitions and Critical Phenomena. New York: Oxford University Press.

Stiefel M, Leigsnering M, Zoubir A M, et al. 2016. Distributed greedy signal recovery for through-the-wall radar imaging. IEEE Geoscience and Remote Sensing Letters, 13(10): 1477-1481.

Stoica P, Babu P. 2012. Spice and likes: Two hyperparameter-free methods for sparse-parameter estimation. Signal Processing, 92(7): 1580-1590.

Stoica P, Babu P, Li J. 2011. New method of sparse parameter estimation in separable models and its use for spectral analysis of irregularly sampled data. IEEE Transactions on Signal Processing, 59(1): 35-47.

Stojanovic I, Karl W C. 2010. Imaging of moving targets with multi-static SAR using an overcomplete dictionary. IEEE Journal of Selected Topics in Signal Processing, 4(1): 164-176.

Stojanovic I, Karl W C, Çetin M. 2013. Compressed sensing of monostatic and multistatic SAR. IEEE Geoscience and Remote Sensing Letters, 6(10): 1444-1448.

Stojanovic I, Çetin M, Karl W C. 2008. Joint space aspect reconstruction of wide-angle SAR exploiting sparsity. Algorithms for Synthetic Aperture Radar Imagery XV, SPIE Defense and Security Symposium, 6970: 697005.

Suksmono A B, Bharata E, Lestari A A, et al. 2008. A compressive SFCW-GPR system//Proceedings of the 12th International Conference on GPR. Denpasar: 16-19.

Suksmono A B, Bharata E, Lestari A A, et al. 2010. Compressive stepped-frequency continuous-wave ground-penetrating radar. IEEE Geoscience and Remote Sensing Letters, 7(4): 665-669.

Tan W X, Wang Y P, Hong W, et al. 2007. Circular SAR experiment for human body imaging//

The 1st Asian and Pacific conference on Synthetic Aperture Radar, Huangshan.

Tang G, Bhaskar B N, Shah P, et al. 2012. Compressed sensing off the grid. IEEE Transactions on Information Theory, 59(11): 7465-7490.

Thompson P, Wahl D E, Eichel P H, et al. 1996. Spotlight-Mode Synthetic Aperture Radar: A Signal Processing Approach. Boston: Kluwer Academic Publishers.

Tian Y, Jiang C L, Lin Y, Zhang B C, et al. 2011. An evaluation method for sparse microwave imaging radar system using phase diagrams//Proceedings of the IEEE CIE International Conference on Radar, Chengdu.

Tibshirani R. 1996. Regression shrinkage and selection via the Lasso. Journal of the Royal Statistical Society. Series B(Methodological), 58(1): 267-288.

Trintinalia L C, Bhalla R, Ling H. 1997. Scattering center parameterization of wide-angle backscattered data using adaptive Gaussian representation. IEEE Transactions on Antennas and Propagation, 45(11): 1664-1668.

Tropp J A. 2004. Greed is good: Algorithmic results for sparse approximation. IEEE Transactions on Information Theory, 50(10): 2231-2242.

Tropp J A, Gilbert A C. 2007. Signal recovery from random measurements via orthogonal matching pursuit. IEEE Transactions on Information Theory, 53(12): 4655-4666.

Tsaig Y, Donoho D L. 2006. Extensions of compressed sensing. Signal Processing, 86(3): 549-571.

Varshney K R, Cetin M, Fisher J W, et al. 2008. Sparse representation in structured dictionaries with application to synthetic aperture radar. IEEE Transactions on Signal Processing, 56(8): 3548-3561.

Wang X Q, Li G, Wan Q, et al. 2017. Look-ahead hybrid matching pursuit for multipolarization through-wall radar imaging. IEEE Transactions on Geoscience and Remote Sensing, 55(7): 4072-4081.

Wei Z H, Han B, Xu Z L, et al. 2018. An accurate SAR imaging method based on generalized minimax concave penalty//The 12th European Conference on Synthetic Aperture Radar, München.

Wei Z H, Jiang C L, Zhang B C, et al. 2016a. WASAR imaging with backprojection based group complex approximate message passing. Electronics Letters, 52(23): 1950-1952.

Wei Z H, Zhang B C, Bi H, et al. 2016b. Group sparsity based airborne wide angle SAR imaging//Image and Signal Processing for Remote Sensing XXII. SPIE Remote Sensing, Edinburgh.

Weiβ M, Ender J H G. 2005. A 3D imaging radar for small unmanned airplanes-ARTINO//2005 European Radar Conference, Paris.

Wiley C A. 1965. Pulsed Doppler radar methods and apparatus: US, US3196436.

Woodward P M. 1964. Probability and Information Theory, with Application to Radar. 2nd ed.

Oxford,New York:Pergamon Press.

Wright S J,Nowak R D,Figueiredo M A T. 2009. Sparse reconstruction by separable approximation. IEEE Transactions on Signal Processing,57(7):2479-2493.

Wu C Y,Bi H,Zhang B C,et al. 2017. L_1 regularization recovered SAR images based interferometric SAR imaging via complex approximated message passing//Image and Signal Processing for Remote Sensing XXIII. International Society for Optics and Photonics,10427:1042717.

Wu C Y,Wei Z H,Bi H,et al. 2018. InSAR imaging based on L_1 regularization joint reconstruction via complex approximated message passing. Electronics Letters,54(4):237-239.

Xu G,Xia X G,Hong W. 2017. Nonambiguous SAR image formation of maritime targets using weighted sparse approach. IEEE Transactions on Geoscience and Remote Sensing,56(3):1454-1465.

Xu Z B,Guo H L,Wang Y,et al. 2012. Representative of $L_{1/2}$ regularization among $L_q(0<q\leqslant 1)$ regularizations:An experimental study based on phase diagram. Acta Automatica Sinica, 38(7):1225-1228.

Xu Z B,Zhang H,Wang Y,et al. 2010. $L_{1/2}$ regularization. Science China Information Sciences, 53(6):1159-1169.

Xu Z L,Wei Z H,Wu C Y,et al. 2018a. Comparison of raw data based and complex image based sparse SAR imaging methods. //The 5th International Workshop on Compressed Sensing Radar,Siegen.

Xu Z L,Wei Z H,Zhang B C. 2018b. Multichannel sliding spotlight SAR imaging based on sparse signal processing//2018 IEEE International Geoscience and Remote Sensing Symposium,Valencia.

Yang J,Jin T,Huang X,et al. 2014. Sparse MIMO array forward-looking GPR imaging based on compressed sensing in clutter environment. IEEE Transactions on Geoscience and Remote Sensing,52(7):4480-4494.

Yang J,Zhang Y. 2011. Alternating direction algorithms for ℓ_1-problems in compressive sensing. SIAM Journal on Scientific Computing,33(1):250-278.

Yang L,Zhou J,Xiao H. 2015. Super-resolution radar imaging using fast continuous compressed sensing. Electronics Letters,51(24):2043-2045.

Yang Z,Xie L. 2015. On gridless sparse methods for line spectral estimation from complete and incomplete data. IEEE Transactions on Signal Processing,63(12):3139-3153.

Yang Z,Xie L. 2016. Enhancing sparsity and resolution via reweighted atomic norm minimization. IEEE Transactions on Signal Processing,64(4):995-1006.

Yang Z,Xie L,Zhang C. 2013. Off-grid direction of arrival estimation using sparse Bayesian inference. IEEE Transactions on Signal Processing,61(1):38-43.

Yang Z,Xie L,Zhang C. 2014. A discretization-free sparse and parametric approach for linear array signal processing. IEEE Transactions on Signal Processing, 62(19): 4959-4973.

Yin W T, Osher S, Goldfarb D, et al. 2008. Bregman iterative algorithms for L_1-minimization with applications to compressed sensing. SIAM Journal on Imaging Sciences, 1(1): 143-168.

Yoon Y S, Amin M G. 2008. Compressed sensing technique for high-resolution radar imaging. Proceedings of SPIE-the International Society for Optical Engineering, 6968: 69681A.

Yu Y, Petropulu A P, Poor H V. 2010. MIMO radar using compressive sampling. IEEE Journal of Selected Topics in Signal Processing, 4(1): 146-163.

Yu Y, Petropulu A P, Poor H V. 2011. Measurement matrix design for compressive sensing based MIMO radar. IEEE Transactions on Signal Processing, 59(11): 5338-5352.

Yuan L, Liu J, Ye J. 2013. Efficient methods for overlapping group lasso. IEEE Transactions on Pattern Analysis and Machine Intelligence, 35(9): 2104-2116.

Yuan M, Lin Y. 2006. Model selection and estimation in regression with grouped variables. Journal of the Royal Statistical Society: Series B (Statistical Methodology), 68(1): 49-67.

Zan F D, Guarnieri A M. 2006. TOPSAR: Terrain observation by progressive scans. IEEE Transactions on Geoscience and Remote Sensing, 44(9): 2352-2360.

Zeng J S, Fang J, Xu Z. 2012. Sparse SAR imaging based on $L_{1/2}$ regularization. Science China Information Sciences, 55(8): 1755-1775.

Zhang B C, Hong W, Wu Y R. 2012a. Sparse microwave imaging: Principles and applications. Science China Information Sciences, 55(8): 1722-1754.

Zhang B C, Jiang H, Hong W, et al. 2010. Synthetic aperture radar imaging of sparse targets via compressed sensing//The 8th European Conference on Synthetic Aperture Radar, Aachen.

Zhang B C, Zhang Z, Hong W et al. 2012b. Applications of distributed compressive sensing in multi-channel synthetic aperture radar//The 1st International Workshop on Compressed Sensing Theory and its Applications to Radar, Sonar and Remote Sensing, Bonn.

Zhang B C, Jiang C L, Zhang Z, et al. 2013. Azimuth ambiguity suppression for SAR imaging based on group sparse reconstruction//The 2nd International Workshop on Compressed Sensing Theory and Its Applications to Radar, Sonar and Remote Sensing, Bonn.

Zhang B C, Zhang Z, Jiang C L, et al. 2015. System design and first airborne experiment of sparse microwave imaging radar: Initial results. Science China Information Sciences, 58(6): 1-10.

Zhang L, Qiao Z J, Xing M D, et al. 2012. High-resolution ISAR imaging by exploiting sparse apertures. IEEE Transactions on Antennas and Propagation, 60(2): 997-1008.

Zhang L, Xing M, Qiu C W, et al. 2009. Achieving higher resolution ISAR imaging with limited pulses via compressed sampling. IEEE Geoscience and Remote Sensing Letters, 6(3): 567-571.

Zhang L, Xing M, Qiu C W, et al. 2010. Resolution enhancement for inversed synthetic aperture radar imaging under low SNR via improved compressive sensing. IEEE Transactions on Geoscience and Remote Sensing. 48(10): 3824-3838.

Zhang W J, Hoorfar A. 2015. A generalized approach for SAR and MIMO radar imaging of building interior targets with compressive sensing. IEEE Antennas and Wireless Propagation Letters, 14: 1052-1055.

Zhang Z, Zhang B C, Hong W, et al. 2012a. Waveform design for L_q regularization based radar imaging and an approach to radar imaging with non-moving platform//The 9th European Conference on Synthetic Aperture Radar: 685-688, München.

Zhang Z, Zhang B C, Jiang C L, et al. 2012b. Influence factors of sparse microwave imaging radar system performance: Approaches to waveform design and platform motion analysis. Science China Information Sciences, 55(10): 2301-2317.

Zhao L, Wang L, Yang L, et al. 2016. The race to improve radar imagery: An overview of recent progress in statistical sparsity-based techniques. IEEE Signal Processing Magazine, 33(6): 85-102.

Zhao Y, Liu J G, Zhang B C, et al. 2015. Adaptive total variation regularization based SAR image despeckling and despeckling evaluation index. IEEE Transactions on Geoscience and Remote Sensing, 53(5): 2765-2774.

Zhu X X, Bamler R. 2010. Tomographic SAR inversion by ℓ_1-norm regularization—the compressive sensing approach. IEEE Transactions on Geoscience and Remote Sensing, 48(10): 3839-3846.

Zhu X X, Bamler R. 2012a. Super-resolution power and robustness of compressive sensing for spectral estimation with application to spaceborne tomographic SAR. IEEE Transactions on Geoscience and Remote Sensing, 50(1): 247-258.

Zhu X X, Bamler R. 2012b. Demonstration of super-resolution for tomographic SAR imaging in urban environment. IEEE Transactions on Geoscience and Remote Sensing, 50(8): 3150-3157.

Zhu X X, Bamler R. 2014. Super-resolving SAR tomography for multidimensional imaging of urban areas: Compressive sensing-based TomoSAR inversion. IEEE Signal Processing Magazine, 31(4): 51-58.

Çetin M, Karl W C. 2001. Feature-enhanced synthetic aperture radar image formation based on nonquadratic regularization. IEEE Transactions on Image Processing, 10(42): 623-631.

Çetin M, Karl W C, Castaon D A. 2003. Feature enhancement and ATR performance using nonquadratic optimization-based SAR imaging. IEEE Transactions on Aerospace and Electronic Systems, 39(4): 1376-1395.

Çetin M, Stojanovic I, Önhon N Ö, et al. 2014. Sparsity-driven synthetic aperture radar imaging: Reconstruction, autofocusing, moving targets, and compressed sensing. IEEE Signal Processing Magazine, 31(4): 27-40.

Önhon N Ö, Çetin M. 2011. SAR moving target imaging in a sparsity-driven framework//Wavelets and Sparsity XIV. Proc. SPIE, San Diego, 8138: 813806.

Önhon N Ö, Çetin M. 2013. SAR moving target imaging using group sparsity//The 21st European Signal Processing Conference, Marrakech.

中英文对照表

B

半正定规划	semidefinite programming(SDP)
标准差	standard deviation(std)
波达方向	direction of arrival(DOA)

C

层次稀疏	hierarchical sparsity
层析 SAR	SAR tomography(TomoSAR)
差分层析 SAR	differential SAR tomography(D-TomoSAR)
穿墙雷达成像	through-the-wall radar imaging(TWRI)

D

德国宇航中心	Deusches Zentrum für Luft-und Raumfahrt(DLR)
地面运动目标检测	ground moving target indication(GMTI)
迭代软阈值算法	iterative soft thresholding algorithm(ISTA)
多发多收	multiple input multiple output(MIMO)
多基线圆迹 SAR	multiple circular SAR(MCSAR)

F

方位模糊信号比	azimuth ambiguity-to-signal ratio(AASR)
分辨能力	distinguish ability
分布式压缩感知	distributed compressed sensing(DCS)
峰值旁瓣比	peak sidelobe ratio(PSLR)
复近似信息传递	complex approximate message passing(CAMP)

G

概率密度函数	probability density function(PDF)
概率图模型	probabilistic graphical model(PGM)
干涉 SAR	interferometric SAR(InSAR)
高分三号	GF-3
广义似然比检测	generalized likelihood ratio test(GLRT)

H

航天飞机雷达地形测绘任务	shuttle radar topography mission(SRTM)
合成孔径雷达	synthetic aperture radar(SAR)
后向投影	back projection
滑动聚束 SAR	sliding spotlight SAR
环境-1C	HJ-1C

J

基追踪去噪	basis pursuit de-noising(BPDN)
积分旁瓣比	integrated sidelobe ratio(ISLR)
距离模糊信号比	range ambiguity-to-signal ratio(RASR)
距离徙动	range cell migration(RCM)
距离徙动校正	range cell migration correction(RCMC)
聚束 SAR	spotlight SAR
均方误差	mean square error(MSE)

K

空时自适应处理	space-time adaptive processing(STAP)
宽角 SAR	wide angle SAR(WASAR)

L

雷达散射截面积	radar cross section(RCS)
离散余弦变换	discrete cosine transform(DCT)

联合稀疏模型	joint sparsity model(JSM)
零空间性质	null space property(NSP)
M	
脉冲重复间隔	pulse repetition interval(PRI)
脉冲重复频率	pulse repetition frequency(PRF)
美国国家侦察局	National Reconnaissance Office
美国空军实验室	Air Force Research Laboratory(AFRL)
美国喷气推进实验室	Jet Propulsion Laboratory(JPL)
每秒 1G 次浮点运算	giga floating-point operations per second(gFLOPS)
模数转换器	analog to digital converter(ADC)
目标背景比	target to background ratio(TBR)
N	
逆 SAR	inverse SAR(ISAR)
O	
欧洲空间局	The European Space Agency(ESA)
欧洲遥感卫星	European Remote Sensing Satellite(ERS)
P	
偏置相位中心天线	displaced phase center antenna(DPCA)
Q	
去斑边缘尖锐指数	despeckling edge sharpness index(DEI)
全变差	total variation(TV)
权重稀疏无网格稀疏参数化	reweighted gridless sparse and parametric approach(RGLS)
权重原子范数最小化	reweighted atomic norm minimization(RANM)
R	
软阈值迭代	iterative soft thresholding(IST)

S

三维 SAR	three dimensional SAR
扫描 SAR	scanning SAR(ScanSAR)
数据逆方法	data inversion method
数字高程模型	digital elevation model(DEM)
随机调制积分	random modulation preintegration(RMPI)

T

探地雷达	ground penetrating radar(GPR)
条带 SAR	stripmap SAR

W

网格偏离	off-grid
网格偏离稀疏贝叶斯压缩感知	off-grid sparse Bayesian inference(OGSBI)
无网格稀疏参数化方法	gridless sparse and parametric approach(GLS)

X

稀疏微波成像	sparse microwave imaging
稀疏信号处理	sparse signal processing
相对均方误差	relative mean square error(RMSE)
相干变化检测	coherent change detection(CCD)
信号波达方向	direction of arrival(DOA)
信息传递算法	message passing algorithm(MPA)
信杂噪比	signal to clutter noise ratio(SCNR)
信噪比	signal to noise ratio(SNR)
选择滤波	selective filtering

Y

压缩感知	compressive sensing(CS)
沿航迹干涉	along-track interferometry(ATI)

因子图	factor graph
圆迹 SAR	circular SAR(CSAR)
原子范数最小化	atomic norm minimization(ANM)
约束等距性质	restricted isometry property(RIP)
Z	
正交匹配追踪	orthogonal matching pursuit(OMP)
置信传播	belief propagation
状态演进	state evolution
自适应全变差	adaptive total variation(ATV)
组复近似信息传递	group complex approximate message passing (GCAMP)
组迭代收缩阈值	group iterative shrinkage thresholding(GIST)
其他	
ℓ_1 正则化	ℓ_1 regularization